数学思维 2

代数与几何

（原书第7版）

[美] 罗伯特·布利策 著
Robert Blitzer

汪雄飞 汪荣贵 译

Seventh Edition

MATHEMATICALLY

THINKING

机械工业出版社

CHINA MACHINE PRESS

本书是一本经典的数学思维入门图书，从最基本的代数与几何的知识开始，将不同方面的数学内容巧妙地加以安排和设计，使得它们在逻辑上层层展开，形成易于理解的知识体系。本书以趣味性的写作风格和与实际相关的例子，吸引读者的数学学习兴趣，培养读者的数学思维，体现数学知识在日常生活中的重要性。

　　本书内容丰富，表述通俗易懂，例子讲解详细，图例直观形象，适合作为青少年数学思维课程的教材或阅读资料，也可供广大数学爱好者、数学相关专业的科研人员和工程技术人员自学参考。

　　北京市版权局著作权合同登记　图字：01-2020-5653 号。

图书在版编目（CIP）数据

数学思维. 2，代数与几何：原书第 7 版 /（美）罗伯特·布利策（Robert Blitzer）著；汪雄飞，汪荣贵译. —北京：机械工业出版社，2023.11（2024.9重印）

书名原文：Thinking Mathematically，Seventh Edition

ISBN 978-7-111-74111-4

Ⅰ．①数… Ⅱ．①罗… ②汪… ③汪… Ⅲ．①数学—思维方法 Ⅳ．① O1-0

中国国家版本馆 CIP 数据核字（2023）第 201592 号

机械工业出版社（北京市百万庄大街 22 号　邮政编码 100037）

策划编辑：刘　慧　　　　　　　　责任编辑：刘　慧

责任校对：张晓蓉　薄萌钰　韩雪清　责任印制：常天培

北京铭成印刷有限公司印刷

2024 年 9 月第 1 版第 2 次印刷

186mm × 240mm · 19.5 印张 · 432 千字

标准书号：ISBN 978-7-111-74111-4

定价：99.00 元

电话服务　　　　　　　　　　网络服务

客服电话：010-88361066　　机 工 官 网：www.cmpbook.com

　　　　　010-88379833　　机 工 官 博：weibo.com/cmp1952

　　　　　010-68326294　　金 书 网：www.golden-book.com

封底无防伪标均为盗版　　机工教育服务网：www.cmpedu.com

译者序

　　无论是科学研究还是技术开发，都离不开对相关问题进行数学方面的定量表示和分析，数学知识和数学思维的重要性是毋庸置疑的。长期以来，国内初等数学的教学侧重于数学知识体系的讲授，对数学思维能力的培养则重视不够。所谓数学思维能力，就是用数学进行思考的能力，主要包括逻辑思维能力、抽象思维能力、计算思维能力、空间思维能力等，以及这些思维能力的组合。数学思维能力的形成并不是一件容易的事情，通常需要较长时间的系统学习和训练。目前，国内尚比较缺乏系统性介绍和讨论初等数学思维的课程和相关教材，而机械工业出版社引进的 *Thinking Mathematically, Seventh Edition*（《数学思维（第 7 版）》）可以很好地弥补这方面的不足。

　　原书《数学思维（第 7 版）》是一本从青少年的视角，以日常生活中大量生动有趣的实际问题求解为导向的书，使用通俗诙谐的语言介绍和讨论了"逻辑与数""代数与几何""概率、统计与图论"等多个数学领域的基本知识，并将这些问题求解过程作为培养学生数学思维的训练过程，这种方式符合青少年的学习心理特征和学习习惯，能够较好地激发学生的数学学习兴趣，唤醒学生的数学潜能，培养学生的数学思维。但是，在翻译的过程中，我们感觉到这部鸿篇巨著过于庞大，对于任何想要了解数学的青少年或者其他初学者来说，都会是一种无形压力。于是，在中文版的出版中，根据知识体系的自洽性和相互依赖关系将原书分成相对独立的三本书，形成一套：《数学思维 1：逻辑与数（原书第 7 版）》《数学思维 2：代数与几何（原书第 7 版）》《数学思维 3：概率、统计与图论（原书第 7 版）》。

　　《数学思维 1》专注于数学思维的根本——逻辑与数，是相对较为基础的一部分，包括原书的第 1～5 章：解决问题与批判性思维，集合论，逻辑，数字表示法及计算，数论与实数系统。《数学思维 2》聚焦数学思维的核心，也是当前初等数学的核心——代数与几何，包括原书的第 6～10 章：代数（等式与不等式），代数（图像、函数与线性方程组），个人理财，测量，几何。《数学思维 3》关注现代数学中更贴合实际应用的领域——概率、统计与图论，阐述了从事科学研究和技术开发的几种工具，包括原书的第 11～14 章：计数法与概率论，统计学，选举与分配，图论。这三本书的学习没有必然的先后顺序，读者完全可以根据自己的兴趣进行选择性学习，但是，如果按照章节的先后顺序进行学习，更能理解数学思维从古到今的演进，也更能达到训练数学思维的效果。具体来说，其基本特点主要表现在如下三个方面：

首先，系统性强。三本书分别基于不同的知识领域介绍和讨论相关的初等数学思维，所涉及的数学内容非常广，几乎涵盖了初等数学的所有分支。只要完成这三本书的学习，就可以较好地掌握几乎所有的初等数学基本知识以及相应的逻辑、抽象、计算、空间等数学思维能力。

其次，可读性好。原书是一本比较经典的数学思维教材，从最简单、最基本的数学知识开始介绍，循序渐进，通过将来自不同领域的数学知识进行巧妙安排和设计，使得它们在逻辑上层层展开、环环相扣，形成一套易于理解的知识体系。经过多年的使用和迭代改进，知识体系和表达方式已基本趋于成熟稳定。

最后，趣味性强。以实际问题求解为导向并结合有趣的历史资料进行介绍，很好地展示了数学知识的实用性和数学存在的普遍性，通过实用性和趣味性巧妙化解了青少年数学学习的困难，不仅能够有效消除他们数学学习的抵触心理和畏惧心理，而且能够很好地激发他们的好奇心和问题求解动力，使其在不知不觉中习得数学思维。

这套书内容丰富，文字表述通俗易懂，实例讲解详细，图例直观形象。每章均配有丰富的习题，使得本书不仅适合作为青少年数学思维课程的教材或阅读资料，也可供广大数学爱好者、数学相关专业的科研人员和工程技术人员自学参考。

这套书由汪雄飞、汪荣贵共同翻译，统稿工作由汪荣贵完成。感谢研究生张前进、江丹、孙旭、尹凯健、王维、张珉、李婧宇、修辉、雷辉、张法正、付炳光、李明熹、董博文、麻可可、李懂、刘兵、王耀、杨伊、陈震、沈俊辉、黄智毅、禚天宇等同学提供的帮助，感谢机械工业出版社各位编辑的大力支持。

由于时间仓促，译文难免存在不妥之处，敬请读者不吝指正！

译者

2023 年 4 月

本书为我们提供了能够在现实世界中派上用场的数学知识纲要。我编写这本书的主要目的是向学生展示如何以有趣、愉快和有意义的方式将数学应用到实际生活中。本书主题丰富，各章相对独立，十分适合作为一个或两个学期数学课程的教材，包含了文科数学、定量推理、有限数学等内容，以及为满足基本数学要求所专门设计的内容。

本书具有如下四个主要目标：

1. 帮助学生掌握数学的基础知识。

2. 向学生展示如何使用数学知识解决实际生活中的问题。

3. 使得学生在面对大学、工作和生活中可能遇到的定量问题和数学思想时，能够对其进行正确的理解和推理。

4. 在有趣的环境中培养学生解决问题的能力并形成批判性思维。

实现这些目标的一个主要障碍在于，很少有学生能够做到用心阅读课本。这一直是我和我的同事经常感到沮丧的原因。我多年来收集的逸事证据显著地表明，导致学生不认真阅读课本的基本因素主要有如下两个：

"这些知识我永远都用不上。"

"我看不懂这些解释。"

本书就是为了消除上述两个因素。

新内容

- **全新的和更新的应用案例和实际数据**。我一直在寻找可以专门用于说明数学应用的实际数据和应用案例。为了准备第 7 版，我查阅了大量的书籍、杂志、报纸、年鉴和网站。第 7 版包含了 110 个使用新数据集的可解示例和练习，以及 104 个使用更新数据的示例和练习。新的应用案例包括学生贷款债务统计、电影租赁选择、学业受阻的五大因素、大学生未按时完成作业的借口、2020 年工作岗位对不同教育背景的需求、不同专业大学生的平均收入、员工薪酬差距、拼字游戏以及发明家是先天的还是后天的等。

- **全新的"布利策补充"内容**。第 7 版补充了许多全新的但可选的小文章。新版中的"布利策补充"内容比以往任何版本的都要多，例如，新增了"用归纳法惊呆朋友吧""预测预期寿命""上大学值得吗？""量子计算机""大学毕业生的最佳理财建议""三个奇怪的测量单位""屏幕尺寸的数学"等。

- **新的图形计算器截屏**。所有截屏都使用 TI-84 Plus C 进行了更新。

- **全新的 MyLab 数学** [⊖]。除了更新后的 MyLab 数学中的新功能，MyLab 数学还包含了特有的新项目：

  —新的目标视频及评估；

  —互动概念视频及评估；

  —带评估的动画；

  —StatCrunch 集成。

特色

- **章开头和节开头的场景**　每一章、每一节都由一个具体的场景展开，呈现了数学在学生课外生活中的独特应用。这些场景将在章或节的例子、讨论或练习中得到重新讨论。这些开场白通常语言幽默，旨在帮助害怕和不情愿学习数学的学生克服他们对数学的负面看法。每一章的开头都包含了一个叫作"相关应用所在位置"的特色栏目。

- **学习目标（我应该能学到什么？）**　每节的开头都有明确的学习目标说明。这些目标可以帮助学生认识并专注于本节中一些最重要的知识点。这些学习目标会在相关知识点处得到重申。

⊖　关于教辅资源，仅提供给采用本书作为教材的教师用作课堂教学、布置作业、发布考试等。如有需要的教师，请直接联系 Pearson 北京办公室查询并填表申请。联系邮箱：Copub.Hed@pearson.com。——编辑注

- **详细的可解例子** 每个例子都有标题，以明确该例子的目的。例子的书写尽量做到思路清晰，并能够为学生提供详细的、循序渐进的解决方案。每一步都有详细的解释，没有省略任何步骤。

- **解释性对话框** 解释性对话框以各种各样的具有特色的语言表达方式揭开数学的神秘面纱。它们将数学语言翻译成自然语言，帮助阐明解决问题的过程，提供理解概念的替代方法，并在解决问题的过程中尽量与学生已经学过的概念联系起来。

- **检查点的例子** 每个例子后面都配有一个相似的问题，我们称之为检查点，通过类似的练习题来测试学生对概念的理解程度。检查点的答案附在书后的"部分练习答案"部分。MyLab 数学课程为很多检查点制作了视频解决方案。

- **好问题！** 这个特色栏目会在学生提问时展现学习技巧，能够在学生回答问题时提供解决问题的建议，指出需要避免的常见错误并提供非正式的提示和建议。这个特色栏目还可以避免学生在课堂上提问时感到焦虑或害怕。

- **简单复习** 本书的"简单复习"总结了学生以前应该掌握的数学技能，但很多学生仍然需要对它们进行复习。当学生首次需要使用某种特定的技能，相关的"简单复习"就会出现，以便重新介绍这些技能。

- **概念和术语检查** 第 7 版包含 653 道简答题，其中主要是填空题和判断题，用于评估学生对于每一节所呈现的定义和概念的理解。概念和术语检查作为一种单独的专题放在练习集之前，可以在 MyLab 数学课程中进行概念和术语检查。

- **覆盖面广且内容多样的练习集** 在每节的结尾都有一组丰富的练习。其中的练习包含七个基本类型：实践练习、实践练习＋、应用题、概念解释题、批判性思维练习、技术练习和小组练习。"实践练习＋"通常需要学生综合使用多种技能或概念才能得到解决，可供教师选为更具挑战性的实践练习。

- **总结、回顾练习和测试** 每一章都包含一个总结图表，总结了每一节中的定义和概念。图表还引用了可以阐述关键概念的例题。总结之后是每节的回顾练习。随后是一个测试，用于测试学生对本章所涵盖内容的理解程度。在 MyLab 数学课程或 YouTube 上，每章测试需要准备的问题都附有精心制作的视频解决方案以供参考。

- **学习指南** 本书"学习指南"的知识内容是根据学习目标进行组织的，可以为笔记、练习和录像复习提供良好的支持。"学习指南"以 pdf 文件形式在 MyLab 数学中给出。该文件也可以与教科书和 MyLab 数学访问代码打包在一起。

我希望我对学习的热爱，以及对多年来所教过的学生的尊重，能够在本书中体现出来。我想通过把数学知识与学生学习环节联系起来，向学生展示数学在这个世界上是无处不在的，π是真实存在的。

罗伯特·布利策

Thinking Mathematically
Seventh Edition

目 录

第 6 章

代数：等式与不等式

幽默和欢笑对人具有积极的作用，这一观点早已不再新奇。

有一些人信以为真地胡编幽默笑话：

- 成年人平均每天笑 15 次（纽豪斯新闻社）。
- 有 46% 的讲笑话的人笑得比听笑话的人还欢（美国新闻与世界报道）。
- 80% 的成年人的笑不是出于对笑话或好玩场合的反应（独立报）。
- 代数能够用来建立幽默对于负面人生事件影响的模型（罗伯特·布利策，《数学思维》）。

本书作者加上去的最后一条是真的。基于我们的幽默感，确实有一种公式可以预测我们会如何应对艰难的人生事件。我们可以用公式来解释现在发生了什么事以及将来可能会发生什么事。在本章中，你将会学习使用公式和数学模型的新方法，这些方法将帮助你识别外行人眼中混乱世界中的模式、逻辑以及顺序。

相关应用所在位置

6.2 节的开场就是幽默，对于例 6 而言，幽默感的优势会非常明显。

6.1

代数表达式和公式

你打算买一台高清电视。要想既察觉不到电视上的像素点，画面又十分平滑，你应该和电视保持多远的距离？

代数表达式

让我们看看你和电视之间的距离与代数有什么关系。算术和代数之间最大的区别是代数中变量的使用。**变量**是一个字母，表示各种不同的数字。例如，我们可以令 x 表示高清电视的对角线长度，单位为英寸。目前市场上大多数高清电视的行业规则是将该对角线的长度乘以 2.5（单位为英寸），从而得出一个视觉正常的人可以看到平滑图像的距离。可以写成 $2.5 \cdot x$，但通常表示为 $2.5x$。我们将一个数字和一个字母放在一起表示乘法。

注意，$2.5x$ 将一个数字 2.5 和一个变量 x 结合在一起，使用了乘法运算。通过加法、减法、乘法或除法以及幂运算和根运算将变量和数字结合起来，得到**代数表达式**。下面是代数表达式的一些例子。

$x+2.5$	$x-2.5$	$2.5x$	$\dfrac{x}{2.5}$	$3x+5$	$\sqrt{x}+7$
变量 x 加上 2.5	变量 x 减去 2.5	变量 x 乘以 2.5	变量 x 除以 2.5	变量 x 乘以 3 后再加 5	变量 x 的平方根加 7

1　计算代数表达式

计算代数表达式

计算代数表达式意味着求出变量给定值下的表达式的值。例如，我们可以计算 $x=50$ 时的 $2.5x$（你和 x 英寸电视之间的理想距离）。我们用 50 替换 x，得到 $2.5 \cdot 50 = 125$。这意味着，如果你的电视的对角线长度是 50 英寸，那么你应该和屏幕保持 125 英寸的距离。由于 12 英寸等于 1 英尺，所以该距离是 $\dfrac{125}{12}$ 英尺，约为 10.4 英尺。

很多代数表达式包含不止一个运算。准确地计算代数表达式需要仔细小心地应用运算顺序。

运算顺序

1. 从最里面的括号内算起，并向外运算。如果代数表达式中包含分数，将分子和分母看作用括号括起来的。
2. 求出所有指数表达式的值。
3. 按照从左往右的顺序，进行所有的乘法和除法运算。
4. 最后，按照从左往右的顺序，进行所有的加法和减法运算。

例 1　计算代数表达式

计算 $7+5(x-4)^3$ ，$x=6$ 。

解答

$$7+5(x-4)^3 = 7+5(6-4)^3 \qquad 用 6 替换 x$$

$$= 7+5(2)^3 \qquad 首先计算括号内：6-4=2$$

$$= 7+5(8) \qquad 计算：2^3=2 \cdot 2 \cdot 2=8$$

$$= 7+40 \qquad 乘法：5(8)=40$$

$$= 47 \qquad 加法：7+40=47$$

☑ 检查点 1　计算 $8+6(x-3)^2$ ，$x=13$ 。

例 2　计算代数表达式

计算 x^2+5x-3 ，$x=-6$ 。

解答

我们需要将两处 x 替换为 -6 。然后我们利用运算顺序来计算代数表达式。

$$x^2+5x-3 \qquad 这是给定的代数表达式$$

$$= (-6)^2+5(-6)-3 \qquad 用 -6 替换 x$$

$$= 36+5(-6)-3 \qquad 计算：(-6)^2=36$$

$$= 36+(-30)-3 \qquad 乘法：5(-6)=-30$$

$$= 6-3 \qquad 从左到右计算加减法。加法：36+(-30)=6$$

$$= 3 \qquad 减法：6-3=3$$

好问题！

计算 $x=-6$ 时的 x^2 和 $x=6$ 时的 $-x^2$ 有区别吗?

有区别。请注意这两个计算的区别：

· $x=-6$ 时的 x^2

$$x^2 = (-6)^2$$

$$= (-6)(-6) = 36$$

· $x=6$ 时的 $-x^2$

$$-x^2 = -(6)^2$$

$$= -(6)(6) = -36$$

负号不在括号内，所以不能乘方

当你计算包含指数和负数的代数表达式时，一定要仔细一点。

☑ **检查点 2**　计算 $x^2 + 4x - 7$，$x = -5$。

例 3　计算代数表达式

计算 $-2x^2 + 5xy - y^3$，$x = 4$ 且 $y = -2$。

解答

我们分别将 x 和 y 替换成 4 和 -2。然后我们利用运算顺序来计算代数表达式。

$-2x^2 + 5xy - y^3$	这是给定的代数表达式
$= -2 \cdot 4^2 + 5 \cdot 4 \cdot (-2) - (-2)^3$	用 4 替换 x，-2 替换 y
$= -2 \cdot 16 + 5 \cdot 4 \cdot (-2) - (-8)$	计算：$4^2 = 16$，$(-2)^3 = -8$
$= -32 + (-40) - (-8)$	计算乘法：$-2 \cdot 16 = -32$ 且 $5(4)(-2) = -40$
$= -72 - (-8)$	从左到右计算加减法。加法：$-32 + (-40) = -72$
$= -64$	减法：$-72 - (-8) = -72 + 8 = -64$

☑ **检查点 3**　计算 $-3x^2 + 4xy - y^3$，$x = 5$ 且 $y = -1$。

2　**使用数学模型**

公式和数学模型

　　在两个代数表达式之间画上等号就得到了一个**等式**。代数的一个目的就是简洁地、符号化地描述我们的世界。这些描述包括公式的使用。**公式**是用变量来表示两个或更多量之间关系的等式。

　　下面有两个公式的例子，与心率和锻炼有关。

懒人运动　　　　　　　　　　专业运动

$$H = \frac{1}{5}(220 - a) \qquad\qquad H = \frac{9}{10}(220 - a)$$

心率（每分钟心脏跳动次数）　　五分之一　　220 与年龄之差　　　心率（每分钟心脏跳动次数）　　十分之九　　220 与年龄之差

　　寻找公式来描述真实世界现象的过程称为**数学建模**。这样的公式，连同赋予变量的意义，被称为**数学模型**。我们常说这些公式模拟或描述变量之间的关系。

例4　能量需求的建模

图 6.1 中的柱状图显示了在适度运动的生活方式下，不同性别和年龄组维持能量平衡所需的每日估计能量摄入量。（适度运动指的是一种生活方式，包括体育活动，相当于每天以每小时 3 到 4 英里的速度步行 1.5 到 3 英里，另外还要进行日常生活中常见的轻度体育活动。）

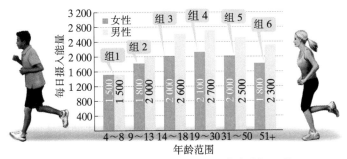

图 6.1　维持能量平衡所需的估计能量摄入量

来源：USDA

数学模型 $W=-66x^2+526x+1\ 030$ 描述年龄组为 x 的女性每天所需的能量 W。根据这个模型，年龄在 19 和 30 之间的适度运动女性每天需要多少能量？得出的结果会超过还是低于图 6.1 中的柱状图的数据？差了多少？

解答

由于 19 和 30 之间的年龄组属于组 4，我们将模型中的 x 替换为 4。然后我们利用运算顺序来计算 W，即年龄在 19 和 30 之间的适度运动女性每天需要多少能量。

$$W = -66x^2 + 526x + 1\ 030 \qquad \text{这是给定的数学模型}$$

$$W = -66 \cdot 4^2 + 526 \cdot 4 + 1\ 030 \qquad \text{将每个 } x \text{ 替换为 } 4$$

$$W = -66 \cdot 16 + 526 \cdot 4 + 1\ 030 \qquad \text{计算表达式：} 4^2 = 4 \cdot 4 = 16$$

$$W = -1\ 056 + 2\ 104 + 1\ 030 \qquad \begin{array}{l} \text{从左到右计算乘法：} \\ -66 \cdot 16 = -1\ 056, \quad 526 \cdot 4 = 2\ 104 \end{array}$$

$$W = 2\ 078 \qquad \text{加法}$$

这个公式表示，年龄在 19 和 30 之间的适度运动女性每天需要 2 078 卡路里的能量。图 6.1 中柱状图的数据表明需要 2 100 卡路里。因此，数学模型得出的能量低于数据，每天低了 2 100～2 078 卡路里，即 22 卡路里。

☑ **检查点 4**　数学模型 $M = -120x^2 + 998x + 590$ 描述年龄组为 x 的男性每天所需的能量 M。根据这个模型，年龄在 19 和 30 之间的适度运动男性每天需要多少能量？得出的结果会超过还是低于图 6.1 中的柱状图的数据？差了多少？

3　理解代数表达式的术语

代数表达式的术语

我们已经看到，代数表达式将数字和变量结合在一起。下面是另一个代数表达式的例子：

$$7x - 9y - 3$$

代数表达式的**项**是那些被加法分开的部分。例如，我们可以将 $7x - 9y - 3$ 重写成：

$$7x + (-9y) + (-3)$$

这个表达式有三项，分别是 $7x$，$-9y$ 和 -3。

项前面的数字部分称为**系数**。在项 $7x$ 中，7 是系数。在项 $-9y$ 中，-9 是系数。

系数 1 和 -1 没有写出来。因此，x，即 $1x$ 中的系数是 1。类似地，$-y$，即 $-1y$ 的系数是 -1。

只由数组成的项称为**数字项**或**常数**。$7x + (-9y) + (-3)$ 的数字项是 -3。

每项中相乘的部分称为项的**因数**。项 $7x$ 中的因数是 7 和 x。

同类项是变量因数相同的项。例如，$3x$ 和 $7x$ 是同类项。

4　化简代数表达式

化简代数表达式

实数性质能够用来化简代数表达式。

实数性质

性质	例子
加法交换律 $a+b=b+a$	$13x^2+7x=7x+13x^2$
乘法交换律 $ab=ba$	$x \cdot 6=6 \cdot x$
加法结合律 $(a+b)+c=a+(b+c)$	$3+(8+x)=(3+8)+x=11+x$
乘法结合律 $(ab)c=a(bc)$	$-2(3x)=(-2 \cdot 3)x=-6x$
分配律 $a(b+c)=ab+ac$ $a(b-c)=ab-ac$	$5(3x+7)=5 \cdot 3x+5 \cdot 7=15x+35$ $4(2x-5)=4 \cdot 2x-4 \cdot 5=8x-20$

$ba+ca=(b+c)a$ 形式的分配律能够帮助我们加减同类项。例如，

$$3x+7x=(3+7)x=10x$$

$$7y^2-y^2=7y^2-1y^2=(7-1)y^2=6y^2$$

这个过程称为**合并同类项**。

当一个代数表达式的括号被移除且同类项被合并，它就被**化简**了。

好问题！

我必须使用分配律来合并同类项？我不能心算吗？

可以，你可以在心里把同类项组合起来，然后加减这些项的系数，使用得出的结果作为各项的变量因数的系数。

例 5　化简代数表达式

化简 $5(3x-7)-6x$。

解答

$$5(3x-7)-6x$$
$$=5 \cdot 3x-5 \cdot 7-6x \quad \text{用分配律移除括号}$$
$$=15x-35-6x \quad \text{相乘}$$
$$=(15x-6x)-35 \quad \text{同类项分组}$$
$$=9x-35 \quad \text{合并同类项：} 15x-6x=(15-6)x=9x$$

☑ **检查点 5**　化简 $7(2x-3)-11x$。

例 6 化简代数表达式

化简 $6\left(2x^2+4x\right)+10\left(4x^2+3x\right)$。

解答

$6\left(2x^2+4x\right)+10\left(4x^2+3x\right)$

$=6\cdot 2x^2+6\cdot 4x+10\cdot 4x^2+10\cdot 3x$　　用分配律移除括号

$=12x^2+24x+40x^2+30x$　　相乘

$=\left(12x^2+40x^2\right)+\left(24x+30x\right)$　　同类项分组

$=52x^2+54x$　　合并同类项：
$12x^2+40x^2=\left(12+40\right)x^2=52x^2,$
$24x+30x=\left(24+30\right)x=54x$

> $52x^2$ 和 $54x$ 不是同类项。它们包含不同的变量因数 x^2 和 x，不能合并

☑ **检查点 6** 化简 $7\left(4x^2+3x\right)+2\left(5x^2+x\right)$。

代数表达式的括号前面常常出现减号或者负号。以 $-\left(a+b\right)$ 形式出现的代数表达式可以按照下列过程化简：

$$-\left(a+b\right)=-1\left(a+b\right)=\left(-1\right)a+\left(-1\right)b=-a+\left(-b\right)=-a-b$$

你发现得到右边的化简代数表达式的捷径了吗？如果负号或减号出现在括号之外，去掉括号并改变括号内每一项的符号。例如，

$$-\left(3x^2-7x-4\right)=-3x^2+7x+4$$

例 7 化简代数表达式

化简 $8x+2\left[5-\left(x-3\right)\right]$。

解答

$8x+2\left[5-\left(x-3\right)\right]$

$=8x+2\left(5-x+3\right)$　　去掉小括号并改变括号内每项符号：
$-\left(x-3\right)=-x+3$

$=8x+2\left(8-x\right)$　　化简括号内的项：$5+3=8$

$=8x+16-2x$　　用分配律移除括号：
$2\left(8-x\right)=2\cdot 8-2x=16-2x$

$$= (8x - 2x) + 16 \qquad \text{同类项分组}$$
$$= 6x + 16 \qquad \text{合并同类项：} 8x - 2x = (8-2)x = 6x$$

☑ **检查点 7**　化简 $6x + 4\left[7 - (x-2)\right]$。

布利策补充

使用代数来测量血液酒精浓度

　　一个人血液中的酒精含量被称为血液酒精浓度（BAC），以每分升（1 分升 =0.1 升）血液中的酒精含量来衡量。如果血液酒精浓度为 0.08，即 0.08%，那么一个人的血液中酒精含量为 8 份 / 10 000 份。在美国所有州中，驾驶员的血液酒精浓度超过 0.08 是违法的。

　　如何测量我的血液酒精浓度？

　　下面有一个公式计算血液酒精浓度，w 磅表示一个人的体重，n 表示一小时喝了多少杯酒。

$$\text{BAC} = \frac{600n}{w(0.6n + 169)}$$

血液酒精浓度　　体重，单位为磅　　一小时喝酒的杯数

　　n 可以表示一罐 12 盎司的啤酒、一杯 5 盎司的葡萄酒或一杯 1.5 盎司的烈酒，均包含大约 14 克或 1/2 盎司酒精。

　　血液酒精浓度可以用来量化"微醺"的含义。

　　牢牢记住"微醺"的含义，我们可以

BAC	对行为的影响
0.05	幸福的感觉；适度释放自我压制；无可见影响
0.08	放松的感觉；轻度镇静；夸张的情绪和行为；运动技能轻微受损；反应时间增加
0.12	肌肉控制和语言表达有障碍；动作困难；行为不协调
0.15	兴奋；身体和精神功能严重受损；行为不能自已；站立、行走和说话都有些困难
0.35	手术麻醉；对一小部分人来说是致命的
0.40	50% 人的致死剂量；严重循环和呼吸抑制；酒精中毒 / 过量

来源：National Clearinghouse for Alcohol and Drug Information

利用上述模型来比较体重 120 磅和 200 磅的人喝不同量的酒之后的血液酒精浓度。

我们用计算器来计算血液酒精浓度，保留三位有效数字。

体重 120 磅的人的血液酒精浓度

$$BAC = \frac{600n}{120(0.6n+169)}$$

n（每小时喝酒的量）	1	2	3	4	5	6	7	8	9	10
BAC（血液酒精浓度）	0.029	0.059	0.088	0.117	0.145	0.174	0.202	0.230	0.258	0.286

驾驶违法

体重 200 磅的人的血液酒精浓度

$$BAC = \frac{600n}{200(0.6n+169)}$$

n（每小时喝酒的量）	1	2	3	4	5	6	7	8	9	10
BAC（血液酒精浓度）	0.018	0.035	0.053	0.070	0.087	0.104	0.121	0.138	0.155	0.171

驾驶违法

与所有的数学模型一样，BAC 的公式给出的是近似值，而不是精确值。模型中没有包含其他影响血液酒精浓度的变量，包括一个人的身体处理酒精的速度、喝酒的速度、性别、年龄、身体状况以及喝酒前吃的食物量。

6.2 一元线性方程和比例

幽默和欢笑对人具有积极的作用，这一观点早已不再新奇。图 6.2 表明，在面对负面人生事件的情况下，幽默感低的人群的抑郁等级比幽默感高的人群更高。我们可以将图表中的信息用下列公式进行建模：

低幽默感人群：$D = \frac{10}{9}x + \frac{53}{9}$

高幽默感人群：$D = \frac{1}{9}x + \frac{26}{9}$

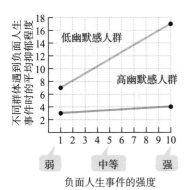

图6.2　幽默感与抑郁

来源：Steven Davis and Joseph Palladino, *Psychology*, 5th Edition, Prentice Hall, 2007.

在每一个公式中，x 都表示负面人生事件的强度（由 1 一直增加到 10），D 都表示面对负面人生事件情况下的抑郁等级。

假设在面对某种负面人生事件的情况下，幽默感低的人群的平均抑郁等级为 10。我们可以将 10 代入方程 $D = \dfrac{10}{9}x + \dfrac{53}{9}$ 中替换 D，从而求出该负面人生事件的强度。

$$10 = \frac{10}{9}x + \frac{53}{9}$$

方程等号两边可以互换。因此，我们可以将方程重写为下列形式：

$$\frac{10}{9}x + \frac{53}{9} = 10$$

注意，变量中最高的指数是 1。这种方程称为一元线性方程。在本节中，我们将学习如何解一元线性方程。在本节的后面，我们将回到幽默感与抑郁的模型上。

1　解一元线性方程

解一元线性方程

我们从定义一元线性方程开始。

线性方程的定义

x 的一元**线性方程**可以写出如下形式：

$$ax + b = 0$$

其中 a 和 b 均为实数，且 $a \neq 0$。

下面有一个一元线性方程的例子：

$$4x + 12 = 0$$

解方程涉及判断所有代入方程能够构成真命题的 x 的值。这些值称为方程的**解**或**根**。例如，将 -3 代入方程 $4x + 12 = 0$，我们得到：

$$4(-3) + 12 = 0 \text{ 或 } -12 + 12 = 0$$

上面的方程化简后得到真命题 $0 = 0$。因此，-3 是方程 $4x + 12 = 0$ 的一个解。我们也可以说 -3 **满足**方程 $4x + 12 = 0$，因为当我们将 -3 代入方程中的 x 会得到一个真命题。这些解的集合称为方程的**解集**。例如，方程 $4x+12=0$ 的解集是 $\{-3\}$。

解集相同的两个或更多的方程称为**等价方程**。例如，方程 $4x+12=0$、$4x=-12$ 和 $x=-3$ 的解集都是 $\{-3\}$，所以它们是等价的。为了求出线性方程中的 x，我们需要不断地将方程转换成等价方程。最终的等价方程应该是如下形式：

$$x = \text{一个数}$$

这个方程的解集是包含这个数的集合。

为了生成等价方程，我们将会使用下列性质：

方程的加法和乘法性质

方程的加法性质

当方程两边同时加上同一个实数或代数表达式时，方程的解集不变。

$a=b$ 和 $a+c=b+c$ 是等价方程。

方程的乘法性质

当方程两边同时乘以同一个非零实数时，方程的解集不变。

$a=b$ 和 $ac=bc$ 是等价方程，其中 $c \neq 0$。

因为减法也是由加法定义的，加法性质可以转换为：当方程两边同时减去同一个实数时，方程的解集不变。同样地，因为除法是由乘法定义的，乘法性质可以转换为：当方程两边同时除以同一个非零实数时，方程的解集不变。

表 6.1 阐述了如何利用上述性质分离出 x 从而得到 "$x=$ 一个数"。

表 6.1　利用方程的性质解方程

方程	如何分离 x	解方程	方程的解集
$x-3=8$	方程两边同时加上 3	$x-3+3=8+3$ $x=11$	$\{11\}$
$x+7=-15$	方程两边同时减去 7	$x+7-7=-15-7$ $x=-22$	$\{-22\}$

利用方程的加法性质解方程

（续）

方程	如何分离 x	解方程	方程的解集
$6x=30$	方程两边同时除以 6（或同时乘以 $\frac{1}{6}$）	$\dfrac{6x}{6}=\dfrac{30}{6}$ $x=5$	$\{5\}$
$\dfrac{x}{5}=9$	方程两边同时乘以 5	$5\cdot\dfrac{x}{5}=5\cdot9$ $x=45$	$\{45\}$

利用方程的乘法性质解方程

例 1　使用方程的性质解方程

解方程 $2x+3=17$，并验算。

解答

我们的目标是得到等价方程，即 x 在方程一边，一个数在方程另一边。

$$2x+3=17 \qquad \text{这是给定方程}$$

$$2x+3-3=17-3 \qquad \text{两边同时减 3}$$

$$2x=14 \qquad \text{化简}$$

$$\frac{2x}{2}=\frac{14}{2} \qquad \text{两边同时除以 2}$$

$$x=7 \qquad \text{化简}$$

现在，我们将得到的解 7 代入原方程来验算。

$$2x+3=17 \qquad \text{这是原方程}$$

$$2\cdot7+3\overset{?}{=}17 \qquad \text{用 7 替换 } x，\text{问号表示我们还不知道两边是否相等}$$

$$14+3\overset{?}{=}17 \qquad \text{先做乘法：} 2\cdot7=14$$

命题为真　$$17=17 \qquad \text{再做加法：} 14+3=17$$

由于验算的结果是一个真命题，我们可以得出结论：给定方程的解集是 $\{7\}$。

☑ **检查点 1**　解方程 $4x+5=29$，并验算。

下面是解一元线性方程的详细步骤。并不是所有步骤都要在解方程的过程中用到。

解线性方程

1. 通过移除括号并合并同类项，化简方程两边的代数表达式。
2. 将所有的变量放在方程一边，将所有的常数或数字项放在方程另一边。
3. 分离变量并求解。
4. 将解代入原方程进行验算。

例2　解线性方程

解方程 $2(x-4)-5x=-5$，并验算。

解答

步骤 1　化简方程两边的代数表达式。

$$2(x-4)-5x=-5 \qquad \text{这是原方程}$$

$$2x-8-5x=-5 \qquad \text{分配律}$$

$$-3x-8=-5 \qquad \text{合并同类项：} 2x-5x=-3x$$

步骤 2　将所有的变量放在方程一边，将所有的常数或数字项放在方程另一边。 $-3x-8=-5$ 中唯一的变量是 $-3x$，而 $-3x$ 已经在方程一边了。我们在方程两边同时加上 8，将常数移到方程另一边。

$$-3x-8+8=-5+8 \qquad \text{两边同时加 8}$$

$$-3x=3 \qquad \text{化简}$$

步骤 3　分离变量并求解。 我们通过在方程 $-3x=3$ 两边同时除以 -3 来分离变量 x。

$$\frac{-3x}{-3}=\frac{3}{-3} \qquad \text{两边同时除以 } -3$$

$$x=-1 \qquad \text{化简：} \frac{-3x}{-3}=1x=x, \frac{3}{-3}=-1$$

步骤 4　将解代入原方程进行验算。 我们将 $x=-1$ 代入原方程。

$$2(x-4)-5x=-5 \qquad \text{这是原方程}$$

$$2(-1-4)-5(-1)\overset{?}{=}-5 \qquad \text{用 } -1 \text{ 替换 } x$$

$$2(-5)-5(-1)\overset{?}{=}-5 \qquad \text{化简括号内运算：} -1-4=-5$$

$$-10-(-5)\overset{?}{=}-5 \qquad \text{先做乘法：} 2(-5)=-10, 5(-1)=-5$$

命题为真 $\qquad -5=-5 \qquad -10-(-5)=-10+5=-5$

由于验算的结果是一个真命题，我们可以得出结论：给定方程的解集是 $\{-1\}$。

☑ 检查点 2　解方程 $6(x-3)-10x=-10$，并验算。

好问题！

代数表达式和代数方程有什么区别？

我们化简代数表达式。我们解代数方程。尽管代数的基本规则都能应用到这两种过程中去，但是要注意下列区别。

化简代数表达式

化简：$3(x-7)-(5x-11)$

> 这不是方程，没有等号

解

$$3(x-7)-(5x-11)$$
$$=3x-21-5x+11$$
$$=(3x-5x)+(-21+11)$$
$$=-2x+(-10)$$
$$=-2x-10$$

> 停下！进一步化简是不可能的

解代数方程

求：$3(x-7)-(5x-11)=14$

> 这是方程，有等号

解

$$3(x-7)-(5x-11)=14$$
$$3x-21-5x+11=14$$
$$-2x-10=14$$

> 两边同时加 10

$$-2x-10+10=14+10$$
$$-2x=24$$

> 两边同时除以 -2

$$\frac{-2x}{-2}=\frac{24}{-2}$$
$$x=-12$$

解集是 $\{-12\}$

好问题！

我必须把方程 $5x-12=8x+24$ 中所有变量的项放在方程左边，数放在方程右边吗？

不是。你也可以把所有变量的项放在方程右边，数放在方程左边。要把所有变量的项放在方程右边，需要在方程两边同时减去 $5x$：

$$5x-12-5x=8x+24-5x$$
$$-12=3x+24$$

要把数放在方程左边，需要在方程两边同时减去 24：

$$-12-24=3x+24-24$$
$$-36=3x$$

现在在方程两边同时除以 3，分离变量 x：

$$\frac{-36}{3}=\frac{3x}{3}$$
$$-12=x$$

我们得到和例 3 一样的结果。

例 3　解线性方程

解方程 $5x-12=8x+24$，并验算。

解答

步骤 1　化简方程两边的代数表达式。方程中没有括号也没有可以合并的同类项。因此，我们可以跳过这一步。

步骤 2　将所有的变量放在方程一边，将所有的常数或数字项放在方程另一边。我们可以将所有变量的项放在方程左边，数放在方程右边。我们需要在方程两边同时减去 $8x$，然后同时加上 12。

$5x-12=8x+24$	这是给定方程
$5x-12-8x=8x+24-8x$	两边同时减 $8x$
$-3x-12=24$	化简：$5x-8x=-3x$
$-3x-12+12=24+12$	两边同时加 12
$-3x=36$	化简

步骤 3　分离变量并求解。我们通过在方程 $-3x=36$ 两边同时除以 -3 来分离变量 x。

$\dfrac{-3x}{-3}=\dfrac{36}{-3}$	两边同时除以 -3
$x=-12$	化简

步骤 4　将解代入原方程进行验算。我们将 -12 代入原方程。

$5x-12=8x+24$	这是原方程
$5(-12)-12\overset{?}{=}8(-12)+24$	用 -12 替换 x
$-60-12\overset{?}{=}-96+24$	先算乘法：$5(-12)=-60$，$8(-12)=-96$
命题为真　$-72=-72$	再算加法：$-60+(-12)=-72$，$-96+24=-72$

由于验算的结果是一个真命题，我们可以得出结论：给定方程的解集是 $\{-12\}$。

☑ **检查点 3**　解方程 $2x+9=8x-3$，并验算。

例 4 解线性方程

解方程 $2(x-3)-17=13-3(x+2)$，并验算。

解答

步骤 1 化简方程两边的代数表达式。

不要先计算 13−3，在减法之前应用乘法分配律

$2(x-3)-17=13-3(x+2)$ 这是给定的方程

$2x-6-17=13-3x-6$ 分配律

$2x-23=-3x+7$ 合并同类项

步骤 2 将所有的变量放在方程一边，将所有的常数或数字项放在方程另一边。我们通过在方程两边同时加上 $3x$，将方程 $2x-23=-3x+7$ 中所有变量的项放在左边。我们通过在方程两边同时加上 23，将方程中所有数放在右边。

$2x-23+3x=-3x+7+3x$ 两边同时加 $3x$

$5x-23=7$ 化简：$2x+3x=5x$

$5x-23+23=7+23$ 两边同时加 23

$5x=30$ 化简

步骤 3 分离变量并求解。我们通过在方程 $5x=30$ 两边同时除以 5 来分离变量 x。

$$\frac{5x}{5}=\frac{30}{5}$$ 两边同时除以 5

$x=6$ 化简

步骤 4 将解代入原方程进行验算。我们将 6 代入原方程。

$2(x-3)-17=13-3(x+2)$ 这是原方程

$2(6-3)-17\overset{?}{=}13-3(6+2)$ 用 6 替换 x

$2(3)-17\overset{?}{=}13-3(8)$ 化简括号内运算

$6-17\overset{?}{=}13-24$ 先算乘法

$-11=-11$ 再算减法

真命题 $-11=-11$ 表明，解集是 $\{6\}$。

☑ **检查点 4**　解方程：$4(2x+1)=29+3(2x-5)$，并验算。

2　解含有分数的线性方程　**含有分数的线性方程**

　　没有分数的线性方程更好求解。我们应该如何消除线性方程中的分数？我们从在方程两边同时乘以方程中任意分数的最小公分母开始。最小公分母是能够整除所有分母的最小的数。在方程两边同时乘以最小公分母可以消除方程中的分数。例 5 向我们展示了"如何消除线性方程中的分数"。

> **例5**　解含有分数的线性方程
>
> 解方程 $\dfrac{3x}{2}=\dfrac{8x}{5}-4$，并验算。
>
> 解答
>
> 分母是 2 和 5。能够同时整除 2 和 5 的最小数是 10。我们从在方程两边同时乘以最小公分母 10 开始。

$$\frac{3x}{2}=\frac{8x}{5}-4 \qquad \text{这是给定方程}$$

$$10\cdot\frac{3x}{2}=10\left(\frac{8x}{5}-4\right) \qquad \text{两边同时乘以 10}$$

$$10\cdot\frac{3x}{2}=10\cdot\frac{8x}{5}-10\cdot4 \qquad \text{分配律，确保所有项都乘以 10}$$

$$15x=16x-40 \qquad \text{化简}$$

　　现在，我们得到了和以前解过的方程类似的方程。将所有变量的项移到方程一边，所有数移到方程另一边。

$$15x-16x=16x-40-16x \qquad \text{两边同时减 }16x$$

$$-x=-40 \qquad \text{化简}$$

还没有完成，x 前还有负号

　　我们在方程两边同时除以 -1 来分离变量 x。

$$\frac{-x}{-1}=\frac{-40}{-1} \qquad \text{两边同时除以 }-1$$

$$x=40 \qquad \text{化简}$$

验算方程的解。将 $x=40$ 代入原方程，你会得到 $60=60$。

这个真命题证明解集是 {40}。

☑ **检查点5** 解方程 $\dfrac{2x}{3} = 7 - \dfrac{x}{2}$，并验算。

例6 应用：面对负面人生事件

在本节的开头，我们引入了如图 6.2 所示的折线图，该图表明了幽默感低的人群面对负面人生事件时的抑郁等级比幽默感高的人群要高。我们可以用下列公式建立图像的模型：

低幽默感人群：$D = \dfrac{10}{9}x + \dfrac{53}{9}$ 高幽默感人群：$D = \dfrac{1}{9}x + \dfrac{26}{9}$

在每一个公式中，x 表示负面人生事件的强度（从 1 增加到 10），D 表示面对负面人生事件的平均抑郁等级。如果幽默感高的人群面对负面人生事件的平均抑郁等级是 3.5 或 7/2，该事件的强度是多少？图 6.2 中高幽默感人群的折线图是如何显示解的？

解答

我们需要求出高幽默感人群面对负面人生事件的平均抑郁等级是 3.5 或 7/2 时，该事件的强度是多少。我们将幽默感高模型中的 D 替换为 7/2，然后解出 x，即负面人生事件的强度。

$$D = \frac{1}{9}x + \frac{26}{9} \qquad \text{这是高幽默感人群的公式}$$

$$\frac{7}{2} = \frac{1}{9}x + \frac{26}{9} \qquad \text{用 } \frac{7}{2} \text{ 替换 } D$$

$$18 \cdot \frac{7}{2} = 18 \cdot \left(\frac{1}{9}x + \frac{26}{9} \right) \qquad \text{两边同时乘最小公分母 18}$$

$$18 \cdot \frac{7}{2} = 18 \cdot \frac{1}{9}x + 18 \cdot \frac{26}{9} \qquad \text{分配律}$$

$$9 \cdot \frac{7}{1} = 2 \cdot \frac{1}{1}x + 2 \cdot \frac{26}{1} \qquad \text{化简}$$

$$63 = 2x + 52 \qquad \text{化简}$$

$$63 - 52 = 2x + 52 - 52 \qquad \text{两边同时减去 52}$$

$$11 = 2x \qquad \text{化简}$$

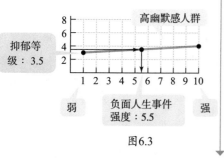

图6.3

$$\frac{11}{2} = \frac{2x}{2}　\qquad \text{两边同时除以 2}$$

$$\frac{11}{2} = x　\qquad \text{化简}$$

该公式显示，如果在面对负面人生事件的情况下，高幽默感人群的平均抑郁等级为 3.5，那么该负面人生事件的强度为 11/2，或 5.5。图 6.3 中的线段清楚地展现了高幽默感人群的抑郁等级。

☑ **检查点 6**　使用例 6 中的低幽默感人群的模型来解决问题。

如果在面对负面人生事件的情况下，低幽默感人群的平均抑郁等级为 10，那么该负面人生事件的强度为多少？解是怎么显示在图 6.2 中的低幽默感人群折线图上的？

3　解比例

比例

比通过除法比较量与量。例如，一个小组中有 60 名女性、30 名男性。女性与男性之间的比是 60/30。我们可以将这个比化简成最简形式的分数：

$$\frac{60}{30} = \frac{2 \cdot \cancel{30}}{1 \cdot \cancel{30}} = \frac{2}{1}$$

这个比可以表示成 2：1 或 2 比 1。

比例是声明两个比相等的命题。如果两个比分别为 $\frac{a}{b}$ 和 $\frac{c}{d}$，那么比例是

$$\frac{a}{b} = \frac{c}{d}$$

我们可以在等式两边同时乘以最小公分母 bd 来消除等式中的分数：

$$\frac{a}{b} = \frac{c}{d}　\qquad \text{这是给定的比例}$$

$$bd \cdot \frac{a}{b} = bd \cdot \frac{c}{d}　\qquad \text{两边同时乘以 } bd\ (b \neq 0,\ d \neq 0)\text{，然后化简}$$

$$ad = bc　\qquad \text{化简}$$

我们可以看到，以下原则适用于任何比例。

$$\frac{a}{b} = \frac{c}{d}$$

bc

ad

交叉相乘原则：$ad = bc$

比例的交叉相乘原则

如果 $\dfrac{a}{b} = \dfrac{c}{d}$，那么 $ad = bc$（$b \neq 0$ 且 $d \neq 0$）。

交叉相乘的乘积 ad 和 bc 是相等的。

例如，因为 $\dfrac{2}{3} = \dfrac{6}{9}$，我们可以得到 $2 \cdot 9 = 3 \cdot 6$，或 $18 = 18$。

我们同样可以使用 $\dfrac{2}{3} = \dfrac{6}{9}$ 得到 $3 \cdot 6 = 2 \cdot 9$。当使用交叉相乘原则时，每个乘积放在等式的哪一边并不重要。

如果比例中的三个数都是已知的，我们可以使用交叉相乘原则求出未知的数，如例 7a 所示。

例 7 解比例

求解下列比例并验算：

a. $\dfrac{63}{x} = \dfrac{7}{5}$ b. $\dfrac{20}{x-10} = \dfrac{30}{x}$

解答

$$\frac{63}{x} = \frac{7}{5}$$

$7x$

$63 \cdot 5$

交叉相乘

a. $\dfrac{63}{x} = \dfrac{7}{5}$ 这是给定比例

     $63 \cdot 5 = 7x$ 交叉相乘原则

     $315 = 7x$ 化简

     $\dfrac{315}{7} = \dfrac{7x}{7}$ 两边同时除以 7

     $45 = x$ 化简

解集是 $\{45\}$。

验算

$$\frac{63}{45} \stackrel{?}{=} \frac{7}{5}$$ 用 45 替换 x

$$\frac{7 \cdot 9}{5 \cdot 9} \stackrel{?}{=} \frac{7}{5}$$ 化简 $\dfrac{63}{45}$

$$\frac{7}{5} = \frac{7}{5}$$ 此恒等式证明了解集是 $\{45\}$

b. $\dfrac{20}{x-10} = \dfrac{30}{x}$ 这是给定比例

$20x = 30(x-10)$ 交叉相乘原则

$20x = 30x - 30 \cdot 10$ 分配律

$20x = 30x - 300$ 化简

$20x - 30x = 30x - 300 - 30x$ 两边同时减 $30x$

$-10x = -300$ 化简

$\dfrac{-10x}{-10} = \dfrac{-300}{-10}$ 两边同时除以 -10

$x = 30$ 化简

解集是 $\{30\}$。

验算

$\dfrac{20}{30-10} \overset{?}{=} \dfrac{30}{30}$ 用 30 替换 x

$\dfrac{20}{20} \overset{?}{=} \dfrac{30}{30}$ 减法：$30-10=20$

$1 = 1$ 此恒等式证明解是 30

☑ **检查点 7**　求解下列比例并验算：

a. $\dfrac{10}{x} = \dfrac{2}{3}$　　　　　　b. $\dfrac{22}{60-x} = \dfrac{2}{x}$

---

4 使用比例解决问题

比例的应用

现在，我们来学习能够使用比例求解的实际应用问题。下面是解决这种问题的步骤。

使用比例解决应用问题

1. 阅读问题，将未知的量表示为 x（或任意字母）。
2. 将给定的比列在等式一边，将含有未知量的比列在等式另一边，得出一个比例。每一个量都应该位于比例中每一边对应位置。

3.去掉单位，进行交叉相乘。

4.求出 x 并回答问题。

例 8　应用比例：计算税款

价值为 480 000 美元的房屋的财产税是 5 760 美元。求在相同税率下价值为 600 000 美元的房屋的财产税。

解答

步骤 1　将未知的量表示为 x。 令 600 000 美元的房屋的财产税为 x。

步骤 2　得出比例。 我们通过比较税款与房屋价值来得出比例。

价值为480 000美元的房屋的财产税／评估价值（480 000美元）　等于　价值为600 000美元的房屋的财产税／评估价值（600 000美元）

给定的比率 $\left\{\dfrac{5\,760\text{美元}}{480\,000\text{美元}} = \dfrac{x\text{美元}}{600\,000\text{美元}}\right.$

未知数

给定的数值

步骤 3　去掉单位，进行交叉相乘。 我们去掉美元单位然后开始求解 x。

$$\frac{5\,760}{480\,000} = \frac{x}{600\,000}$$ 这是建模问题条件的比例

$$480\,000x = (5\,760)(600\,000)$$ 交叉相乘原则

$$480\,000x = 3\,456\,000\,000$$ 乘法

步骤 4　求出 x 并回答问题。

$$\frac{480\,000x}{480\,000} = \frac{3\,456\,000\,000}{480\,000}$$ 两边同时除以 480 000

$$x = 7\,200$$ 化简

价值为 600 000 美元的房屋的财产税是 7 200 美元。

> **好问题！**
>
> 步骤2中有没有其他能够用来建立数学模型的比例？
>
> 有。下面有另外三个你可以使用的正确比例：
>
> - $\dfrac{480\,000美元(价值)}{5\,760美元(税)} = \dfrac{600\,000美元(价值)}{x美元(税)}$
>
> - $\dfrac{480\,000美元(价值)}{600\,000美元(价值)} = \dfrac{5\,760美元(税)}{x美元(税)}$
>
> - $\dfrac{600\,000美元(价值)}{480\,000美元(价值)} = \dfrac{x美元(税)}{5\,760美元(税)}$
>
> 每一个比例都能得到与步骤3相同的交叉相乘结果。

☑ **检查点 8**　价值为 250 000 美元的房屋的财产税是 3 500 美元。求出在相同税率下价值为 420 000 美元的房屋的财产税。

例9　应用比例：估计野生动物数量

野生动物学家捕捉、标记，然后将 135 只鹿放回野生动物保护区。两周后，他们观察到了 140 只鹿，其中 30 只身上有标记。假设样本中标记的鹿所占比与保护区所有的鹿所占比相同，保护区里大约有多少只鹿？

解答

步骤 1　将未知的量表示为 x。令保护区里所有鹿的数量为 x。

步骤 2　得出比例。

未知 ⟶
$$\underbrace{\frac{\text{已标记的鹿的原始数量}}{\text{鹿的总数量}}}\qquad \text{等于}\qquad \underbrace{\frac{\text{观察样本中已标记的鹿的数量}}{\text{观察样本中的鹿的总数量}}}$$ 已知比

$$\frac{135}{x} \qquad = \qquad \frac{30}{140}$$

步骤 3 和步骤 4　应用交叉相乘原则，求出 x 并回答问题。

$$\frac{135}{x} = \frac{30}{140} \qquad \text{这是对问题条件建模后的比例}$$

$$(135)(140) = 30x \qquad \text{用交叉相乘原则}$$

$$18\,900 = 30x \qquad \text{乘法}$$

$$\frac{18\,900}{30} = \frac{30x}{30} \qquad \text{两边同时除以 30}$$

$$630 = x \qquad \text{化简}$$

保护区里大约有 630 只鹿。

☑ 检查点 9　野生动物学家捕捉、标记，然后将 120 只鹿放回野生动物保护区。两周后，他们观察到了 150 只鹿，其中 25 只身上有标记。假设样本中标记的鹿所占比与保护区所有的鹿所占比相同，保护区里大约有多少只鹿？

5　识别没有解或有无穷解的方程

没有解或有无穷解的方程

到目前为止，我们解过的每一个方程或比例都有一个解。然而，有些方程连一个实数解都没有。相比之下，有些方程的解是所有实数。

如果你试图求解没有解的方程，消除变量之后你就会得到一个假命题，如 $2 = 5$。如果你试图求解有无穷解的方程，消除变量之后你就会得到一个真命题，如 $4 = 4$。

例 10　尝试求解没有解的方程

解方程 $2x + 6 = 2(x + 4)$。

解答

$$2x + 6 = 2(x + 4) \qquad \text{这是给定方程}$$

$$2x + 6 = 2x + 8 \qquad \text{分配律}$$

$$2x + 6 - 2x = 2x + 8 - 2x \qquad \text{两边同时减 } 2x$$

$$6 = 8 \qquad \text{化简}$$

$6 = 8$ 不是解

我们从原始方程 $2x + 6 = 2(x + 4)$ 得到了 $6 = 8$，这一命题对于 x 的任何值都是假的。这个方程没有解，它的解集是空集 $\varnothing$。

☑ 检查点 10　解方程 $3x + 7 = 3(x + 1)$。

例 11　尝试求解有无穷解的方程

解方程 $4x+6=6(x+1)-2x$。

解答

$4x+6=6(x+1)-2x$　　这是给定方程

$4x+6=6x+6-2x$　　分配律

$4x+6=4x+6$　　对右边合并同类项：$6x-2x=4x$

你能发现方程 $4x+6=4x+6$ 对于 x 的任何值都是成立的吗? 我们继续求解方程，在等号两边同时减去 $4x$。

$$4x+6-4x=4x+6-4x$$

$6=6$ 不是解　　$6=6$

原方程与命题 $6=6$ 等价，对于 x 的任何实数值都是成立的。因此，解集由所有实数的集组成，可表示为 $\{x \mid x \text{是任一实数}\}$。你可以试试用任意实数替换原方程中的 x。你会得到一个真命题。

☑ **检查点 11**　解方程 $7x+9=9(x+1)-2x$。

6.3

学习目标

学完本节之后，你应该能够：

1. 使用线性方程解决问题。
2. 求解公式中的一个变量。

1　使用线性方程解决问题

线性方程的应用

在本节中，你会看到一些聚焦于美国人能挣多少钱的例子与练习。这些例子与练习一步一步地阐释了如何解决问题。当你熟悉这种解题策略时，就会学习如何解决范围更广泛的问题。

线性方程的问题解决

我们已经看到，模型是对真实世界情况的数学表示。在本节中，我们将解决用汉语提出的问题。这意味着我们必须通过将普通的汉语语言转换成代数方程的语言来获得模型。然而，要想成功转换，我们必须理解汉语语言并熟悉代数语言的形式。下面是我们解决语言表述题时需要遵循的一般步骤。

为什么语言表述题很重要?

解决语言表述题步骤中的推理过程十分有价值。这份价值来源于你将要学会的解决问题的本领，而且它通常要比特定问题及其解答更加重要。

解决语言表述题的策略

步骤 1　仔细阅读问题，直到你能够用自己的话说出问题给出的信息以及需要解决什么问题为止。令 x（或其他任意变量）表示问题中的一个未知的量。

步骤 2　在必要的情况下，用 x 来写出问题中任何其他未知量的表达式。

步骤 3　写出建立问题条件模型的、含有 x 的方程。

步骤 4　求解方程并回答问题。

步骤 5　在原始问题中验算，而不是在由语句表述得到的方程中验算。

　　整个过程中最复杂的步骤是步骤 3，原因在于它涉及将语言形式的条件转换成代数方程。表 6.2 列出了一些常用的语句是如何转换成代数方程的。虽然我们选择 x 来表示变量，但是任何字母都是可以表示的。

表 6.2 看上去很长。怎么才能最好地掌握这张表格?

用一张纸盖住表格的右栏，然后尝试用自己的话将左边的语句转换成代数表达式，最后将纸移开，检查你说的对不对。用这种方法可以掌握整张表格。

表 6.2　汉语语句的代数翻译

汉语语句	代数表达式
加法	
一个数与 7 的和	$x+7$
比一个数多 5；一个数加 5	$x+5$
一个数增加了 6；一个数加上 6	$x+6$
减法	
一个数减去 4	$x-4$
一个数减少了 5	$x-5$
8 减去一个数	$8-x$
一个数和 6 的差	$x-6$
6 和一个数的差	$6-x$
比一个数小 7	$x-7$
7 减一个数	$7-x$
比一个数少 9	$x-9$
乘法	
一个数的 5 倍	$5x$
3 和一个数的乘积	$3x$

（续）

汉语语句	代数表达式
一个数的三分之二（用分数）	$\frac{2}{3}x$
一个数的百分之七十五（用小数）	$0.75x$
一个数乘以 13	$13x$
一个数被 13 乘	$13x$
一个数的两倍	$2x$
除法	
一个数除以 3	$\frac{x}{3}$
7 和一个数的商	$\frac{7}{x}$
一个数和 7 的商	$\frac{x}{7}$
一个数的倒数	$\frac{1}{x}$
不止一种运算	
一个数的两倍与 7 的和	$2x+7$
一个数与 7 的和的两倍	$2(x+7)$
一个数的两倍与 1 的和的三倍	$3(1+2x)$
一个数的 8 倍减去 9	$8x-9$
一个数的三倍与 14 的和的百分之二十五	$0.25(3x+14)$
一个数的七倍加上 24	$7x+24$
一个数与 24 的和的七倍	$7(x+24)$

例1 教育的回报

图 6.4 中的柱状图显示了美国男性与女性不同教育程度的年平均收入。

男性学士的年平均收入要比男性副学士的收入高 2.5 万美元。男性硕士的年平均收入要比男性副学士的收入高 4.5 万美元。这三种学历的男性加起来的年平均收入为 21.4 万美元，求出每种学历的男性的年平均收入。

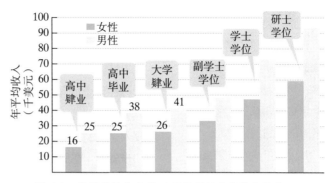

图 6.4　美国男性与女性不同教育程度的年平均收入
来源: U.S. Census Bureau

解答

步骤 1　令 x 表示其中一个未知量。我们知道男性学士与男性硕士的年平均收入与男性副学士的收入的关系: 男性学士和男性硕士的年平均收入分别要比男性副学士的收入高 2.5 万美元和 4.5 万美元。我们可以令

x = 男性副学士的年平均收入(单位为万美元)

步骤 2　用 x 表示其他未知量。因为男性学士的年平均收入要比男性副学士的收入高 2.5 万美元, 令

$x + 2.5$ = 男性学士的年平均收入

因为男性硕士的年平均收入要比男性副学士的收入高 4.5 万美元, 令

$x + 4.5$ = 男性硕士的年平均收入

步骤 3　用含有 x 的方程建立数学模型。三种学历的男性加起来的年平均收入为 21.4 万美元。

副学士 收入	加	学士 收入	加	硕士 收入	等于	21.4 美元
x	$+$	$(x+2.5)$	$+$	$(x+4.5)$	$=$	21.4

步骤 4　求解方程并回答问题。

$x+(x+2.5)+(x+4.5)=21.4$ 　　这是对问题条件建模得到的方程

$3x+7=21.4$ 　　移除小括号并合并同类项

$3x=14.4$ 　　两边同时减 7

$x=4.8$ 　　两边同时除以 3

好问题！

例 1 中用了"高"这个字来表示两个未知量之间的关系。你能帮助我用"高"这个字来写出描述的量之间关系的代数表达式吗？

用"高"这个字来进行数学建模有一点棘手。我们先来确定哪一个未知量比较小。然后将较小的未知量加上一个量来表示较大的未知量。例如，假设提姆的身高比汤姆的身高高 a 英寸，汤姆是较矮的那个。如果用 x 来表示汤姆的身高，那么提姆的身高可以用 $x+a$ 来表示。

我们分离了模型中的变量，得到 $x=4.8$，因此：

男性副学士的年平均收入 $= x = 4.8$

男性学士的年平均收入 $= x+2.5 = 4.8+2.5 = 7.3$

男性硕士的年平均收入 $= x+4.5 = 4.8+4.5 = 9.3$

男性副学士的年平均收入是 4.8 万美元，男性学士的年平均收入是 7.3 万美元，男性硕士的年平均收入是 9.3 万美元。

步骤 5　在原问题中验算求出的解。问题中说三种学历的男性加起来的年平均收入为 21.4 万美元。使用我们在步骤 4 中得到的解，三种学历的男性的年平均收入的和是：

$$4.8 万美元 + 7.3 万美元 + 9.3 万美元 = 21.4 万美元$$

满足问题中的条件。

☑ **检查点 1**　女性学士的年平均收入要比女性副学士的收入高 1.4 万美元。女性硕士的年平均收入要比女性副学士的收入高 2.6 万美元。三种学历的女性加起来的年平均收入为 13.9 万美元，求出每种学历的女性的年平均收入。（这些数据见图 6.4。）

例 2　建立大一新生态度的数学模型

研究者从 1969 年开始研究大一新生。图 6.5 展示了大一新生的人生目标等态度随着时间的变化发生了重大改变。尤其是和 1969 年的大一新生相比，2013 年的大一新生对赚钱更感兴趣。1969 年，42% 的大一新生认为"实现财务自由"十分必要或非常重要。从 1969 年到 2013 年，这个百分比每年增加约 0.9。如果这个趋势继续下去，到哪一年所有的大一新生认为"实现财务自由"十分必要或非常重要？

解答

步骤 1　令 x 表示其中一个未知量。我们需要求哪一年所有的（或 100% 的）大一新生认为"实现财务自由"十分必要或非常重要。令 $x=$

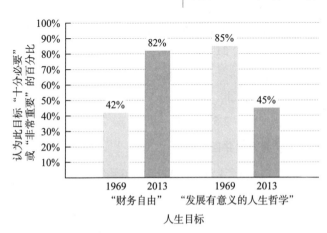

图 6.5　大一新生的人生目标，1969—2013 年

来源：Higher Education Research Institute

所有的大一新生认为"实现财务自由"十分必要或非常重要的年份与 1969 年之间的年数

步骤 2 **用 x 表示其他未知量。** 问题中没有其他未知量，因此我们可以跳过这一步。

步骤 3 **用含有 x 的方程建立数学模型。** 问题的条件是，1969 年之后的百分比每年大约增长 0.9。

1969 年 的百分比	增长了	每年 0.9， 共 x 年	等于	100% 的新生
42	+	0.9x	=	100

步骤 4 **求解方程并回答问题。**

$$42 + 0.9x = 100 \qquad \text{这是对问题条件建模得到的方程}$$

$$42 - 42 + 0.9x = 100 - 42 \qquad \text{两边同时减 42}$$

$$0.9x = 58 \qquad \text{化简}$$

$$\frac{0.9x}{0.9} = \frac{58}{0.9} \qquad \text{两边同时除以 0.9}$$

$$x = 64.\dot{4} \approx 64 \qquad \text{化简并四舍五入到整数}$$

按照这个趋势发展下去，大约在 1969 年后的 64 年，即 2033 年，所有的大一新生认为"实现财务自由"十分必要或非常重要。

步骤 5 **在原问题中验算求出的解。** 这个问题的条件是，所有的大一新生（100%，在该数学模型中由 100 表示）认为"实现财务自由"十分必要或非常重要。当我们用 1969 年的百分比 42 加上 64 年乘以每年增加 0.9，是否约等于 100？

$$42 + 0.9(64) = 42 + 57.6 = 99.6 \approx 100$$

这就验证了，根据图 6.5 中的趋势，在 1969 年的 64 年之后，所有的大一新生认为"实现财务自由"十分必要或非常重要。

好问题！

为什么我要在原问题中验算，而不能在得出的方程中验算？

如果你在求解的时候犯了错误，你得到的方程并没有准确地建立问题条件的数学模型，那你就会在错误的模型中验算。在原问题中验算，这样你就能检查出来求解方程中出现的错误。

简单复习

消除方程中的小数

● 你可以在方程两边同时乘以 10 的幂来消除小数。10 的指数等于方程中任意小数的小数点右边最大的位数。

- 将小数与 10^n 相乘能够将小数点向右移动 n 位。

例

$$42 + 0.9x = 100$$

方程中任意小数的小数点右边的最大位数是 1。在方程两边同时乘以 10^1，即 10。

$$10(42 + 0.9x) = 10(100)$$
$$10(42) + 10(0.9x) = 10(100)$$
$$420 + 9x = 1000$$
$$420 + 9x - 420 = 1\,000 - 420$$
$$9x = 580$$
$$\frac{9x}{9} = \frac{580}{9}$$
$$x = 64.\dot{4} \approx 64$$

在求解方程之前并不一定要消除方程中的小数。比较上述求解过程与例 2 中的步骤 2，你更喜欢哪一种方法？

☑ **检查点 2**　图 6.5 表明，和 1969 年的大一新生相比，2013 年的大一新生对发展人生哲学兴趣更低。在 1969 年，85% 的大一新生认为"发展人生哲学"这一人生目标十分必要或非常重要。从 1969 年开始，这个百分比每年都下降大约 0.9。如果这个趋势继续下去，到哪一年只有 25% 的大一新生认为"发展人生哲学"这一人生目标十分必要或非常重要？

例 3　收费选择的数学建模

过桥费是 7 美元。经常过桥的通勤者可以选择花 30 美元购买月票折扣。在有月票折扣的情况下，过桥费降至 4 美元。每月过桥多少次，没有月票折扣的过桥总费用与有月票折扣的过桥总费用相同？

解答

步骤 1　令 x 表示其中一个未知量。令

$$x = 每月过桥的次数$$

步骤 2　用 x 表示其他未知量。问题中没有其他未知量，因此我们可以跳过这一步。

步骤 3 **用含有 x 的方程建立数学模型**。没有月票折扣的过桥总费用是一次 7 美元乘以每月过桥次数 x。有月票折扣的过桥总费用是一次 4 美元乘以每月过桥次数 x 再加上 30 美元。

没有月票折扣 的过桥总费用	等于	有月票折扣的 过桥总费用

$$7x \quad = \quad 30 \ + \ 4x$$

步骤 4 **求解方程并回答问题**。

$7x = 30 + 4x$ 这是对问题条件建模得到的方程

$3x = 30$ 两边同时减 $4x$

$x = 10$ 两边同时除以 3

由于 x 表示每月过桥的次数，每月过桥 10 次，没有月票折扣的过桥总费用与有月票折扣的过桥总费用相同。

步骤 5 **在原问题中验算求出的解**。这个问题的条件是，没有月票折扣的过桥总费用应该与有月票折扣的过桥总费用相同。我们来验算 10 次是否满足条件。

没有月票折扣的过桥总费用 $= 7(10) = 70$ 美元

有月票折扣的过桥总费用 $= 30 + 4(10) = 70$ 美元

在每月过桥 10 次的情况下，两种情况的过桥总费用都是 70 美元。因此，求出来的解，即 10 次满足问题的条件。

☑ **检查点 3** 过桥费是 5 美元。经常过桥的通勤者可以选择花 40 美元购买月票折扣。在有月票折扣的情况下，过桥费降至 3 美元。每月过桥多少次，没有月票折扣的过桥总费用与有月票折扣的过桥总费用相同？

例 4 数码相机降价

你家旁边的电脑城的数码相机在做促销。降价 40% 之后，你以 276 美元的价格买下一台数码相机。数码相机的原价是多少？

解答

步骤 1 **令 x 表示其中一个未知量**。令

$$x = 降价之前数码相机的原价$$

好问题！

为什么例 4 中的 40% 折扣写成 0.4x？

· 40% 可以写成 0.40 或 0.4。

· 折扣表示乘法运算，所以原价的 40% 可以表示为 0.4x。

注意，原价是 x，降价 40%，得到的是 x − 0.4x，并不是 x − 0.4。

步骤 2　用 x 表示其他未知量。问题中没有其他未知量，因此我们可以跳过这一步。

步骤 3　用含有 x 的方程建立数学模型。数码相机的原价减去原价的 40% 就得到了折扣价 276 美元。

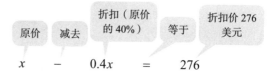

$$x \quad - \quad 0.4x \quad = \quad 276$$

步骤 4　求解方程并回答问题。

$x - 0.4x = 276$	这是对问题条件建模得到的方程
$0.6x = 276$	合并同类项
$\dfrac{0.6x}{0.6} = \dfrac{276}{0.6}$	两边同时除以 0.6
$x = 460$	化简

降价之前数码相机的原价是 460 美元。

步骤 5　在原问题中验算求出的解。降价之前数码相机的价格 460 美元减去原价的 40% 应该与折扣价 276 美元相等。

$$460 - 460 \cdot 40\% = 460 - 0.4(460) = 460 - 184 = 276$$

这就验证了数码相机的原价是 460 美元。

☑ **检查点 4**　一台新计算机降价 30% 之后的售价是 840 美元。计算机打折之前的原价是多少？

2　求解公式中的一个变量

求解公式中的一个变量

我们知道，解方程就是求出使方程成为真命题的数的过程。所有我们解过的方程都只有一个变量 x。

相比之下，公式含有不止一个字母，分别表示不止一个变量。下面是矩形周长的公式：

$$P = 2l + 2w$$

我们可以说，这个公式是用来求解变量 P 的，因为等式的一侧只有变量 P，另一侧没有 P。

求解公式中的变量意味着重写公式，直到等式一侧只有要求的解的变量，另一侧没有该变量为止。求解公式中的变量并不意味着求出该变量的数值。

要想求出公式中的一个变量，我们需要把它当作等式中的唯一变量。我们要把其他变量当作数。把所有含有该变量的项分离到等式的一侧，所有不含该变量的项分离到另一侧。然后在两侧同时除以同一个非零的量，求出该变量。下面两个例子展示了求解过程。

例 5 求解公式中的变量

求解 $P = 2l + 2w$ 中的变量 l。

解答

首先，我们要在等式两侧同时减去 $2w$，将 $2l$ 分离在等式右侧。然后在两侧同时除以 2，求解 l。

$P = 2l + 2w$	给定公式
$P - 2w = 2l + 2w - 2w$	两边同时减 $2w$，分离 $2l$
$P - 2w = 2l$	化简
$\dfrac{P - 2w}{2} = \dfrac{2l}{2}$	两边同时除以 2，解 l
$\dfrac{P - 2w}{2} = l$	化简

因此，$l = \dfrac{P - 2w}{2}$。

☑ **检查点 5** 求解 $P = 2l + 2w$ 中的变量 w。

例 6 求解公式中的变量

按月分期付款购买物品的计划可用以下公式描述：

$$T = D + pm$$

在该公式中，T 表示总价，D 是头期款，p 是月付款，m 是分期的月数。求解公式中的变量 p。

解答

首先，在等式两侧同时减去 D，在右侧分离出 pm。然后在等式两侧同时除以 m，分离出 p。

$$T = D + pm \qquad\qquad \text{给定公式}$$

$$T - D = D + pm - D \qquad \text{两边同时减 } D \text{，分离 } pm$$

$$T - D = pm \qquad\qquad \text{化简}$$

$$\frac{T - D}{m} = \frac{pm}{m} \qquad\qquad \text{两边同时除以 } m \text{，分离 } p$$

$$\frac{T - D}{m} = p \qquad\qquad \text{化简}$$

☑ **检查点 6**　求解 $T = D + pm$ 中的变量 m 。

6.4

学习目标

学完本节之后，你应该能够：

1. 在数轴上画出实数的子集。
2. 解线性不等式。
3. 使用线性不等式解决应用问题。

一元线性不等式

在租车公司 RENT-A-HEAP 租一辆车每周需要交 125 美元，每跑 1 英里额外交 0.20 美元。假设你的预算有限，一周最多能花 335 美元。如果我们令 x 表示你租车行驶的英里数，那么我们可以建立满足上述条件的不等式：

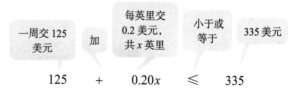

| 一周交 125
美元 | 加 | 每英里交
0.2 美元，
共 x 英里 | 小于或
等于 | 335 美元 |

$$125 \qquad + \qquad 0.20x \qquad \leqslant \qquad 335$$

注意，不等式 $125 + 0.20x \leqslant 335$ 中变量的最高指数是 1 。这样的不等式就称为一元线性不等式。不等式两边之间的符号可以是 ≤（小于或等于）、<（小于）、≥（大于或等于）或 >（大于）。

在本节中，我们将要学习如何求解像 $125 + 0.20x \leqslant 335$ 这样的不等式。**解不等式**是求出使不等式为真命题的数的集合的过程。满足不等式条件的数称为不等式的**解**。所有解的集合称为该不等式的**解集**。我们从如何表示解集，即数轴上实数的子集，开始讨论。

1 在数轴上画出实数的子集 在数轴上画出实数的子集

表 6.3 显示了数轴上各种实数的子集。空心点表示该数不属于集合，实心点表示该数属于集合。

表 6.3　实数子集的图像

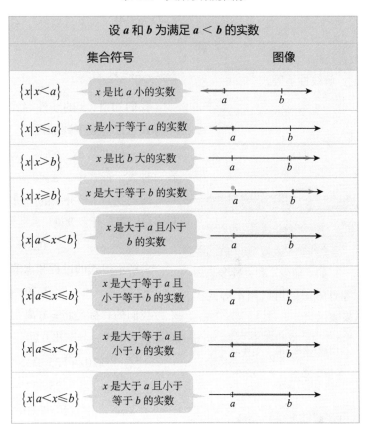

例 1　画出实数的子集

在数轴上画出下列集合：

a. $\{x\,|\,x<3\}$　b. $\{x\,|\,x\geq-1\}$　c. $\{x\,|\,-1<x\leq3\}$

解答

a. $\{x\,|\,x<3\}$　　x 是小于 3 的实数

b. $\{x\,|\,x\geq-1\}$　　x 是大于等于 -1 的实数

c. $\{x \mid -1 < x \leqslant 3\}$　　x 是大于 -1 且小于等于 3 的实数

☑ **检查点 1**　在数轴上画出下列集合：

a. $\{x \mid x < 4\}$　　　b. $\{x \mid x \geqslant -2\}$　　　c. $\{x \mid -4 \leqslant x < 1\}$

2　解线性不等式

解一元线性不等式

我们知道，x 的线性等式可以表示成 $ax + b = 0$。x 的线性不等式可以写成下列形式：

$$ax + b < 0，\quad ax + b \leqslant 0，\quad ax + b > 0，\quad ax + b \geqslant 0。$$

在每种表示形式中，$a \neq 0$。

回到我们本节开头的问题，如果你最多只能花 335 美元，你最多可以租车开多少英里？我们通过解下列不等式来解决问题：

$$0.20x + 125 \leqslant 335$$

求解不等式的过程和求解下列等式的过程差不多：

$$0.20x + 125 = 335$$

我们的目标是将 x 分离在不等式左侧。首先同时在不等式两边减去 125，分离出 $0.20x$：

$0.20x + 125 \leqslant 335$	这是给定不等式
$0.20x + 125 - 125 \leqslant 335 - 125$	两边同时减 125
$0.20x \leqslant 210$	化简

最后，我们同时在不等式两边除以 0.20，分离出 x：

$\dfrac{0.20x}{0.20} \leqslant \dfrac{210}{0.20}$	两边同时除以 0.2
$x \leqslant 1\,050$	化简

如果你每周最多只能花 335 美元，你最多可以租车开 1 050 英里。

我们从不等式 $0.20x + 125 \leqslant 335$ 开始求解，在最后一步得到 $x \leqslant 1\,050$。这两个不等式的解集相同，都是 $\{x \mid x \leqslant 1\,050\}$。这种解集相同的不等式称为**等价不等式**。

好问题！

有哪些日常用语是可以用来建立线性不等式的模型的？

如"最少"和"最多"等日常用语可以用不等式来表示。

日常用语	不等式
x 最少是 5	$x \geqslant 5$
x 最多是 5	$x \leqslant 5$
x 不超过 5	$x \leqslant 5$
x 不少于 5	$x \geqslant 5$

我们在不等式 $0.20x \leqslant 210$ 两边同时除以一个正数 0.20，分离出 $0.20x$ 中的 x。我们来看看，如果在不等式两边同时除以一个负数，会怎么样。以不等式 $10<14$ 为例，10 和 14 同时除以 -2：

$$\frac{10}{-2} = -5 \text{ 和 } \frac{14}{-2} = -7$$

由于 -5 位于数轴上 -7 的右侧，因此 -5 大于 -7。

$$-5 > -7$$

注意，不等式的符号方向发生了改变：

$$10<14$$
$$\updownarrow$$
$$-5 > -7$$

除以 -2 改变了不等式符号的方向

一般来说，**在不等式两边同时除以一个负数时，不等式符号的方向会改变**。当我们改变不等式符号时，我们改变了不等式的含义。

> 解线性不等式
>
> 求解线性不等式的过程与求解等式的步骤类似，除一个关键的区别之外：在不等式两边同时乘以或除以一个负数时，不等式符号的方向改变，改变了不等式的含义。

例2 解线性不等式

解下列不等式，并在数轴上表示出来：

$$4x - 7 \geqslant 5$$

解答

我们的目标是将 x 分离在不等式的左侧。首先，我们在不等式两边同时加上 7，分离出 $4x$。

$$4x - 7 \geqslant 5 \qquad \text{这是原不等式}$$
$$4x - 7 + 7 \geqslant 5 + 7 \qquad \text{两边同时加 7}$$
$$4x \geqslant 12 \qquad \text{化简}$$

其次，我们在不等式两边同时除以 4，分离出 x。因为我们除以的是一个正数，所以不等式的符号保持不变。

$$\frac{4x}{4} \geqslant \frac{12}{4} \qquad \text{两边同时除以 4}$$

$$x \geqslant 3 \qquad \text{化简}$$

解集由所有大于或等于 3 的实数组成，可用集合符号表示为 $\{x \mid x \geqslant 3\}$。该不等式在数轴上的表示如下所示：

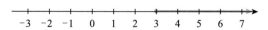

虽然我们没办法验算不等式解集中的所有元素，但是我们可以抽选几个值来验算一下解集是否正确。在例 2 中，我们求出 $4x - 7 \geqslant 5$ 的解集是 $\{x \mid x \geqslant 3\}$。3 和 4 满足不等式，而 2 不满足。

☑ **检查点 2**　解下列不等式，并在数轴上表示出来：

$$5x - 3 \leqslant 17$$

例 3　解线性不等式

解下列不等式，并在数轴上表示出来：

a. $\dfrac{1}{3}x < 5$　　　　　　　b. $-3x < 21$

解答

在这两个不等式中，我们的目标都是分离出 x。在第一个不等式中，可以通过在不等式两边同时乘以 3 来实现。而在第二个不等式中，我们可以在不等式两边同时除以 -3。

a.　$\dfrac{1}{3}x < 5$ 　　　这是给定不等式

$3 \cdot \dfrac{1}{3}x < 3 \cdot 5$ 　　两边同时乘以 3 来分离 x，由于乘以正数，所以不等号方向不变

$x < 15$ 　　　化简

该不等式的解集是 $\{x \mid x < 15\}$，在数轴上的表示如下图所示：

b. $-3x{<}21$ 这是给定不等式

$$\frac{-3x}{-3}>\frac{21}{-3}$$ 两边同时除以 -3 来分离 x，由于除以负数，所以不等号方向改变

$$x>-7$$ 化简

该不等式的解集是 $\{x\,|\,x>-7\}$，在数轴上的表示如下图所示：

☑ **检查点 3**　解下列不等式，并在数轴上表示出来：

a. $\dfrac{1}{4}x<2$ b. $-6x<18$

例 4　　解线性不等式

解下列不等式，并在数轴上表示出来：

$$6x-12>8x+2$$

解答

我们需要将 x 分离在不等式的左边。我们从不等式两边同时减去 $8x$ 开始，这样含有变量的项全都在不等式左侧了。

$6x-12>8x+2$ 这是原不等式

$6x-8x-12>8x-8x+2$ 两边同时减 $8x$，以分离 x

$-2x-12>2$ 化简

其次，我们在不等式两边同时加上 12，分离了 $-2x$。

$-2x-12+12>2+12$ 两边同时加 12

$-2x>14$ 化简

要想解 $-2x>14$，我们需要在不等式两边同时除以 -2，从而分离出 $-2x$ 中的 x。由于我们除以的是一个负数，不等式符号的方向必须改变。

$$\frac{-2x}{-2}<\frac{14}{-2}$$ 两边同时除以 -2，并改变不等号方向

$$x<-7$$ 化简

该不等式的解集是 $\{x\,|\,x<-7\}$，在数轴上的表示如下图所示：

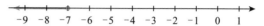

☑ **检查点 4**　解下列不等式，并在数轴上表示出来：

$$7x-3>13x+33$$

例 5　解线性不等式

解下列不等式，并在数轴上表示出来：

$$2(x-3)+5x\leqslant 8(x-1)$$

解答

我们从化简不等式两边的代数表达式入手。

$$2(x-3)+5x\leqslant 8(x-1) \qquad \text{这是给定不等式}$$

$$2x-6+5x\leqslant 8x-8 \qquad \text{分配律}$$

$$7x-6\leqslant 8x-8 \qquad \text{左侧合并同类项}$$

我们需要将 x 分离在不等式的左侧，通过在不等式两边同时减去 $8x$ 得到。

$$7x-6-8x\leqslant 8x-8-8x$$

$$-x-6\leqslant -8$$

然后，我们在不等式两边同时加上 6，分离出 $-x$。

$$-x-6+6\leqslant -8+6$$

$$-x\leqslant -2$$

要想分离出 x，我们必须消除 x 前面的负号。由于 $-x$ 意味着 $-1x$，我们可以在不等式两边同时除以 -1，这会改变不等式符号的方向。

$$\frac{-x}{-1}\geqslant \frac{-2}{-1} \qquad \text{两边同时除以 } -1 \text{，并改变不等号方向}$$

$$x\geqslant 2 \qquad \text{化简}$$

该不等式的解集是 $\{x\,|\,x\geqslant 2\}$，在数轴上的表示如下图所示：

好问题！

我只能把 x 分离在不等式的左侧来解 $7x-6x\leqslant 8x-8$ 吗？

不是的。你也可以通过把 x 分离在不等式的右侧来解 $7x-6\leqslant 8x-8$。我们在不等式两边同时减去 $7x$ 再加上 8：

$$7x-6-7x\leqslant 8x-8-7x$$

$$-6\leqslant x-8$$

$$-6+8\leqslant x-8+8$$

$$2\leqslant x$$

最后得到的不等式 $2\leqslant x$ 的含义和下列不等式一样：

$$x\geqslant 2$$

解集 $\{x\,|\,x\geqslant 2\}$ 表示变量在左边、常量在右边的形式。

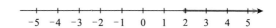

☑ **检查点 5** 解下列不等式，并在数轴上表示出来：

$$2(x-3)-1 \leqslant 3(x+2)-14$$

在下一个例子中，不等式有三个部分：

$$-3 < 2x+1 \leqslant 3$$

$2x+1$ 大于 -3 且小于或等于 3

通过在不等式的三个部分同时进行运算来实现我们的目标，即将 **x 分离在不等式中间**。

例 6 求解三个部分的不等式

解下列不等式，并在数轴上表示出来：

$$-3 < 2x+1 \leqslant 3$$

解答

我们想要把 x 分离在不等式中间。首先，我们在不等式的三个部分同时减去 1，然后在不等式的三个部分同时除以 2。

$-3 < 2x+1 \leqslant 3$	这是给定不等式
$-3-1 < 2x+1-1 \leqslant 3-1$	三部分同时减 1
$-4 < 2x \leqslant 2$	化简
$\dfrac{-4}{2} < \dfrac{2x}{2} \leqslant \dfrac{2}{2}$	三部分同时除以 2
$-2 < x \leqslant 1$	化简

该不等式的解集由所有大于 -2 且小于或等于 1 的实数组成，可表示为 $\{x \mid -2 < x \leqslant 1\}$。在数轴上的表示如下图所示：

☑ **检查点 6** 解下列不等式，并在数轴上表示出来：

$$1 \leqslant 2x+3 < 11$$

如你所知，不同的教授可能会使用不同的打分系统来评定你的期末成绩。有些教授需要期末考试，有些则不需要。在下一个例子中，不但需要期末考试，而且它还算作两次成绩。

3 使用线性不等式解决应用问题

> **例 7** 应用题：期末成绩

要想在一门课取得 A 的成绩，你的学期平均成绩至少应该是 90%。在前四次考试中，你的成绩分别是 86%、88%、92% 和 84%。如果期末考试算作两次成绩，你期末考试必须得多少分才能取得 A 的成绩？

解答

我们将要使用五步策略法来解决代数语言表述题。

步骤 1 和步骤 2 用 x 来表示未知量。令

$$x = 你期末考试的成绩$$

步骤 3 用含有 x 的不等式建立问题条件的数学模型。我们通过将所有成绩的和除以 6 来得到六次成绩的平均值。

$$平均值 = \frac{86 + 88 + 92 + 84 + x + x}{6}$$

由于期末考试成绩算作两次，x（你的期末考试成绩）加了两次，这也是 5 场考试的平均成绩要除以 6 的原因。

要想得到 A，你的平均成绩必须至少是 90。这就意味着，你的平均成绩必须大于或等于 90。

$$\frac{86 + 88 + 92 + 84 + x + x}{6} \geq 90$$

步骤 4 解不等式并回答问题。

$\dfrac{86 + 88 + 92 + 84 + x + x}{6} \geq 90$	这是对问题条件建模得到的不等式
$\dfrac{350 + 2x}{6} \geq 90$	合并分子上的同类项
$6\left(\dfrac{350 + 2x}{6}\right) \geq 6(90)$	两边同时乘以 6 消除分数
$350 + 2x \geq 540$	乘法
$350 + 2x - 350 \geq 540 - 350$	两边同时减 350
$2x \geq 190$	化简

$$\frac{2x}{2} \geqslant \frac{190}{2} \qquad \text{两边同时除以 2}$$

$$x \geqslant 95 \qquad \text{化简}$$

你的期末考试成绩必须至少为 95，才能取得 A 的成绩。

步骤 5　验算。我们可以用一个至少是 95 的值来代入原不等式验算一下。我们代入 96，如果你的期末考试取得了 96% 的成绩，你的平均成绩是

$$\frac{86+88+92+84+96+96}{6} = \frac{542}{6} = 90\frac{1}{3}$$

因为 $90\frac{1}{3} > 90$，你可以取得 A 的成绩。

☑ **检查点 7**　要想在一门课取得 B 的成绩，你的学期平均成绩至少应该是 80%。在前三次考试中，你的成绩分别是 82%、74% 和 78%。如果期末考试算作两次成绩，你期末考试必须得多少分才能取得 B 的成绩？

6.5

二次方程

学习目标

学完本节之后，你应该能够：

1. 使用 FOIL 法计算二项式的乘积。
2. 因式分解三项式。
3. 通过因式分解解二次方程。
4. 使用二次公式解二次方程。
5. 使用二次方程建模。

1　使用 FOIL 法计算二项式的乘积

　　我对数学问题也非常熟悉，我懂简单方程和二次方程。关于二项式定理，我知道很多消息，有很多关于斜边的平方的有趣事实。

——Gilbert and Sullivan, *The Pirates of Penzance*

二次方程？关于斜边的平方的有趣事实？你来对地方了。在本节中，我们将学习两种解二次方程的方法，二次方程是变量的最高指数是 2 的方程。在第 10 章中（10.2 节），我们将学习二次方程的应用，（当然是有趣地）介绍毕达哥拉斯定理和斜边的平方。

使用 FOIL 法计算二项式的乘积

　　在学习第一种解二次方程的方法（因式分解法）之前，我们需要学习用于计算二项式乘积的 FOIL 法。**二项式**是一个简

化的代数表达式，包含两项，每项的指数都是一个非负整数。

二项式的例子：

$$x+3，x+4，3x+4，5x-3$$

我们可以用 FOIL 法快速地计算两个二项式的乘积，其中 F 表示每个二项式的第一（First）项之间的积，O 表示每个二项式的外侧（Outside）项之间的积，I 表示每个二项式的内侧（Inside）项之间的积，而 L 表示每个二项式的最后（Last）项之间的积。

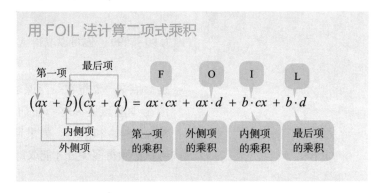

用 FOIL 法计算二项式乘积

当你计算完第一项、外侧项、内侧项与最后项之间的积后，将得到的同类项合并。

例 1 使用 FOIL 法

计算 $(x+3)(x+4)$。

解答

F：第一项 $= x \cdot x = x^2$ $(x+3)(x+4)$

O：外侧项 $= x \cdot 4 = 4x$ $(x+3)(x+4)$

I：内侧项 $= 3 \cdot x = 3x$ $(x+3)(x+4)$

L：最后项 $= 3 \cdot 4 = 12$ $(x+3)(x+4)$

$$(x+3)(x+4) = x \cdot x + x \cdot 4 + 3 \cdot x + 3 \cdot 4$$
$$= x^2 + 4x + 3x + 12$$
$$= x^2 + 7x + 12 \quad \text{合并同类项}$$

☑ **检查点 1**　计算 $(x+5)(x+6)$。

例 2　使用 FOIL 法

计算 $(3x+4)(5x-3)$。

解答

$$(3x+4)(5x-3) = 3x\cdot 5x + 3x(-3) + 4\cdot 5x + 4(-3)$$

第一项　最后项　F　O　I　L
内侧项　外侧项

$$=15x^2 -9x+20x-12$$
$$=15x^2 +11x-12 \quad \text{合并同类项}$$

☑ **检查点 2**　计算 $(7x+5)(4x-3)$。

2　因式分解三项式

因式分解平方项系数为 1 的三项式

代数表达式 $x^2+7x+12$ 称为三项式。**三项式**是一个简化的代数表达式，包含三个所有变量的指数均为非负整数的项。

我们可以用 FOIL 法计算两个二项式的积，得到三项式 $x^2+7x+12$：

因式形式　　F　O　I　L　　三项式形式
$$(x+3)(x+4) = x^2 +4x+3x+12 = x^2 +7x+12$$

因为 $x+3$ 和 $x+4$ 的乘积是 $x^2+7x+12$，所以 $x+3$ 和 $x+4$ 是 $x^2+7x+12$ 的**因式**。**因式分解**一个含有项的和或差的代数表达式就是求出由乘积形式表示的等价表达式。因此，要想因式分解 $x^2+7x+12$，我们这么写：

$$x^2+7x+12 = (x+3)(x+4)$$

我们可以通过观察右侧的因式得出一些重要的规律：

$$x^2 + 7x + 12 = (x+3)(x+4)$$

每个因式的第一项都是 x，第一项的乘积是 $x \cdot x = x^2$

$$x^2 + 7x + 12 = (x+3)(x+4)$$

3 和 4 是 12 的因数，最后项的乘积是 $3 \cdot 4 = 12$

$$x^2 + 7x + 12 = (x+3)(x+4)$$

I: $3x$
O: $4x$

外侧项乘积和内侧项乘积的和是 $4x + 3x = 7x$

这些规律能够得出因式分解 $x^2 + bx + c$ 的步骤。

因式分解 $x^2 + bx + c$ 的步骤

1. 在每一个因式里写出第一项 x：

$$(x \qquad)(x \qquad) = x^2 + bx + c$$

2. 列出常数 c 的因数对。

3. 尝试第二项的不同因式组合。选择外侧项乘积和内侧项乘积的和等于 bx 的组合。

$$(x + \square)(x + \square) = x^2 + bx + c$$

I
O
O+I

4. 通过使用 FOIL 法计算因式的乘积来验算。你应该算出来原始的三项式。

如果没有外侧项乘积和内侧项乘积的和等于 bx 的组合，那么就无法因式分解这个三项式，该三项式称为**质因式**。

例 3　因式分解 $x^2 + bx + c$ 形式的三项式

因式分解 $x^2 + 6x + 8$。

解答

步骤 1　在每一个因式里写出第一项 x。

$$x^2 + 6x + 8 = (x \qquad)(x \qquad)$$

要求出每个因式中的第二项，我们必须求出积是 8 且和是 6 的两个整数。

步骤 2　列出常数 8 的所有因数对。

8 的因数	8, 1	4, 2	−8, −1	−4, −2

当 x^2+bx+c 中的 c 为正数时，有没有排除因式组合可能的方法？

有的。要想因式分解 c 为正数的 x^2+bx+c，求出两个与中间项的符号相同的数。

$$x^2+6x+8=(x+2)(x+4)$$
$$x^2-5x+6=(x-3)(x-2)$$

通过这两个例子，我们观察到步骤 3 中的表格不需要列出后两种可能。

步骤 3　尝试因式的不同组合。x^2+6x+8 的正确的因式分解是外侧项乘积与内侧项乘积的和等于 $6x$ 的组合。可能的因式分解如下表所示：

x^2+6x+8 可能的因式分解	外侧项乘积与内侧项乘积的和（应该等于 $6x$）
$(x+8)(x+1)$	$x+8x=9x$
$(x+4)(x+2)$	$2x+4x=6x$
$(x-8)(x-1)$	$-x-8x=-9x$
$(x-4)(x-2)$	$-2x-4x=-6x$

这是所求的中间项

因此，$x^2+6x+8=(x+4)(x+2)$。

步骤 4　通过使用 FOIL 法计算因式的乘积来验算。你应该算出来原始的三项式。根据交换律，得出的因式分解也可以写成下列形式：

$$x^2+6x+8=(x+2)(x+4)$$

☑ **检查点 3**　因式分解 x^2+5x+6。

例 4　因式分解 x^2+bx+c 形式的三项式

因式分解 $x^2+2x-35$。

步骤 1　在每一个因式里写出第一项 x。

$$x^2+2x-35=(x\qquad)(x\qquad)$$

要求出每个因式中的第二项，我们必须求出积是 -35 且和是 2 的两个整数。

步骤 2　列出常数 -35 的因数对。

-35 的因数	$35,-1$	$-35,1$	$-7,5$	$7,-5$

步骤 3　尝试因式的不同组合。$x^2+2x-35$ 的正确的因式分解是外侧项乘积与内侧项乘积的和等于 $2x$ 的组合。可能的因式分解如下表所示：

$x^2+2x-35$ 可能的因式分解	外侧项乘积与内侧项乘积的和（应该等于 $2x$）
$(x-1)(x+35)$	$35x-x=34x$
$(x+1)(x-35)$	$-35x+x=-34x$
$(x-7)(x+5)$	$5x-7x=-2x$
$(x+7)(x-5)$	$-5x+7x=2x$

这是所求的中间项

当 x^2+bx+c 中的 c 是负数时，有没有排除因式组合可能的方法？

有的。要想因式分解 c 为负数的 x^2+bx+c，只要找出符号相反的两个数即可，这两个数的和是 bx 的系数。

$$x^2+2x-35=(x+7)(x-5)$$

因此，$x^2+2x-35=(x+7)(x-5)$ 或 $(x-5)(x+7)$。

步骤 4　通过使用 FOIL 法计算因式的乘积来验算。

$$\underset{\text{F}\quad\text{O}\quad\text{I}\quad\text{L}}{(x+7)(x-5)}=x^2-5x+7x-35=x^2+2x-35$$

因为因式的乘积是原始的三项式，所以上述因式分解是正确的。

☑ **检查点 4**　因式分解 $x^2+3x-10$。

因式分解平方项的系数不是 1 的三项式

我们应该如何因式分解像 $3x^2-20x+28$ 这样的三项式？注意平方项的系数是 3，我们必须求出积是 $3x^2-20x+28$ 的两个二项式，而且第一项的积必须是 $3x^2$：

$$3x^2-20x+28=(3x\qquad)(x\qquad)$$

之后的因式分解步骤与我们因式分解平方项的系数是 1 的三项式的步骤一样。

例 5　因式分解三项式

因式分解 $3x^2-20x+28$。

解答

步骤 1　求出积是 $3x^2$ 的两个第一项。

$$3x^2-20x+28=(3x\qquad)(x\qquad)$$

步骤 2 列出常数 28 的所有因数对。数 28 的因数对要么都是正的，要么都是负的。因为中间项的积 $-20x$ 是负的，因此因数对必须是负的。28 的负因数对有 -1 和 -28 、-2 和 -14 以及 -4 和 -7 。

步骤 3 尝试因式的不同组合。$3x^2-20x+28$ 正确的因式分解应该是外侧项乘积与内侧项乘积的和等于 $-20x$ 。可能的因式分解如下表所示：

$3x^2-20x+28$ 可能的因式分解	外侧项乘积与内侧项乘积的和（应该等于 $-20x$ ）
$(3x-1)(x-28)$	$-84x-x=-85x$
$(3x-28)(x-1)$	$-3x-28x=-31x$
$(3x-2)(x-14)$	$-42x-2x=-44x$
$(3x-14)(x-2)$	$-6x-14x=-20x$
$(3x-4)(x-7)$	$-21x-4x=-25x$
$(3x-7)(x-4)$	$-12x-7x=-19x$

这是所求的中间项

因此，$3x^2-20x+28=(3x-14)(x-2)$ 或 $(x-2)(3x-14)$ 。

步骤 4 通过使用 FOIL 法计算因式的乘积来验算。

$$
\overset{\text{F}\qquad\text{O}\qquad\quad\text{I}\qquad\quad\text{L}}{(3x-14)(x-2)=3x\cdot x+3x(-2)+(-14)\cdot x+(-14)\cdot(-2)}
$$

$$
=3x^2-6x-14x+28
$$

$$
=3x^2-20x+28
$$

因为因式的乘积是原始的三项式，所以上述因式分解是正确的。

☑ **检查点 5** 因式分解 $5x^2-14x+8$ 。

例6 因式分解三项式

因式分解 $8y^2-10y-3$ 。

好问题！

我在因式分解三项式的时候必须列出所有可能的组合吗？

经过练习，你会发现没有必要列出三项式所有可能的组合。经过因式分解的练习之后，你应该能够缩小组合的范围。

解答

步骤 1 求出积是 $8y^2$ 的两个第一项。

$$8y^2-10y-3 \overset{?}{=} (8y\quad)(y\quad)$$
$$8y^2-10y-3 \overset{?}{=} (4y\quad)(2y\quad)$$

步骤 2 列出常数 -3 的所有因数对。可能的因数对是 1 和 -3 以及 -1 和 3。

步骤 3 尝试因式的不同组合。 $8y^2-10y-3$ 正确的因式分解应该是外侧项乘积与内侧项乘积的和等于 $-10y$。可能的因式分解如下表所示：

$8y^2-10y-3$ 可能的因式分解	外侧项乘积与内侧项乘积的和（应该等于 $-10y$）
$(8y+1)(y-3)$	$-24y+y=-23y$
$(8y-3)(y+1)$	$8y-3y=5y$
$(8y-1)(y+3)$	$24y-y=23y$
$(8y+3)(y-1)$	$-8y+3y=-5y$
$(4y+1)(2y-3)$	$-12y+2y=-10y$
$(4y-3)(2y+1)$	$4y-6y=-2y$
$(4y-1)(2y+3)$	$12y-2y=10y$
$(4y+3)(2y-1)$	$-4y+6y=2y$

这 4 种因式分解是 $(8y\quad)(y\quad)$，空白部分是 1 和 -3 或 -1 和 3 的组合

这 4 种因式分解是 $(4y\quad)(2y\quad)$，空白部分是 1 和 -3 或 -1 和 3 的组合

这是所求的中间项

因此，$8y^2-10y-3=(4y+1)(2y-3)$ 或 $(2y-3)(4y+1)$。

使用 FOIL 法计算因式的积，可以发现上述两个因式分解都能得到原始的三项式，都是正确的。

☑ **检查点 6** 因式分解 $6y^2+19y-7$。

3 通过因式分解解二次方程

通过因式分解解二次方程

我们已经学过，线性方程中变量的最高指数是 1。现在我们定义二次方程为变量的最高指数是 2 的方程。

二次方程的定义

一个二次方程可以写成下列形式：

$$ax^2 + bx + c = 0$$

其中 a ， b 和 c 是实数，且 $a \neq 0$ 。

下面是一个二次方程的例子：

$$x^2 - 7x + 10 = 0$$

$a=1$ $b=-7$ $c=10$

注意，我们可以因式分解方程的左边。

$$x^2 - 7x + 10 = 0$$
$$(x-5)(x-2) = 0$$

如果一个二次方程一边是零，另一边是因式分解完毕的三项式，我们就可以用**零积原则**来解方程。

零积原则

如果两个因式的乘积是零，那么其中一个（或两个）因式的值必须为零。

如果 $AB = 0$ ，那么 $A = 0$ 或 $B = 0$ 。

例 7 使用零积原则解二次方程

解 $(x-5)(x-2) = 0$ 。

解答

$(x-5)(x-2)$ 等于零。根据零积原则，只有至少一个因式的值是零，积才能是零。我们可以将每个单独的因式设为零，然后解出 x 的值。

$$(x-5)(x-2) = 0$$
$$x-5=0 \text{ 或 } x-2=0$$
$$x=5 \quad \text{ 或 } \quad x=2$$

我们把解出来的值代入原方程中的 x 来验算：

验算 5 ： 验算 2 ：

$$(x-5)(x-2) = 0 \qquad (x-5)(x-2) = 0$$

$$(5-5)(5-2)\stackrel{?}{=}0 \qquad (2-5)(2-2)\stackrel{?}{=}0$$
$$0(3)\stackrel{?}{=}0 \qquad (-3)(0)\stackrel{?}{=}0$$
$$0=0，\text{正确} \qquad 0=0，\text{正确}$$

验算结果显示，$(x-5)(x-2)=0$ 的解是 5 和 2。该方程的解集是 $\{2,5\}$。

☑ 检查点 7   解 $(x+6)(x-3)=0$。

好问题！

是不是所有的二次方程都能用因式分解求解？

不是。如果 ax^2+bx+c 是质因式，不能因式分解，那么上述方法就不适用。

通过因式分解解二次方程

1. 如果有必要，将二次方程写成 $ax^2+bx+c=0$ 的形式，将所有的项移到一边，将零移到另一边。
2. 因式分解。
3. 应用零积原则，令每一个因式等于零。
4. 解步骤 3 中的方程。
5. 代回原方程验算。

例 8   通过因式分解解二次方程

解 $x^2-2x=35$。

解答

步骤 1 将所有的项移到一边，将零移到另一边。我们同时在方程两边减去 35，并将方程写成 $ax^2+bx+c=0$ 的形式。

$$x^2-2x=35$$
$$x^2-2x-35=35-35$$
$$x^2-2x-35=0$$

步骤 2 因式分解。

$$(x-7)(x+5)=0$$

步骤 3 和步骤 4 令每一个因式等于零，并解方程。

$$x-7=0 \text{ 或 } x+5=0$$
$$x=7 \text{ 或 } x=-5$$

步骤 5　代回原方程验算。

$$验算\,7: \qquad\qquad 验算\,{-5}:$$

$$x^2 - 2x = 35 \qquad\qquad x^2 - 2x = 35$$

$$7^2 - 2\cdot 7 \overset{?}{=} 35 \qquad (-5)^2 - 2\cdot(-5) \overset{?}{=} 35$$

$$49 - 14 \overset{?}{=} 35 \qquad\qquad 25 + 10 \overset{?}{=} 35$$

$$35 = 35,\ 正确 \qquad\qquad 35 = 35,\ 正确$$

验算结果显示，原方程的解是 7 和 -5。该方程的解集是 $\{-5, 7\}$。

☑ **检查点 8**　解 $x^2 - 6x = 16$。

例 9　通过因式分解解二次方程

解 $5x^2 - 33x + 40 = 0$。

解答

所有的项已经在方程的左侧且零在另一侧。因此，我们可以因式分解方程左侧的三项式，得到 $(5x - 8)(x - 5)$。

$$5x^2 - 33x + 40 = 0 \qquad\qquad 这是给定二次方程$$

$$(5x - 8)(x - 5) = 0 \qquad\qquad 因式分解$$

$$5x - 8 = 0\ 或\ x - 5 = 0 \qquad 令每个因式等于零$$

$$5x = 8\ 或\qquad x = 5 \qquad\qquad 解方程$$

$$x = \frac{8}{5}$$

将解出来的值代回原方程，可以证明该方程的解集是 $\left\{\dfrac{8}{5}, 5\right\}$。

☑ **检查点 9**　解 $2x^2 + 7x - 4 = 0$。

4　使用二次公式解二次方程

使用二次公式解二次方程

我们不能永远使用因式分解的方法解二次方程。有些三项式难以因式分解，有些甚至无法因式分解（也就是质因式）。然而，无论能否进行因式分解，我们可以以用一个公式来解所有的二次方程。这个公式称为**二次公式**。

二次公式

$ax^2+bx+c=0$ 形式的二次方程的解可以用下列二次公式求出，其中 $a\neq 0$。

$$x=\frac{-b\pm\sqrt{b^2-4ac}}{2a}$$

好问题！

我可以将二次公式写成

$x=-b\pm\dfrac{\sqrt{b^2-4ac}}{2a}$ 吗?

不可以。整个二次公式的分子部分必须除以 $2a$。你要记住将分数线写在全部分子部分的下方。

$$x=\frac{-b\pm\sqrt{b^2-4ac}}{2a}$$

要想使用二次公式，要确保所有项都移到方程的一侧，零移到方程的另一侧。我们可能需要从重写方程开始。然后分别判断 a（x^2 项的系数）、b（x 项的系数）和 c（常数项）的值。将这些值代入二次公式中，求出表达式的值。$\pm$ 表示方程有两个解。

例 10　使用二次公式解二次方程

使用二次公式解 $2x^2+9x-5=0$。

解答

例子给出的方程所有项都移到方程的一侧，零移到方程的另一侧，不需要重写。我们从判断 a，b 和 c 的值入手。

$$2x^2+9x-5=0$$

$a=2$　　$b=9$　　$c=-5$

将三个值代入二次公式，化简之后就能得到方程的解。

$$x=\frac{-b\pm\sqrt{b^2-4ac}}{2a}$$ 　　使用二次公式

$$x=\frac{-9\pm\sqrt{9^2-4(2)(-5)}}{4}$$ 　　用数值替换 a,b 和 c：$a=2$，$b=9$，$c=-5$

$$=\frac{-9\pm\sqrt{81+40}}{4}$$ 　　计算乘法

$$= \frac{-9 \pm \sqrt{121}}{4} \qquad \text{计算根号内加法}$$

$$= \frac{-9 \pm 11}{4} \qquad \sqrt{121} = 11$$

现在，我们有两种不同的方法得到两个解。在左边，我们计算 $-9+11$。在右边，我们计算 $-9-11$：

$$x = \frac{-9+11}{4} \text{ 或 } x = \frac{-9-11}{4}$$

$$= \frac{2}{4} = \frac{1}{2} \qquad = \frac{-20}{4} = -5$$

该方程的解集是 $\left\{-5, \frac{1}{2}\right\}$。

☑ **检查点 10** 使用二次公式解 $8x^2 + 2x - 1 = 0$。

例 10 中的二次方程有有理数解，即 -5 和 $\frac{1}{2}$。我们也可以用因式分解法解这个方程。请花几分钟时间做一下，然后你就会得到相同的解。

任何解是有理数的二次方程都可以用因式分解或二次公式求解。然而，解是无理数的二次方程不能用因式分解求解。这种方程能够用二次公式求解。

例 11 使用二次公式解二次方程

使用二次公式解 $2x^2 = 4x + 1$。

解答

二次方程的所有项都必须移到方程的一侧，零移到方程的另一侧。因此，我们需要在方程两边同时减去 $4x+1$。然后判断 a，b 和 c 的值。

$$2x^2 = 4x + 1 \qquad \text{这是给定方程}$$

$$2x^2 - 4x - 1 = 0 \qquad \text{两边同时减 } 4x+1$$

$a=2$ \qquad $b=-4$ \qquad $c=-1$

好问题！

能否使用因式分解法解二次方程的关键在哪里?

计算 $b^2 - 4ac$，即二次公式中根号内的项。如果 $b^2 - 4ac$ 是一个完全平方数，如 4，25 或 121，那么该方程能够用因式分解法求解。

将三个值代入二次公式，化简之后就能得到方程的解。

$$x = \frac{-b \pm \sqrt{b^2 - 4ac}}{2a}$$

使用二次公式

$$x = \frac{-(-4) \pm \sqrt{(-4)^2 - 4(2)(-1)}}{2(2)}$$

用数值替换 a，b 和 c：
$a=2$，$b=-4$，$c=-1$

$$= \frac{4 \pm \sqrt{16 - (-8)}}{4}$$

计算乘法

$$= \frac{4 \pm \sqrt{24}}{4}$$

$16-(-8)=16+8=24$

方程的解 $\frac{4+\sqrt{24}}{4}$ 和 $\frac{4-\sqrt{24}}{4}$ 是无理数。你可以用计算器近似计算这两个解。然而，在题目没有要求的情况下，最好保留无理数的形式，这样更加准确。在有些情况下，你可以化简根号。使用化简平方根的方法，我们可以化简 $\sqrt{24}$：

$$\sqrt{24} = \sqrt{4 \cdot 6} = \sqrt{4} \cdot \sqrt{6} = 2\sqrt{6}$$

现在，我们可以用这个结果化简两个解。首先，使用乘法分配律提出分子中的 2，然后将分子和分母同时除以 2。

$$x = \frac{4 \pm \sqrt{24}}{4} = \frac{4 \pm 2\sqrt{6}}{4} = \frac{1(2 \pm \sqrt{6})}{2} = \frac{2 \pm \sqrt{6}}{2}$$

化简之后的方程解集是 $\left\{\frac{2+\sqrt{6}}{2}, \frac{2-\sqrt{6}}{2}\right\}$。

例 10 和例 11 告诉我们，二次方程的解可以是有理数或无理数。在例 10 中，平方根内的表达式是 121，一个完全平方数（$\sqrt{121}=11$），我们可以得到有理数解。在例 11 中，平方根内的表达式是 24，不是一个完全平方数（虽然它可以化简成 $2\sqrt{6}$），我们得到了无理数解。如果平方根内的表达式化简成了一个负数，那么该二次方程没有实数解，它的解集由**虚数**组成。

☑ **检查点 11** 用二次公式解 $2x^2=6x-1$。

例 11 中的无理数解的化简过程有点棘手。有没有什么建议？

很多学生都能正确地使用二次公式，直到计算到最后一步，他们会在化简过程中犯错。在分子和分母同时除以最大公约数之前要确保因式分解分子。

$$\frac{4\pm2\sqrt{6}}{4}=\frac{2\left(2\pm\sqrt{6}\right)}{4}=\frac{1\left(2\pm\sqrt{6}\right)}{2}=\frac{2\pm\sqrt{6}}{2}$$

你不能在分子、分母同时除以最大公约数的时候只除分子中的一项。

不正确！

$$\frac{\overset{1}{\cancel{4}}\pm2\sqrt{6}}{\cancel{4}}=1\pm2\sqrt{6}\qquad\frac{4\pm2\overset{}{\cancel{\sqrt{6}}}}{\cancel{4}}=\frac{4\pm\sqrt{6}}{2}$$

5　使用二次方程建模　　应用

例 12　　血压与年龄

图 6.6 中的图像显示了一个人的正常收缩压（单位：mm Hg）与年龄之间的关系。公式 $P=0.006A^2-0.02A+120$ 建立了一名男性的正常收缩压 P 与年龄 A 之间的关系。

a. 当一名男性的正常收缩压是 125 mm Hg 时，他的年龄近似是多少岁？

b. 使用图 6.6 中的图像来描述随着年龄增长，男性与女性的收缩压差异。

解答

a. 当一名男性的收缩压是 125 mm Hg 时，我们需要求出他的年龄近似是多少岁。我们将 125 代入给定公式中的 P，然后我们解出男性的年龄 A。

$$P=0.006A^2-0.02A+120 \qquad \text{这是男性的给定方程}$$

$$125=0.006A^2-0.02A+120 \qquad \text{用 125 替换 } P$$

$$0=0.006A^2-0.02A-5 \qquad \text{两边同时减 125 使左侧变为 0}$$

由于方程右侧的三项式是一个质因式，我们用二次公式来解方程。

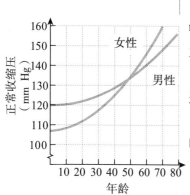

图 6.6　正常收缩压与年龄

$$A = \frac{-b \pm \sqrt{b^2-4ac}}{2a} \qquad \text{使用二次公式}$$

$$= \frac{-(-0.02) \pm \sqrt{(-0.02)^2-4(0.006)(-5)}}{2(0.006)} \qquad \begin{array}{l}\text{用数值替换 }a\text{，}b\text{ 和 }c\text{：}\\ a=0.006\text{，}b=-0.02\text{，}\\ c=-5\end{array}$$

$$= \frac{0.02 \pm \sqrt{0.120\,4}}{0.012} \qquad \text{化简}$$

$$\approx \frac{0.02 \pm 0.347}{0.012} \qquad \sqrt{0.120\,4} \approx 0.347$$

$$A \approx \frac{0.02+0.347}{0.012} \quad \text{或} \quad A \approx \frac{0.02-0.347}{0.012}$$

$$A \approx 31 \qquad \text{或} \qquad A \approx -27 \qquad \text{四舍五入到整数}$$

这个解无意义。年龄
不能是负的

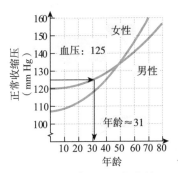

图 6.7　正常收缩压与年龄

正数解 $A \approx 31$ 表示，当一名男性的正常收缩压是 125mm Hg 时，他的年龄近似是 31 岁，如图 6.7 中的图像上的水平与竖直线的交点所示。

　　b. 观察图 6.6 或图 6.7 中的图像。大约在 50 岁之前，表示女性正常收缩压的线在表示男性正常收缩压的线下方。因此，尽管女性的正常收缩压随着年龄的增长上升速度较快，在 50 岁之前，女性的正常收缩压要低于男性的正常收缩压。在 50 岁之后，女性的正常收缩压要高于男性的正常收缩压。

☑ **检查点 12**　公式 $P = 0.01A^2 + 0.05A + 107$ 建立了一名女性的正常收缩压 P 与年龄 A 之间的关系。根据该公式求出，当一名女性的正常收缩压是 115mm Hg 时，她的年龄近似是多少岁。根据图 6.6 验证你的答案。

布利策补充

艺术、自然与二次方程

　　一个黄金矩形可以是任意大小的矩形，但是它的长必须是宽的 Φ 倍，其中 $\Phi \approx 1.6$。艺术家在作品中使用黄金矩形，因为他们认为黄金矩形要比其他矩形赏心悦目。

　　如果一个黄金矩形被分割为正方形和长方形，如图 6.8a 所示，较小的矩形就是黄金矩形。如果再次分割较小的黄金矩形，则对更小的矩形也同样如此，依此类推。以这种方式对每个黄金矩形重复分割

的过程如图 6.8b 所示。我们还创建了一个螺旋，将所有正方形的对角用光滑的曲线连接起来。这个螺旋形与图 6.8c 所示的鹦鹉螺壳的螺旋形相吻合。壳层以不断增加的速率向外螺旋，这是由这个几何形状决定的。

　　在练习集 6.5 中，你将使用图 6.8a 中的黄金矩形求出 Φ 的确切值，即任意大小的黄金矩形的长边与短边之比。你的模型将涉及一个可以用二次公式求解的二次方程。（参见练习 87。）

黄金矩形 *A*

正方形　　黄金矩形 *B*

a）

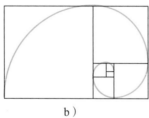

b）

c）

图 6.8

第 7 章

代数：图像、函数与线性方程组

电视、电影和杂志都将外表看得很重。美国文化也非常强调外表的重要性，以至于它成了对他人的看法与判断的核心要素。现代人认为，纤瘦是理想身材，因而导致了很多青春期女生饮食失调。

然而，文化对理想外表的标准在不断变化。20 世纪 50 年代，艺术家简恩·曼斯菲尔德是战后的理想型女性：卷发、丰乳肥臀。男性的理想外表也会随着时间发生变化。20 世纪 60 年代的理想型男性是身段柔软又骨瘦如柴的嬉皮士，而现在的理想型男性是肌肉硬汉。

既然文化对于外表的标准如此重要，你如何才能根据你的年龄和身高建立健康的体重范围呢？在本章中，我们将使用不等式方程组来探索这些深入的话题。

相关应用所在位置

你将在 7.4 节的例 4 和练习集 7.4 中的练习 45 ~ 48 中找到标准体重的模型。练习 51 ~ 52 使用 BMI 的图像和公式来告诉你，你是否肥胖、超重、轻微超重、体重正常或体重过轻。

7.1

学习目标

学完本节之后，你应该能够：

1. 在平面直角坐标系上画出点。
2. 在平面直角坐标系上画出方程。
3. 使用函数表示法。
4. 绘制函数图像。
5. 使用垂线检验。
6. 从函数图像中读取信息。

图像与函数

17 世纪初是欧洲思想创新和知识进步巨大的时代。英国观众欣赏莎士比亚的一系列激动人心的新戏剧；威廉·哈维提出了一个激进的观点，心脏是血液的泵，而不是情感的中心；伽利略用他的新发明望远镜支持了波兰天文学家哥白尼的理论，即太阳系的中心是太阳而非地球；蒙特威尔第创作了世界上第一部大歌剧；法国数学家帕斯卡和费马建立了一个新的数学领域，即概率论。

法国贵族勒内·笛卡儿 (René Descartes, 1596—1650) 走进了这一充满智慧的领域。笛卡儿受到周围创造力的推动，发展了一个新的数学分支，将代数和几何统一起来——一种将数字可视化为图上的点、方程可视化为几何图形、几何图形视为方程的方法。这个新的数学分支称为解析几何，使笛卡儿成为现代思想的奠基人之一，成为在任何时代都最具独创性的数学家和哲学家之一。这一节我们从笛卡儿看似简单的思想开始，即平面直角坐标系或（为纪念他）笛卡儿坐标系。

1　在平面直角坐标系上画出点

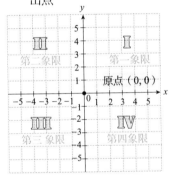

图 7.1　直角坐标系

点与有序对

笛卡儿使用了两个在零点处相互垂直的数轴，如图 7.1 所示。水平的数轴称为 **x 轴**，垂直的数轴称为 **y 轴**。两个数轴相交的点，即零点称为**原点**。正数位于原点的右方和上方，负数位于原点的左方和下方。两个数轴将平面分成了四个部分，称为**象限**。位于数轴上的点不属于任何一个象限。

平面直角坐标系上的每一个点都与一个实数的**有序对** (x, y) 一一对应。例如，有序对 $(-5, 3)$ 和 $(3, -5)$。每个有序对的第一个数，称为 **x 坐标**，表示从该点到 y 轴的距离和沿 x 轴的方向。有序对的第二个数，称为 **y 坐标**，表示与 x 轴的距离和沿 y 轴的方向。

图 7.2 显示了我们如何绘制，或定位与有序对 $(-5, 3)$ 和 $(3, -5)$ 相对应的坐标点。先画 $(-5, 3)$，我们先从 0 开始沿着 x 轴向左移动 5 个单位。然后沿着与 y 轴平行的方向向上移动 3 个单位。再画 $(3, -5)$，我们从 0 开始沿着 x 轴向右移动 3 个单

好问题！

在描述一对实数时，"有序"这个词有什么重要性？

因为顺序很重要，所以才说有序对。顺序对于坐标的位置而言至关重要，如图 7.2 所示。

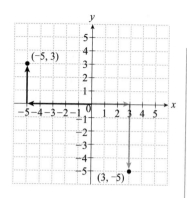

图 7.2　画出 (−5,3) 和 (3,−5)

位。然后沿着与 y 轴平行的方向向下移动 5 个单位。

例 1　在平面直角坐标系中画出点

画出点 $A(-3,5)$，$B(2,-4)$，$C(5,0)$，$D(-5,-3)$，$E(0,4)$ 和 $F(0,0)$。

解答

请看图 7.3。我们按照下列方式，从原点出发，画出相应的点。

$A(-3,5)$：向左 3 个单位，向上 5 个单位

$B(2,-4)$：向右 2 个单位，向下 4 个单位

$C(5,0)$：向右 5 个单位，向上或向下 0 个单位

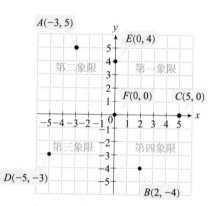

图 7.3　绘制坐标点

$D(-5,-3)$：向左 5 个单位，向下 3 个单位

$E(0,4)$：向左或向右 0 个单位，向上 4 个单位

$F(0,0)$：向左或向右 0 个单位，向上或向下 0 个单位

注意原点用 (0,0) 表示

☑ 检查点 1　画出点 $A(-2,4)$；$B(4,-2)$；$C(-3,0)$ 和 $D(0,-3)$。

2　在平面直角坐标系上画出方程

方程的图像

我们可以用二元方程来表示两个量之间的关系，例如 $y = 4 - x^2$。

二元方程的解 x 和 y 是实数的有序对，具有下列性质：当把 x 坐标代入方程中的 x 并把 y 坐标代入方程中的 y 时，得到一个真命题。例如，方程 $y = 4 - x^2$ 与有序对 $(3,-5)$。当把 3 代入

x 并把 -5 代入 y 时，我们得到命题 $-5 = 4 - 3^2$，即 $-5 = 4 - 9$，即 $-5 = -5$。因为这个命题是真的，所以有序对 $(3,-5)$ 是方程 $y = 4 - x^2$ 的一个解。我们也可以说 $(3,-5)$ 满足这个方程。

我们可以通过代入 x 的值然后求出 y 的值来计算方程 $y = 4 - x^2$ 的有序对解。例如，假设我们令 $x = 3$：

从 x 开始	计算 y	形成有序对 (x,y)
x	$y = 4 - x^2$	有序对 (x,y)
3	$y = 4 - 3^2 = 4 - 9 = -5$	$(3,-5)$
令 $x = 3$		$(3,-5)$ 是 $y = 4 - x^2$ 的解

二元方程的图像是所有满足方程的坐标点的集合。有一种画出方程图像的方法，称为**描点法**。首先，我们求出一些是方程解的有序对。然后，我们将这些点画在平面直角坐标系上。最后，我们用直线或平滑的曲线将这些点连接起来。这样我们就可以画出所有满足方程的有序对的图像了。

例 2 使用描点法画出方程的图像

画出 $y = 4 - x^2$ 的图像。选取 x 从 -3 到 3 的整数值。

解答

对于每一个 x 值，我们都能找到对应的 y 值。

从 x 开始	计算 y	形成有序对 (x,y)
x	$y = 4 - x^2$	有序对 (x,y)
-3	$y = 4 - (-3)^2 = 4 - 9 = -5$	$(-3,-5)$
-2	$y = 4 - (-2)^2 = 4 - 4 = 0$	$(-2,0)$
-1	$y = 4 - (-1)^2 = 4 - 1 = 3$	$(-1,3)$
0	$y = 4 - 0^2 = 4 - 0 = 4$	$(0,4)$
1	$y = 4 - 1^2 = 4 - 1 = 3$	$(1,3)$
2	$y = 4 - 2^2 = 4 - 4 = 0$	$(2,0)$
3	$y = 4 - 3^2 = 4 - 9 = -5$	$(3,-5)$

我们选择了 -3 到 3 之间的整数（包含 $-3,3$），包含三个负数，0，三个正数，同时我们也分别计算了相应 x 对应的 y 值

现在我们画出这 7 个点，用一条平滑曲线连接起来，如

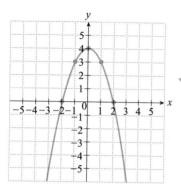

图 7.4　$y = 4 - x^2$ 的图像

图 7.4 所示。$y = 4 - x^2$ 的图像是一条曲线，其中 y 轴右边的部分与左边的部分是对称的。这幅图像是在两个方向上无限延伸的。

☑ **检查点 2**　画出 $y = 4 - x$ 的图像。选择 x 从 -3 到 3 的整数值。

平面直角坐标系美观的一部分在于它能够使我们"看见"方程，然后可视化问题的解。例 3 阐释了这个理念。

例 3　方程图像的应用

一座桥的过路费是 2.50 美元。经常从桥上经过的通勤者可以花 21 美元购买月票，这样过路费会减至 1.00 美元。我们可以用下列方程表示月花费 y 与过桥次数 x 的关系：

没有月票：

$y = 2.5x$　　月花费 y 是过桥次数 x 的 2.5 倍

有月票：

$y = 21 + 1 \cdot x$　　月花费 y 是 21 美元的月票费再加上折后过桥费 1 美元

$y = 21 + x$　　乘以过桥次数 x

a. 令 $x = 0, 2, 4, 10, 12, 14, 16$。分别画出两个方程的七个解与对应值的表格。

b. 在同一个平面直角坐标系中画出这两个方程的图像。

c. 这两个图像的交点坐标是多少？解释交点的意义。

解答

a. 七个解与对应值的表格分别如下所示：

没有月票：

x	y=2.5x	(x, y)
0	y=2.5(0)=0	(0,0)
2	y=2.5(2)=5	(2,5)
4	y=2.5(4)=10	(4,10)
10	y=2.5(10)=25	(10,25)
12	y=2.5(12)=30	(12,30)
14	y=2.5(14)=35	(14,35)
16	y=2.5(16)=40	(16,40)

有月票：

x	$y=21+x$	(x, y)
0	$y=21+0=21$	(0,21)
2	$y=21+2=23$	(2,23)
4	$y=21+4=25$	(4,25)
10	$y=21+10=31$	(10,31)
12	$y=21+12=33$	(12,33)
14	$y=21+14=35$	(14,35)
16	$y=21+16=37$	(16,37)

b. 现在，我们可以画出两个方程的图像了。因为 x 坐标与 y 坐标都是非负的，我们只需要画出原点、x 轴与 y 轴的正半部分以及平面直角坐标系的第一象限即可。x 坐标从 0 开始到 16 结束。我们令 x 轴上每一个刻度线表示两个单位。而 y 坐标从 0 开始，没有月票的方程最大到 40 结束。因此，我们令 y 轴上每一个刻度线表示五个单位。使用上述设定与 a 中的两个表格，我们能画出方程 $y=2.5x$ 和 $y=21+x$ 的图像，如图 7.5 所示。

c. 两个方程的图像在点 (14,35) 处相交。这意味着，如果每月过桥 14 次，没有月票的月花费与有月票的月花费相同，都为 35 美元。

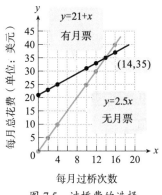

图 7.5 过桥费的选择

在图 7.5 中，观察两个函数在相交点 (14,35) 右侧的图像。$y=21+x$ 位于 $y=2.5x$ 的下方。这意味着，如果每月过桥次数超过 14 次（ $x>14$ ），有月票的月花费要少于没有月票的月花费。

☑ **检查点 3** 过桥费是 2 美元。如果你每月过桥 x 次，那么月花费 $y=2x$。花 10 美元购买月票之后，过桥费降至 1 美元。有月票的月花费 $y=10+x$。

　　a. 令 $x=0,2,4,6,8,10,12$。分别画出两个方程的七个解与对应值的表格。

　　b. 在同一个平面直角坐标系中画出这两个方程的图像。

　　c. 这两个图像的交点坐标是多少？解释交点的意义。

3　使用函数表示法

函数

重新思考例 3 中的方程 $y = 2.5x$。这个方程表示过桥 x 次的月花费 y，每次过桥费为 2.5 美元。月花费 y 取决于过桥次数 x。对于每一个 x 值，只有一个 y 值与之对应。如果两个变量（x 和 y）的方程，对于每一个 x 值，只有一个 y 值与之对应，那么我们就说 y 是 x 的函数。

函数表示法 $y = f(x)$ 表示，变量 y 是 x 的函数。表示法 $f(x)$ 读作"fx"。

例如，过桥费的公式

$$y = 2.5x$$

能够表示成函数的形式：

$$f(x) = 2.5x$$

如果 x 等于 10（过桥次数为 10 次），我们可以用方程 $f(x) = 2.5x$ 求出 y（月花费）的相应值。

$$f(x) = 2.5x$$
$$f(10) = 2.5(10) \qquad \text{用 10 替换 } x$$
$$= 25$$

因为 $f(10) = 25$，这意味着如果每月过桥 10 次，月花费是 25 美元。

表 7.1 比较了我们之前的方程表示法与新的函数表示法。

表 7.1　函数表示法

"y 等于"表示法	"$f(x)$ 等于"表示法
$y = 2.5x$	$f(x) = 2.5x$
如果 $x = 10$， $y = 2.5(10) = 25$	$f(10) = 2.5(10) = 25$

在下一个例子中，我们将把函数表示法应用到三个不同的方程上。把这三个方程都称为 f 容易混淆，因此我们将第一个函数称为 f，第二个称为 g，第三个称为 h。这三个字母经常用于表示函数。

好问题！

$f(x)$ 是不是表示我需要将 f 和 x 相乘？

$f(x)$ 不表示"x 的 f 倍"。它表示当"输入"是 x 时，函数 f 的"输出"。把 $f(x)$ 想成 y 的另一个名字。

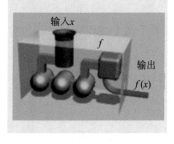

例 4　　使用函数表示法

求出下列函数值：

a. $f(x) = 2x + 3$，求 $f(4)$　　　b. $g(x) = 2x^2 - 1$，求 $g(-2)$

c. $h(r) = r^3 - 2r^2 + 5$，求 $h(-5)$

解答

a.　　　　$f(x) = 2x + 3$　　　　　　这是给定函数

　　　　　$f(4) = 2 \cdot 4 + 3$　　　　用 4 替换 x

　　　　　　　$= 8 + 3$　　　　　　乘法

　　　　　$f(4) = 11$　　　　　　　加法

b.　　　　$g(x) = 2x^2 - 1$　　　　　这是给定函数

　　　$g(-2) = 2(-2)^2 - 1$　　　用 -2 替换 x

　　　　　　　$= 2(4) - 1$　　　　计算指数

　　　　　　　$= 8 - 1$　　　　　乘法

　　　$g(-2) = 7$　　　　　　　减法

c.　　　　$h(r) = r^3 - 2r^2 + 5$　　　　函数名是 h，r 是输入

　　　$h(-5) = (-5)^3 - 2(-5)^2 + 5$　　用 -5 替换 r

　　　　　　　$= -125 - 2(25) + 5$　　计算指数

　　　　　　　$= -125 - 50 + 5$　　　乘法

　　　$h(-5) = -170$　　　　　　加减法

☑ **检查点 4**　求出下列函数值：

a.　$f(x) = 4x + 5$，求 $f(6)$

b.　$g(x) = 3x^2 - 10$，求 $g(-5)$

c.　$h(r) = r^2 - 7r + 2$，求 $h(-4)$

例 5 与函数表示法有关的应用

驾驶员请注意：如果你的车在干燥的路面上的时速是 35 英里，你的刹车距离是 160 英尺，相当于一个足球场的宽度。时速 65 英里的刹车距离是 410 英尺，相当于 1.1 个足球场的长度。图 7.6 显示了在干燥和潮湿路面上的不同时速的刹车距离。图 7.7 使用线性图来表示干燥路面上时速与刹车距离的关系。

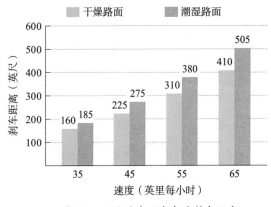

图 7.6 不同时速下汽车的刹车距离

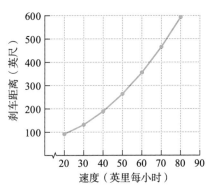

图 7.7 汽车在干燥路面上的刹车距离

来源：National Highway Traffic Safety Administration

a. 使用图 7.7 中的线性图来估算干燥路面上时速 60 英里时的刹车距离，四舍五入到 10 英里。

b. 函数

$$f(x) = 0.087\,5x^2 - 0.4x + 66.6$$

建立了干燥路面上刹车距离 $f(x)$（以英尺为单位）与时速 x（以英里为单位）之间的数学模型。利用该函数求出干燥路面上时速 60 英里时的刹车距离，四舍五入到整数。

解答

a. 我们用图 7.8 中画出来的点估算干燥路面上时速 60 英里时的刹车距离。这个点的第二个坐标稍微超过了垂直数轴上 300 和 400 的中间点。因此，360 是一个合理的估算值。我们得出结论，干燥路面上时速 60 英里时的刹车距离大约是 360 英尺。

b. 现在我们使用给定函数来求时速 60 英里的刹车距离。我们需要求出 $f(60)$。这个计算有些棘手，因此我们可以用计算器来算。

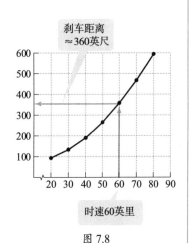

图 7.8

$f(x) = 0.0875x^2 - 0.4x + 66.6$ — 这是刹车距离 $f(x)$ 的模型，x 表示时速

$f(60) = 0.0875(60)^2 - 0.4(60) + 66.6$ — 用 60 替换 x

$\quad = 0.0875(3600) - 0.4(60) + 66.6$ — 根据运算法则：先计算指数运算

$\quad = 315 - 24 + 66.6$ — 计算乘法

$\quad = 357.6$ — 计算加减法

$\quad \approx 358$ — 四舍五入

我们得出，$f(60) \approx 358$，也就是说 $f(60)$ 约等于 358。这个数学模型表示，干燥路面上时速 60 英里时的刹车距离大约为 358 英尺。

☑ **检查点 5**

a. 使用图 7.7 中的线性图来估算干燥路面上时速 40 英里时的刹车距离，四舍五入到 10 英尺。

b. 利用例 5b 中的函数 $f(x) = 0.0875x^2 - 0.4x + 66.6$，求出干燥路面上时速 40 英里时的刹车距离，四舍五入到整数。

4 绘制函数图像

绘制函数图像

函数的图像就是它的有序对的图像。在下一个例子中，我们将绘制两幅函数图像。

例 6 **绘制函数图像**

在同一个平面直角坐标系上绘制出 $f(x) = 2x$ 和 $g(x) = 2x + 4$ 的图像。选取从 −2 到 2 的整数，包括这两个数。

解答

对于每一个函数，我们都选取例中建议的 x 的取值来创建一些坐标的表格。这两个表格如下所示。然后，我们画出表格中的 5 个点并连接起来，如图 7.9 所示。这两个函数的图像都是一条直线。你看出来它们之间的关系了吗？$g(x)$ 是由 $f(x)$ 垂直向上平移 4 个单位得到的。

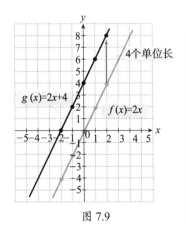

图 7.9

x	$f(x)=2x$	(x,y) 或 $(x,f(x))$
−2	$f(-2)=2(-2)=-4$	$(-2,-4)$
−1	$f(-1)=2(-1)=-2$	$(-1,-2)$
0	$f(0)=2 \cdot 0=0$	$(0,0)$
1	$f(1)=2 \cdot 1=2$	$(1,2)$
2	$f(2)=2 \cdot 2=4$	$(2,4)$

选择 x　　　　x 取不同值时　　　　形成有序对
　　　　　　　计算 $f(x)$ 的值

x	$g(x)=2x+4$	(x,y) 或 $(x,f(x))$
−2	$g(-2)=2(-2)+4=0$	$(-2,0)$
−1	$g(-1)=2(-1)+4=2$	$(-1,2)$
0	$g(0)=2 \cdot 0+4=4$	$(0,4)$
1	$g(1)=2 \cdot 1+4=6$	$(1,6)$
2	$g(2)=2 \cdot 2+4=8$	$(2,8)$

选择 x　　　　x 取不同值时　　　　形成有序对
　　　　　　　计算 $g(x)$ 的值

☑ 检查点 6　在同一个平面直角坐标系上绘制出 $f(x)=2x$ 和 $g(x)=2x-3$ 的图像。选取从 −2 到 2 的整数，包括这两个数。g 的图像与 f 的图像之间有什么关系？

技术

图形计算器是一件有力的工具，能够快速生成二元方程的图像。下面是 $y=4-x^2$ 的图像，我们曾在图 7.4 中手工绘制过。

这幅图像与我们徒手画出来的图像有什么区别？这幅图像看上去有些"紧"。图像左右两侧的末端没有箭头。此外，数轴上没有数字。对于上面的图像而言，x 轴从 −10 延伸到 10，y 轴也是如此。每一个刻度是一个单位。我们说这个**观察窗**是 $[-10,10,1]$ 乘以 $[-10,10,1]$。

要想使用图形计算器画出变量是 x 和 y 的方程，我们需要输入求 y 的方程，并确定观察窗的尺寸。观察窗的尺寸确定了 x 轴和 y 轴的最大值与最小值。分别在 x 轴和 y 轴上输入这些值以及刻度之间的值。$[-10,10,1]$ 乘以 $[-10,10,1]$ 的观察窗称为**标准观察窗**。

5 使用垂线检验

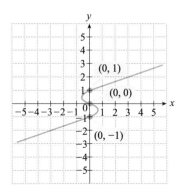

图 7.10 y 不是 x 的函数，因为当 $x=0$ 时存在三个对应的 y 值，即 1，0，−1

使用垂线检验

并不是平面直角坐标系上的每一幅图像都是函数图像。函数的定义是，x 的值不能与两个或更多的 y 值对应。因此，如果 x 取同一个值时，图像中有两个或更多的点与之对应，那么它就不是函数图像，如图 7.10 所示。观察到，x 坐标相同的三个点位于彼此的垂直方向的上方或下方。

这一观察是一种判断图像是否是函数图像的有用检验的基础。这种检验方法称为垂线检验。

函数的垂线检验

如果一条垂直的直线与一幅图像有不止一个交点，那么这幅图像就不是函数图像。

例 7 使用垂线检验

使用垂线检验判断下列图像是否是函数图像。

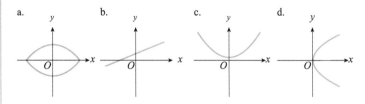

解答

b 和 c 是函数图像。

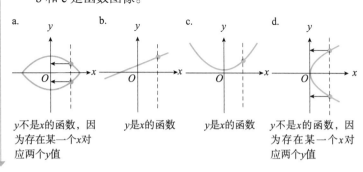

y 不是 x 的函数，因为存在某一个 x 对应两个 y 值　　y 是 x 的函数　　y 是 x 的函数　　y 不是 x 的函数，因为存在某一个 x 对应两个 y 值

☑ **检查点 7** 使用垂线检验判断下列图像是否是函数图像。

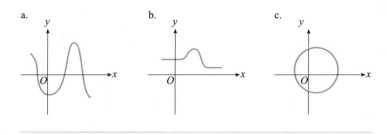

6 从函数图像中获取信息

从函数图像中获取信息

例8阐释了如何从函数图像中获取信息。

例8 分析函数的图像

来不及打流感疫苗了！现在才早上8点，你感觉糟透了。你对用代数建立世界的模型很有兴趣（作者这么猜测），你开始画图像，表示早上8点到下午3点之间你的体温变化。你决定用x表示早上8点之后经过的小时数，y表示时间为x时你的体温，如图7.11所示。y轴上的折线符号表示省略了0到98 ℉。因此，y轴上的第一个刻度是98 ℉。

a. 在早上8点时，你的体温是多少？

b. 在哪一个时间段，你的体温在下降？

c. 估算这段时间你的最低体温。最低体温出现在早上8点之后的多少小时？出现在几点？

d. 在哪个时间段，你的体温在上升？

e. 图像的一部分是水平的线段。这一部分有什么意义？发生在什么时候？

f. 解释为什么该图像是函数图像。

解答

a. 因为x表示早上8点之后经过的小时数，早上8点时你的体温与$x=0$时的体温相对应。我们将0定位在y轴上，然后观察在0之上的部分。图7.12显示早上8点你的体温是101 ℉。

b. 当图像从左到右下降时，你的体温在下降。这发生在$x=0$与$x=3$之间，同样如图7.12所示。因为x表示早上8点之后经过的小时数，所以你的体温在早上8点至上午11点之间是下降的。

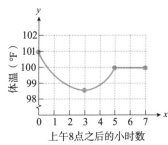

图 7.11 上午8点至下午3点的体温

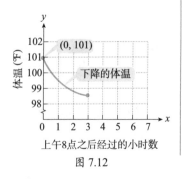

图 7.12

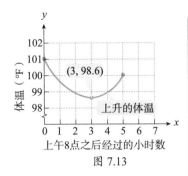

图 7.13

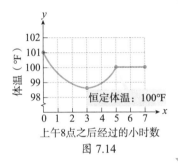

图 7.14

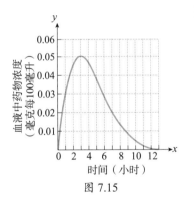

图 7.15

c. 我们可以通过定位图像上的最低点来找出你的最低体温。这个点位于 $x = 3$ 处，如图 7.13 所示。这个点的 y 轴坐标位于 99 和 98 之间，大约是 98.6。图像的最低点用 (3, 98.6) 表示，你的最低体温 98.6 ℉ 出现在早上 8 点之后 3 小时，即上午 11 点。

d. 当图像从左到右上升时，你的体温在上升。这发生在 $x = 3$ 与 $x = 5$ 之间，同样如图 7.13 所示。因为 x 表示早上 8 点之后经过的小时数，所以你的体温在上午 11 点至下午 1 点之间是上升的。

e. 图 7.14 中的水平线段表示你的体温既不上升也不下降。你的体温在 $x = 5$ 和 $x = 7$ 之间保持不变，即 100 ℉。因此，你的体温在下午 1 点到 3 点之间保持不变，为 100 ℉。

f. 你的体温从早上 8 点到下午 3 点的变化图如图 7.14 所示。我们无法画出与这幅图像不止一个交点的垂线。根据垂线检验，这幅图像是函数图像。具体而言，你的体温是时间的函数。早上 8 点之后的每个小时（或部分小时）由 x 表示，有一个相对应的、由 y 表示的体温。

☑ **检查点 8** 当一个人接受药物注射时，身体内药物的浓度（以毫克每 100 毫升为单位）会根据注射之后经过的时间（以小时为单位）改变。图 7.15 显示了药物浓度随着时间变化的图像，其中 x 表示注射之后经过的时间，y 表示 x 小时之后的药物浓度。

a. 在哪一个时间段，药物浓度在上升？

b. 在哪一个时间段，药物浓度在下降？

c. 药物浓度的最大值是多少？发生在什么时候？

d. 在 13 个小时之后，发生了什么事？

e. 解释为什么这幅图像是函数图像。

7.2 线性函数及其图像

学习目标

学完本节之后，你应该能够：

1. 使用截距来绘制线性方程。
2. 计算斜率。
3. 使用斜率和 y 轴截距来绘制图像。
4. 绘制水平或垂直的直线。
5. 用斜率表示变化率。
6. 使用斜率和 y 轴截距来建立数据的模型。

很难相信，一辆有着巨大尾翼和夸张设计的油老虎，在 1957 年以大约 1 800 美元的价格上市。可悲的是，它的优雅很快就消失了，它每年贬值 300 美元。它辉煌地出现在经销商的陈列室仅仅六年之后，就被当作废品出售。

从这些偶然的观察中，我们可以得到一个数学模型及其图像。模型是

$$y = -300x + 1800$$

使用 x 年，车每年贬值 300 美元

全新的汽车价值 1 800 美元

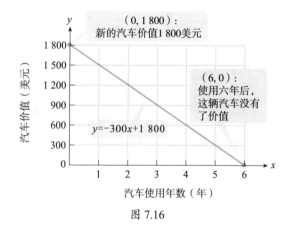

（0, 1 800）：新的汽车价值1 800美元

（6, 0）：使用六年后，这辆汽车没有了价值

$y = -300x + 1\,800$

图 7.16

在这个模型中，y 是 x 年后车的价值。图 7.16 显示了这个方程的图像。使用函数表示法，我们可以将这个方程重写为：

$$f(x) = -300x + 1800$$

图像是直线的函数称为**线性函数**。在本节中，我们将学习线性函数及其图像。

1 使用截距来绘制线性方程

使用截距绘制线性方程

我们还可以将方程 $y = -300x + 1800$ 重写成另一种形式。我们将 x 和 y 的项放在方程的左边。我们同时在方程两边加上 $300x$ 可得：

$$300x + y = 1800$$

　　所有 $Ax + By = C$ 形式的方程的图像都是直线，只要 A 和 B 不同时为零。这种方程称为二元线性方程。当 A，B 和 C 均不为零时，我们可以通过求出方程在 x 轴和 y 轴上的截距来快速绘制出方程的图像。图像与 x 轴交点的 x 坐标称为 x **轴截距**。图像与 y 轴交点的 y 坐标称为 y **轴截距**。

定位截距

要想定位 x 轴截距，令 $y = 0$，解关于 x 的方程。
要想定位 y 轴截距，令 $x = 0$，解关于 y 的方程。

　　上述 $Ax + By = C$ 形式的方程能够通过求出 x 轴截距和 y 轴截距，画出截距，再画一条连接这两个点的直线的方法，绘制出图像。当你使用截距绘制方程图像时，最好在画直线之前用第三个点（即检查点）检查一下。我们可以通过选取一个 x 值，这个值不是 0 也不是 x 轴截距，然后求出相对应的 y 值来获得检查点。检查点也应该与 x 轴截距和 y 轴截距在同一条线上。如果检查点不在这条线上，重新检查一下你的计算过程，然后找出错误之处。

例 1　　使用截距绘制线性方程

绘制 $3x + 2y = 6$ 的图像。

解答

注意，$3x + 2y = 6$ 是以 $Ax + By = C$ 形式出现的。

$$3x + 2y = 6$$

①$A = 3$　　②$B = 2$　　③$C = 6$

本例中，A，B 和 C 均不为零。

　　令 $y = 0$，解关于 x 的方程，求出 x 轴截距。

$$3x + 2y = 6$$
$$3x + 2 \cdot 0 = 6$$
$$3x = 6$$
$$x = 2$$

令 $x=0$，解关于 y 的方程，求出 y 轴截距。

$$3x+2y=6$$
$$3 \cdot 0+2y=6$$
$$2y=6$$
$$y=3$$

x 轴截距是 2，因此这条直线经过点 $(2,0)$。y 轴截距是 3，因此这条直线经过点 $(0,3)$。

至于检查点，我们选择不能是 0 也不能是 x 轴截距（即 2）的 x。我们令 $x=1$，然后求出相对应的 y 值。

$$3x+2y=6 \qquad \text{这是给定方程}$$
$$3 \cdot 1+2y=6 \qquad \text{用 1 替换 } x$$
$$3+2y=6 \qquad \text{化简}$$
$$2y=3 \qquad \text{两边同时减 3}$$
$$y=\frac{3}{2} \qquad \text{两边同时除以 2}$$

检查点是有序对 $\left(1,\dfrac{3}{2}\right)$ 或 $(1,1.5)$。

图 7.17 中的三个点都在同一条直线上。画一条经过这三个点的直线，我们就得到了 $3x+2y=6$ 的图像。

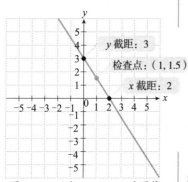

y 截距：3
检查点：$(1,1.5)$
x 截距：2

图 7.17　函数 $3x+2y=6$ 的图像

☑ **检查点 1**　绘制 $2x+3y=6$ 的图像。

2　计算斜率

斜率

数学家发明了一个有用的衡量直线倾斜程度的指标，称为直线的**斜率**。沿着直线方向从一个固定点移动到另一个固定点时，斜率比较垂直方向的变化与水平方向的变化。要想计算出直线的斜率，我们使用垂直方向的变化与水平方向的变化的比率。

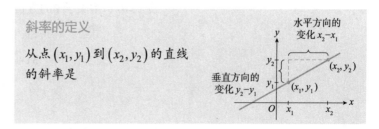

斜率的定义

从点 (x_1,y_1) 到 (x_2,y_2) 的直线的斜率是

水平方向的变化 x_2-x_1

垂直方向的变化 y_2-y_1

$$\frac{y\text{的变化}}{x\text{的变化}} = \frac{\text{垂直的变化}}{\text{水平的变化}} = \frac{y_2 - y_1}{x_2 - x_1}$$

其中，$x_2 - x_1 \neq 0$。

我们经常用字母 m 来表示直线的斜率。我们使用字母 m 的原因是，它是法语单词 *monter* 的首字母，这个单词表示"上升"。

例 2　　使用斜率的定义

求出经过下列点的直线的斜率：

a. $(-3, -1)$ 和 $(-2, 4)$

b. $(-3, 4)$ 和 $(2, -2)$

解答

a.　令 $(x_1, y_1) = (-3, -1)$，$(x_2, y_2) = (-2, 4)$。我们可以通过下列计算得到斜率：

$$m = \frac{y\text{的变化}}{x\text{的变化}} = \frac{y_2 - y_1}{x_2 - x_1} = \frac{4 - (-1)}{-2 - (-3)} = \frac{5}{1} = 5$$

这个例子如图 7.18 所示。斜率是 5 表示每当垂直方向变化 5 个单位时，水平方向会变化 1 个单位。这个斜率是正的，直线从左向右上升。

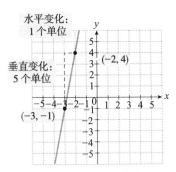

水平变化：
1 个单位

垂直变化：
5 个单位

$(-2, 4)$

$(-3, -1)$

图 7.18　可视化斜率为 5

好问题！

当我在使用斜率的定义时，怎样才能知道哪个点是 (x_1, y_1) 哪个点是 (x_2, y_2)？

当你在计算斜率的时候，哪个点是 (x_1, y_1) 哪个点是 (x_2, y_2) 其实并不重要。如果我们令 $(x_1, y_1) = (-2, 4)$，$(x_2, y_2) = (-3, -1)$，求出来的斜率仍然是 5。

$$m = \frac{y\text{的变化}}{x\text{的变化}} = \frac{y_2 - y_1}{x_2 - x_1} = \frac{-1 - 4}{-3 - (-2)} = \frac{-5}{-1} = 5$$

然而，你不能计算 $y_2 - y_1$ 并计算 $x_1 - x_2$，这样求出来的斜率是 -5，是错误的。

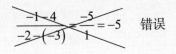

$$\frac{-1 - 4}{-2 - (-3)} = \frac{-5}{1} = -5 \quad \text{错误}$$

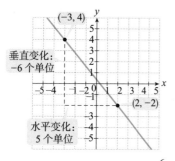

图 7.19　可视化斜率为 $-\dfrac{6}{5}$

b. 令 $(x_1, y_1) = (-3, 4)$，$(x_2, y_2) = (2, -2)$。我们可以通过下列计算得到图 7.19 中的斜率：

$$m = \frac{y\text{的变化}}{x\text{的变化}} = \frac{y_2 - y_1}{x_2 - x_1} = \frac{-2 - 4}{2 - (-3)} = \frac{-6}{5} = -\frac{6}{5}$$

这条直线的斜率是 $-\dfrac{6}{5}$。每当垂直方向变化 -6 个单位时（向下移动 6 个单位），水平方向变化 5 个单位。这个斜率是负的，直线从左向右下降。

☑ **检查点 2**　求出经过下列点的直线的斜率：

　　　a. $(-3, 4)$ 和 $(-4, -2)$　　　b. $(4, -2)$ 和 $(-1, 5)$

　　例 2 阐释了，斜率为正的直线从左向右上升，斜率为负的直线从左向右下降。相比之下，一条水平线既不上升也不下降，它的斜率是 0。一条垂直线不在水平方向上变化，因此斜率公式中的 $x_2 - x_1 = 0$。由于我们无法除以 0，垂直线的斜率没有定义。上述讨论如表 7.2 所示。

表 7.2　直线斜率的可能情况

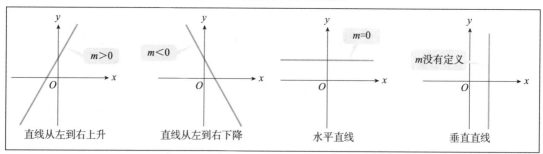

$m > 0$	$m < 0$	$m = 0$	m没有定义
直线从左到右上升	直线从左到右下降	水平直线	垂直直线

3　使用斜率和 y 轴截距来绘制图像

线性方程的斜截式

　　我们可以使用斜率的定义，写出任何一个斜率是 m、y 轴截距是 b 的非垂直直线的方程。因为 y 轴截距是 b，点 $(0, b)$ 位于直线上。现在，我们令 (x, y) 表示直线上的任意一个其他点，如图 7.20 所示。记住，点 (x, y) 是任意的，并不在一个固定的位置上。而点 $(0, b)$ 在固定的位置上。

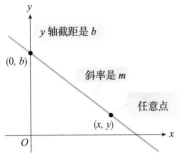

图 7.20　斜率是 m 且 y 轴截距是 b 的直线

无论点 (x, y) 在哪里，图 7.20 中的直线的斜率都保持不变。因此，斜率的比是一个常数 m。这就意味着对直线上的所有点，满足

$$m = \frac{y\text{的变化}}{x\text{的变化}} = \frac{y-b}{x-0} = \frac{y-b}{x}$$

我们可以在方程的两边同时乘以分母 x 消除分数。注意，因为 (x, y) 和 $(0, b)$ 不是同一个点，而 $(0, b)$ 是直线上唯一一个第一坐标是 0 的点，所以 x 不等于 0。

$$m = \frac{y-b}{x} \qquad \text{这是图 7.20 中直线的斜率}$$

$$mx = \frac{y-b}{x} \cdot x \qquad \text{两边同时乘以 } x$$

$$mx = y - b \qquad \text{化简}$$

$$mx + b = y - b + b \qquad \text{两边同时加上 } b\text{，求解 } y$$

$$mx + b = y \qquad \text{化简}$$

现在，如果我们将方程两边调换位置，就得到了直线方程的斜截式。

直线方程的斜截式

任意一个斜率是 m、y 轴截距是 b 的非垂直直线的斜截式方程是 $y = mx + b$。

直线的斜截式方程 $y = mx + b$ 可以转换成函数的形式，将 y 替换成 $f(x)$ 即可：$f(x) = mx + b$。

我们已经学过，$f(x) = mx + b$ 这种形式的方程称为**线性方程**。因此，在线性函数的方程中，x 的系数是直线的斜率，常数项是 y 轴截距。下面有两个例子：

$$y = 2x - 4 \qquad\qquad f(x) = \frac{1}{2}x + 2$$

斜率是 2　　　y 轴截距是 -4　　　斜率是 $\frac{1}{2}$　　　y 轴截距是 2

如果一个线性函数的方程以斜截式形式出现，那么我们可以使用 y 轴截距和斜率绘制出它的图像。

如果斜率是一个整数，例如 2，为什么我需要把它写成 $\dfrac{2}{1}$ 的形式？

把斜率写成分数的形式，这样你就可以分辨出垂直变化（分数的分子）与水平变化（分数的分母）。

使用斜率和 y 轴截距画出 $y = mx + b$ 的图像

1. 在 y 轴上画出含有 y 轴截距的点，即 $(0, b)$。
2. 使用斜率 m 得到第二个点。将 m 写成分数形式，然后从 $(0, b)$ 开始，根据垂直变化与水平变化，画出第二个点。
3. 用直尺画出一条直线，连接这两个点。

例 3   使用斜率和 y 轴截距来绘制图像

使用斜率和 y 轴截距来绘制线性方程 $y = \dfrac{2}{3}x + 2$ 的图像。

解答

该线性函数的方程是 $y = mx + b$ 的形式。我们可以通过识别 x 的系数找出斜率 m。我们可以通过识别常数项找出 y 轴截距 b。

$$y = \frac{2}{3}x + 2$$

斜率是 $\dfrac{2}{3}$ y 轴截距是 2

在识别了斜率和 y 轴截距之后，我们使用三步法来画出方程的图像。

步骤 1   在 y 轴上画出含有 y 轴截距的点。y 轴截距是 2，我们在图 7.21 上画出点 $(0, 2)$。

步骤 2   使用斜率 m 得到第二个点。**将 m 写成分数形式，然后从 $(0, b)$ 开始，根据垂直变化与水平变化，画出第二个点。**斜率 $\dfrac{2}{3}$ 已经是分数的形式了：

$$m = \frac{2}{3} = \frac{\text{垂直变化}}{\text{水平变化}}$$

我们从第一个点 $(0, 2)$ 开始，画出第二个点。根据斜率，我们向上移动 2 个单位（y 轴的变化），然后向右移动 3 个单位（x 轴的变化）。得到直线上的第二个点 $(3, 4)$，如图 7.21 所示。

步骤 3   用直尺画出一条直线，连接这两个点。$y = \dfrac{2}{3}x + 2$ 的图像如图 7.21 所示。

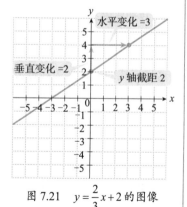

图 7.21 $y = \dfrac{2}{3}x + 2$ 的图像

☑ **检查点 3** 使用斜率和 y 轴截距来绘制线性方程 $y = \dfrac{3}{5}x + 1$ 的图像。

在本节的前面，我们将线性方程写成 $Ax + By = C$ 的形式。我们使用 x 轴截距和 y 轴截距和一个检查点来画出函数图像。我们也可以通过斜率和 y 轴截距来画函数图像。我们先从解出 $Ax + By = C$ 中的 y 开始入手，这就将方程转换成了斜截式。然后我们用三步法画出方程的图像，这将在例 4 中展示。

例 4 使用斜率和 y 轴截距来绘制图像

使用斜率和 y 轴截距来绘制线性方程 $2x + 5y = 0$ 的图像。

解答

我们通过解出 y 来求出方程的斜截式。

$$2x + 5y = 0 \qquad \text{这是给定方程}$$

$$2x - 2x + 5y = 0 - 2x \qquad \text{两边同时减 } 2x$$

$$5y = -2x + 0 \qquad \text{化简}$$

$$\frac{5y}{5} = \frac{-2x + 0}{5} \qquad \text{两边同时除以 } 5$$

$$y = \frac{-2x}{5} + \frac{0}{5} \qquad \text{分子中的每一项都除以 } 5$$

$$y = -\frac{2}{5}x + 0 \qquad \text{化简，等价于 } f(x) = -\frac{2}{5}x + 0$$

将方程转换成斜截式之后，我们就可以通过斜率和 y 轴截距来画图像了。请看下列斜截式：

$$y = -\frac{2}{5}x + 0$$

斜率： $-\dfrac{2}{5}$ y 轴截距：0

注意，斜率是 $-\dfrac{2}{5}$，y 轴截距是 0。使用 y 轴截距在 y 轴上画出点 $(0,0)$，然后使用截距定位第二个点。

$$m = -\frac{2}{5} = \frac{-2}{5} = \frac{\text{垂直变化}}{\text{水平变化}}$$

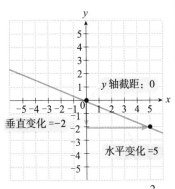

图 7.22 $2x + 5y = 0$ 或 $y = -\dfrac{2}{5}x$ 的图像

因为垂直变化是 -2，水平变化是 5，从点 $(0,0)$ 开始，向下移动 2 个单位，再向右移动 5 个单位。这样就得到了直线的第二个点 $(5,-2)$。$2x+5y=0$ 的图像就是连接这两个点得到的直线，如图 7.22 所示。

☑ **检查点 4** 使用斜率和 y 轴截距来绘制线性方程 $3x+4y=0$ 的图像。

4   绘制水平或垂直的直线

水平或垂直的直线方程

如果一条直线是水平的，那么它的斜率是 0：$m=0$。因此，方程 $y=mx+b$ 变成了 $y=b$，其中 b 是 y 轴截距。所有的水平直线的方程形式都是 $y=b$。

例 5   画一条水平直线

在平面直角坐标系中画出 $y=-4$ 的图像。

解答

所有是方程 $y=-4$ 解的有序对的 y 值都是 -4。x 值可以是任意值（把 $y=-4$ 看作 $0x+1y=-4$）。在右边的表格中，我们给 x 选了三个值：$-2,0$ 和 3。表格显示，三个 $y=-4$ 的解的有序对分别是

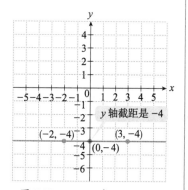

图 7.23 $y=-4$ 或 $f(x)=-4$
的图像

x	$y=-4$	(x, y)
-2	-4	$(-2,-4)$
0	-4	$(0,-4)$
3	-4	$(3,-4)$

x 的全部选取值 y 是常数 -4

$(-2,-4)$、$(0,-4)$ 和 $(3,-4)$。画一条连接这三个点的直线，我们就得到了图 7.23 中的水平直线。

☑ **检查点 5** 在平面直角坐标系中画出 $y=3$ 的图像。

下面，我们通过例子来学习以 $x=a$ 形式出现的方程的图像。

例 6　画一条垂直直线

在平面直角坐标系中画出 $x = 2$ 的图像。

解答

所有是方程 $x = 2$ 解的有序对的 x 值都是 2。y 值可以是任意值（把 $x = 2$ 看作 $1x + 0y = 2$）。在右边的表格中，我们给 y 选了三个值：-2、0 和 3。表格显示，三个是 $x = 2$ 解的有序对分别是（2，-2）、（2，0）和（2，3）。画一条连接这三个点的直线，我们就得到了图 7.24 中的垂直直线。

垂直直线表示线性函数的图像吗？不表示。请看图 7.24 中的 $x = 2$ 的图像。一条通过（2，0）的垂线与这个图像有无数个交点。这就意味着，输入 2 有无限个输出。**所有的垂直直线都不表示线性函数**。所有其他的直线都是函数的图像。

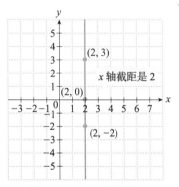

图 7.24　$x = 2$ 的图像

y 的全部选取值

$x = 2$	y	(x, y)
2	-2	$(2, -2)$
2	0	$(2, 0)$
2	3	$(2, 3)$

水平直线和垂直直线

$y = b$ 或 $f(x) = b$ 的图像是一条水平直线。y 轴截距是 b。

$x = a$ 的图像是一条垂直直线。x 轴截距是 a。

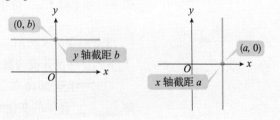

☑ **检查点 6**　在平面直角坐标系中画出 $x = -2$ 的图像。

5　用斜率表示变化率

用斜率表示变化率

斜率的定义是 y 的变化与 x 的变化的比。下一个例子显示了在一个应用问题中，斜率是如何表示**变化率**的。

例 7　斜率表示变化率

图 7.25 中的直线图像显示了 1970 年至 2010 年，20～24 岁的美国男性和女性的结婚率。求出表示女性的线段的斜率，并描述斜率的意义。

解答

我们令 x 表示年份，y 表示每年 20～24 岁的美国女性的结婚率。女性线段上的两个点的坐标分别如下所示：

$$(1970, 65) \text{ 和 } (2010, 21)$$

在 1970 年，65% 的 20～24 岁美国女性已婚

在 2010 年，21% 的 20～24 岁美国女性已婚

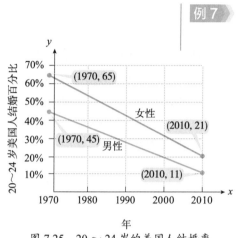

y
20～24 岁美国人结婚百分比
70%
(1970, 65)
60%
女性
50%
(2010, 21)
40%
(1970, 45)
30%
男性
20%
10%
(2010, 11)
x
1970　1980　1990　2000　2010
年

图 7.25　20～24 岁的美国人结婚率

来源：U.S. Census Bureau

现在，我们计算斜率。

分子的单位是 20～24 岁女性的结婚百分比

$$m = \frac{y\text{的变化}}{x\text{的变化}} = \frac{21-65}{2010-1970}$$

$$= \frac{-44}{40} = -1.1$$

分母的单位是年

斜率表示，1970 年至 2010 年，20～24 岁的美国女性的结婚率每年下降 1.1。每年的变化率是 -1.1%。

☑ **检查点 7**　求出图 7.25 中表示男性的线段的斜率，并填写下列空格使其成为真命题：

1970 年至 2010 年，20～24 岁的美国男性的结婚率每年下降_____。每年的变化率是_____。

6　使用斜率和 y 轴截距来建立数据的模型

使用直线的斜截式方程建立数据的模型

直线的斜截式方程对于落在直线上或直线附近的数据而言，十分易于建立数学模型。例如，图 7.26a 中的柱状图展示了 1970 年至 2015 年美国男性和女性的首次婚姻的平均年龄。

平均年龄数据如图 7.26b 中的平面直角坐标系所示。

例 8 展示了我们如何使用方程 $y = mx + b$ 来建立数据模型并预测未来可能的情形。

例 8 用斜截式方程建立数学模型

a. 使用图 7.26b 中的两个点求出 $W(x) = mx + b$ 形式的函数，该函数建立了 1970 年后美国女性首次婚姻平均年龄 $W(x)$ 的模型，其中 x 表示 1970 年之后经过的年数。

b. 使用该模型来预测 2030 年美国女性首次婚姻的平均年龄。

解答

a. 我们选取线段上的点 $(0, 20.8)$ 和 $(45, 27.1)$ 来建立模型。我们需要求出斜率 m 和 y 轴截距 b。

$$y = mx + b$$

$$m = \frac{y \text{的变化}}{x \text{的变化}}$$
$$= \frac{27.1 - 20.8}{45 - 0}$$
$$= 0.14$$

点 $(0, 20.8)$ 落在女性的线段上，因此 y 轴截距是 20.8：$b = 20.8$

美国女性首次婚姻的平均年龄 $W(x)$ 和 1970 年之后经过的年数 x 能用下列模型来表示：

$$W(x) = 0.14x + 20.8$$

斜率 0.14 表示从 1970 年到 2015 年，首次婚姻的年龄每年增加 0.14。

b. 现在，我们可以使用上述模型预测 2030 年美国女性首次婚姻的平均年龄。因为 2030 年是 1970 年后的 60 年，我们把 $W(x) = 0.14x + 20.8$ 中的 x 替换成 60，求出函数的值。

$$W(60) = 0.14(60) + 20.8 = 8.4 + 20.8 = 29.2$$

我们的模型预测，2030 年美国女性首次婚姻的平均年龄将是 29.2 岁。

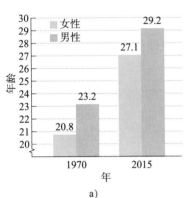

a)

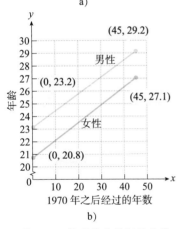

b)

图 7.26 美国首次婚姻的平均年龄

来源：U.S. Census Bureau

☑ **检查点 8**

a. 使 用 图 7.26b 中的 两 个 点 来求 $M(x) = mx + b$ 形 式 的
函数，该函数建立了 1970 年后美国男性首次婚姻平均年龄
$M(x)$ 的模型，其中 x 表示 1970 年之后经过的年数。m 保留两
位小数。

b. 使用该模型预测 2030 年美国男性首次婚姻的平均年龄。

布利策补充

斜率与同时鼓掌

社会学家 Max Atkinson 使用分贝计找到了一个函数，该函数建立了一个群体掌声强
度的模型，其中 $d(t)$ 表示掌声的强度，单位是分贝，t 表示经过的时间，单位是秒。

- 掌声一开始增长非常快，一秒就到达 30 分贝的最大声音。（ $m = 30$ ）
- 掌声在 30 分贝处保持不变，持续 5.5 秒。（ $m = 0$ ）
- 掌声每秒减少 15 分贝，两秒减到零。（ $m = -15$ ）

上述条件可以用含有三个方程的函数建模。

$$d(t) = \begin{cases} 30t & 0 \leq t \leq 1 \\ 30 & 1 < t \leq 6.5 \\ -15t + 127.5 & 6.5 < t \leq 8.5 \end{cases}$$

掌声的强度 $d(t)$（以分贝
为单位），是关于时间 t（以
秒为单位）的函数

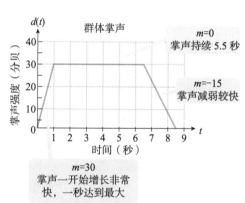

该函数的图像如右图所示。方程表明了人
是怎么和其他人一起协调鼓掌，小心地在"正
确"的时间点开始鼓掌，并小心地和其他人一
起停止鼓掌。

来源：*The Sociology Project 2.0*, Pearson, 2016.

7.3

二元线性方程组

研究人员分辨了通常是拖延症患者或非拖延症患者的大学生。要求学生在整个学期报告他们经历过多少次拖延症症状。图 7.27 显示，到学期末，所有学生的拖延症症状都有所增加。在学期初，拖延症患者报告的症状较少，但是在学期末，当作业快要交的时候，他们报告的症状比没有拖延症的同学更多。

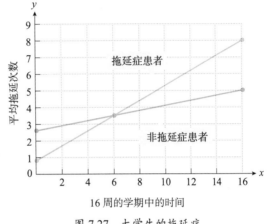

图 7.27　大学生的拖延症

来源：Richard Gerrig, *Psychology and Life*, 20th Edition, Pearson, 2013.

图 7.27 中的数据可以用两个变量的一对线性模型进行分析。图中显示，到第 6 周时，两组报告的拖延症症状数量相同，每组平均约有 3.5 次症状。在本节中，你将学习两种代数方法，称为**代入法**和**加法**，它们将强化你对这个图像的观察，验证 $(6, 3.5)$ 是交点。

1　判断一个有序对是不是一个线性方程组的解

线性方程组及其解

我们已经学过以 $Ax + By = C$ 形式出现的方程的图像是直线，其中 A 和 B 不同时为零。两个这样的方程称为**线性方程组**。二元线性方程组的解是一个有序对，该有序对同时满足方程组中两个方程。例如，$(3, 4)$ 满足下列方程组：

$$\begin{cases} x + y = 7 \\ x - y = -1 \end{cases}$$

因此，$(3,4)$ 同时满足这两个方程，是这个方程组的解。我们可以通过 $x=3$ 和 $y=4$ 来描述这个解。我们也可以用集合表示法来表示这个解。这个方程组的解集是 $\{(3,4)\}$，即解集由有序对 $(3,4)$ 组成。

一个线性方程组可能有一个解、没有解或无限个解。我们从有一个解的方程组开始。

例 1　判断有序对是否为线性方程组的解

判断 $(1,2)$ 是否为下列线性方程组的解：

$$\begin{cases} 2x-3y=-4 \\ 2x+y=4 \end{cases}$$

解答

由于 1 是 $(1,2)$ 的 x 坐标，而 2 是 y 坐标，我们分别把 1 和 2 代入两个方程中的 x 和 y。

$$2x-3y=-4 \qquad\qquad 2x+y=4$$
$$2(1)-3(2) \overset{?}{=} -4 \qquad\qquad 2(1)+2 \overset{?}{=} 4$$
$$2-6 \overset{?}{=} -4 \qquad\qquad 2+2 \overset{?}{=} 4$$
$$-4=-4 \text{，真} \qquad\qquad 4=4 \text{，真}$$

有序对 $(1,2)$ 同时满足两个方程，能得到两个真命题。因此，该有序对是线性方程组的解。

☑ **检查点 1**　判断 $(-4,3)$ 是否为下列线性方程组的解：

$$\begin{cases} x+2y=2 \\ x-2y=6 \end{cases}$$

2　通过画图解线性方程组

通过画图解线性方程组

我们可以通过在同一个平面直角坐标系中画出两个方程的图像来求出线性方程组的解。对于有一个解的方程组，**两条直线的交点坐标就是方程组的解**。

例 2 通过画图解线性方程组

通过画图解下列线性方程组：

$$\begin{cases} x+2y=2 \\ x-2y=6 \end{cases}$$

解答

我们通过在同一个平面直角坐标系中画出方程 $x+2y=2$ 和 $x-2y=6$ 的图像来求出线性方程组的解。我们用截距来画出每个方程的图像。

$$x+2y=2$$

x 轴截距： 令 $y=0$

$$x+2\cdot0=2$$
$$x=2$$

直线经过点 $(2,0)$。

y 轴截距： 令 $x=0$

$$0+2y=2$$
$$2y=2$$
$$y=1$$

直线经过点 $(0,1)$。

我们在图 7.28 中画出 $x+2y=2$ 的图像。

$$x-2y=6$$

x 轴截距： 令 $y=0$

$$x-2\cdot0=6$$
$$x=6$$

直线经过点 $(6,0)$。

y 轴截距： 令 $x=0$

$$0-2y=6$$
$$-2y=6$$
$$y=-3$$

直线经过点 $(0,-3)$。

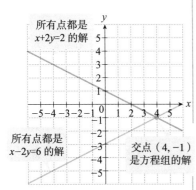

所有点都是 $x+2y=2$ 的解

所有点都是 $x-2y=6$ 的解

交点 $(4,-1)$ 是方程组的解

图 7.28 可视化方程组的解

我们在图 7.28 中画出 $x-2y=6$ 的图像。

该线性方程组如图 7.28 所示。为了确保画出来的图像是准确的，我们在两个方程中验算交点坐标 $(4,-1)$。

我们分别把 4 和 -1 代入两个方程中的 x 和 y。

$$x+2y=2$$
$$4+2(-1) \overset{?}{=} 2$$
$$4+(-2) \overset{?}{=} 2$$
$$2=2，真$$

$$x-2y=6$$
$$4-2(-1) \overset{?}{=} 6$$
$$4-(-2) \overset{?}{=} 6$$
$$4+2 \overset{?}{=} 6$$
$$6=6，真$$

有序对 $(4,-1)$ 同时满足两个方程，能得到两个真命题。因此，方程组的解集 $\{(4,-1)\}$ 得到了证实。

☑ **检查点 2**　通过画图解下列线性方程组：

$$\begin{cases} 2x+3y=6 \\ 2x+y=-2 \end{cases}$$

3　通过代入法解线性方程组

通过代入法解线性方程组

有时候，画图法难以求出线性方程组的解。例如，解 $\left(-\dfrac{2}{3}, \dfrac{157}{29}\right)$ 很难从图上"看"出来。

我们来学习一种不需要用眼睛看出线性方程组的解的方法：代入法。这种方法涉及通过合适的代入将线性方程组转化成一个一元方程。

> **通过代入法解线性方程组**
> 1. 解其中一个方程，用一个变量来表示另一个变量。（如果其中一个方程已经是这种形式，跳过这一步。）
> 2. 将步骤 1 中得到的表达式代入另一个方程，得到一元方程。
> 3. 解一元方程。
> 4. 将步骤 3 中求出的值代回步骤 1 中的方程。化简并求出其余变量的值。
> 5. 在方程组的两个方程中验算。

例 3　通过代入法解线性方程组

通过代入法解下列线性方程组：

$$\begin{cases} y = -x - 1 \\ 4x - 3y = 24 \end{cases}$$

解答

步骤 1　解其中一个方程，用一个变量来表示另一个变量。
这一步已经完成了。第一个方程 $y = -x - 1$ 就是用 x 来表示 y 的。

步骤 2　将步骤 1 中得到的表达式代入另一个方程。 我们
用表达式 $-x - 1$ 代替另一个方程中的 y：

$$y = \boxed{-x - 1} \qquad 4x - 3\,\boxed{y} = 24 \qquad \text{用} -x - 1 \text{代替} y$$

得到一元方程，即

$$4x - 3(-x - 1) = 24$$

变量 y 被消除了。

步骤 3　解一元方程。

$$\begin{aligned} 4x - 3(-x - 1) &= 24 & \text{这是一个变量的方程} \\ 4x + 3x + 3 &= 24 & \text{应用分配律} \\ 7x + 3 &= 24 & \text{合并同类项} \\ 7x &= 21 & \text{两边同时减 3} \\ x &= 3 & \text{两边同时除以 7} \end{aligned}$$

步骤 4　将步骤 3 中求出的值代回步骤 1 中的方程。 现在
我们知道，解的 x 坐标是 3。要想求出 y 坐标，我们需要将 x
值代回步骤 1 中的方程。

$$\begin{aligned} y &= -x - 1 & \text{这是步骤 1 中方程} \\ y &= -3 - 1 & \text{把 3 代入} x \\ y &= -4 & \text{化简} \end{aligned}$$

步骤 5　验算。 在方程组的两个方程中验算求出来的
解 $(3, -4)$。

$$\begin{aligned} y &= -x - 1 \\ -4 &\overset{?}{=} -3 - 1 \\ -4 &= -4, \ \text{真} \end{aligned} \qquad\qquad \begin{aligned} 4x - 3y &= 24 \\ 4(3) - 3(-4) &\overset{?}{=} 24 \\ 12 + 12 &\overset{?}{=} 24 \\ 24 &= 24, \ \text{真} \end{aligned}$$

有序对 $(3, -4)$ 满足两个方程。方程组的解集是 $\{(3, -4)\}$。

技术

我们可以用图形计算
器解例 3 中的方程组。画
出两个方程的图像，然后
利用交点的特性。计算器显
示，方程组的解是 $(3, -4)$，
即 $x = 3$ 和 $y = -4$。

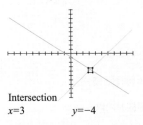

Intersection
$x=3$　　　$y=-4$

$[-10, 10, 1]$ 与 $[-10, 10, 1]$

☑ **检查点 3**　通过代入法解下列线性方程组：

$$\begin{cases} y = 3x - 7 \\ 5x - 2y = 8 \end{cases}$$

例 4　通过代入法解线性方程组

通过代入法解下列线性方程组：

$$\begin{cases} 5x - 4y = 9 \\ x - 2y = -3 \end{cases}$$

解答

步骤 1　解其中一个方程，用一个变量来表示另一个变量。我们从分离其中一个方程的一个变量开始。第二个方程 x 的系数是 1，通过解第二个方程中的 x，我们能避免分数出现。

$$x - 2y = -3 \qquad \text{这是第 2 个方程}$$

$$x = 2y - 3 \qquad \text{两边同时加 } 2y$$

步骤 2　将步骤 1 中得到的表达式代入另一个方程。我们用表达式 $2y - 3$ 代替另一个方程中的 x：

$$x = \boxed{2y - 3} \qquad 5\boxed{x} - 4y = 9$$

我们用 $2y - 3$ 代替 $5x - 4y = 9$ 中的 x，得到一元方程，即

$$5(2y - 3) - 4y = 9$$

变量 x 被消除了。

步骤 3　解一元方程。

$$5(2y - 3) - 4y = 9 \qquad \text{这个方程只有一个变量}$$

$$10y - 15 - 4y = 9 \qquad \text{应用分配律}$$

$$6y - 15 = 9 \qquad \text{合并同类项}$$

$$6y = 24 \qquad \text{两边同时加 } 15$$

$$y = 4 \qquad \text{两边同时除以 } 6$$

步骤 4　将步骤 3 中求出的值代回步骤 1 中的方程。现在我们知道解的 y 坐标，要想求出 x 坐标，我们需要将 4 代回 $x = 2y - 3$。

如果我的解满足方程组中的一个方程，我还需要验算吗?

需要。要养成在方程组两个方程里都验算有序对是否正确的习惯。

$$x = 2y - 3 \qquad \text{这是步骤 1 中得到的方程}$$

$$x = 2(4) - 3 \qquad \text{把 4 代入 } y$$

$$x = 8 - 3 \qquad \text{乘法}$$

$$x = 5 \qquad \text{减法}$$

求出 $x = 5$ 和 $y = 4$，得出解是 $(5,4)$。

步骤 5　验算。花一点时间验算，结果显示 $(5,4)$ 同时满足两个方程 $5x - 4y = 9$ 和 $x - 2y = -3$。方程组的解集是 $\{(5,4)\}$。

☑ **检查点 4**　通过代入法解下列线性方程组：

$$\begin{cases} 3x + 2y = -1 \\ x - y = 3 \end{cases}$$

4　通过加法解线性方程组

通过加法解线性方程组

如果给定的方程有一个分离的变量，那么代入法是最方便的。第三种解线性方程组的方法，通常也是最简单的一种方法，即加法。与代入法一样，加法需要消除一个变量，然后解只含有一个变量的方程。然而，这次我们通过加上方程来消除变量。

例如，思考下列线性方程组：

$$\begin{cases} 3x - 4y = 11 \\ -3x + 2y = -7 \end{cases}$$

当我们将这两个方程相加时，变量 x 被消除了。这是因为 x 项的系数分别是 3 和 -3，它们互为相反数。

$$\begin{cases} 3x - 4y = 11 \\ -3x + 2y = -7 \end{cases}$$

加：　$-2y = 4$ 　　和是一元方程

　　　$y = -2$ 　　两边同时除以 -2，求解 y

现在，我们将 $y = -2$ 代入其中一个方程求出 x 的值。无论代入哪个方程都没关系，我们会得出相同的 x 值。如果代入其中一个方程，我们可以得出 $x = 1$，解 $(1,-2)$ 满足方程组中的两个方程。

当我们使用加法的时候，需要有两个方程，它们的和是只含有一个变量的方程。关键步骤是得到两个只有符号相反的变量系数。要想得到这样的系数，我们可能需要将一个或两个方程乘以一个非零数，这样 x 或 y 的两个系数互为相反数。这样当两个方程相加，就消除了一个变量。

好问题！

加法是不是也叫消除法？

虽然加法也叫消除法，但是代入和加法都可以消除变量。加法这个名称准确地告诉我们，变量的消除是通过将两个方程相加得到的。

通过加法解线性方程组

1. 在有必要的情况下，将两个方程写成 $Ax+By=C$ 的形式。
2. 在有必要的情况下，将一个或两个方程乘以一个非零数，这样 x 或 y 的两个系数互为相反数。
3. 将步骤 2 中得到的两个方程相加。得到的和是一元方程。
4. 解一元方程。
5. 将步骤 4 中得到的值代回任意一个方程中，解出另一个变量的值。
6. 在两个方程中验算。

例 5 通过加法解线性方程组

通过加法解下列线性方程组：

$$\begin{cases} 3x+2y=48 \\ 9x-8y=-24 \end{cases}$$

解答

步骤 1 **将两个方程写成 $Ax+By=C$ 的形式。**这两个方程已经是这种形式了，变量的项都在方程左边，常数项都在方程右边。

步骤 2 **在有必要的情况下，将一个或两个方程乘以一个非零数，这样 x 或 y 的两个系数的和是 0。**我们可以消除 x 或 y，就消除 x 吧。请看两个方程中的 x 项，分别是 $3x$ 和 $9x$。要想消除 x，我们可以在第一个方程两边同时乘以 -3，然后将两个方程相加。

$$\begin{cases} 3x+2y=\ \ 48 \\ 9x-8y=-24 \end{cases} \begin{array}{l} \xrightarrow{\text{乘以}-3} \\ \xrightarrow{\text{不改变}} \end{array} \begin{cases} -9x-6y=-144 \\ 9x-8y=-24 \end{cases}$$

步骤 3 **将方程相加。** $-14y=-168$

步骤 4　解一元方程。我们通过在方程两边同时除以 –14 来解 $-14y=-168$ 。

$$\frac{-14y}{-14}=\frac{-168}{-14} \qquad 两边同时除以 -14$$

$$y=12 \qquad 化简$$

步骤 5　将步骤 4 中得到的值代回任意一个方程中，解出另一个变量的值。我们可以将 $y=12$ 代回其中一个方程中。我们代入第一个方程中。

$$3x+2y=48 \qquad 这是给定方程组的第一个方程$$

$$3x+2(12)=48 \qquad 把 12 代入 y$$

$$3x+24=48 \qquad 乘法$$

$$3x=24 \qquad 两边同时减去 24$$

$$x=8 \qquad 两边同时除以 3$$

我们求出 $y=12$ 和 $x=8$ ，得到的解是 $(8,12)$ 。

步骤 6　验算。花一点时间验算，结果显示 $(8,12)$ 同时满足两个方程 $3x+2y=48$ 和 $9x-8y=-24$ 。方程组的解集是 $\{(8,12)\}$ 。

☑ **检查点 5**　通过加法解下列线性方程组：

$$\begin{cases} 4x+5y=3 \\ 2x-3y=7 \end{cases}$$

例 6　　通过加法解线性方程组

通过加法解下列线性方程组：

$$\begin{cases} 7x=5-2y \\ 3y=16-2x \end{cases}$$

解答

步骤 1　将两个方程写成 $Ax+By=C$ 的形式。我们首先需要调整方程组，使得变量的项都在方程左边，常数项都在方程右边。我们得到，

$$\begin{cases} 7x+2y=5 & \text{第一个方程两边同时加 } 2y \\ 2x+3y=16 & \text{第二个方程两边同时加 } 2x \end{cases}$$

步骤 2 在有必要的情况下，将一个或两个方程乘以一个非零数，这样 x 或 y 的两个系数的和是 0。我们可以消除 x 或 y，就消除 y 吧。我们在第一个方程两边同时乘以 3，第二个方程两边同时乘以 –2。

$$\begin{cases} 7x+2y=5 \xrightarrow{\text{乘以}3} \\ 2x+3y=16 \xrightarrow{\text{乘以}-2} \end{cases} \begin{cases} 21x+6y=15 \\ -4x-6y=-32 \end{cases}$$

步骤 3 将方程相加。 $17x+0y=-17$

$$17x=-17$$

步骤 4 解一元方程。我们通过在方程两边同时除以 17 来解 $17x=-17$。

$$\frac{17x}{17}=\frac{-17}{17} \quad \text{两边同时除以 } 17$$
$$x=-1 \quad \text{化简}$$

步骤 5 将步骤 4 中得到的值代回任意一个方程中，解出另一个变量的值。我们可以将 $x=-1$ 代回任意一个方程，就代入第二个方程吧。

$$3y=16-2x \qquad \text{这是给定方程组中的第二个方程}$$
$$3y=16-2(-1) \qquad \text{用 } -1 \text{ 代入 } x$$
$$3y=16+2 \qquad \text{乘法}$$
$$3y=18 \qquad \text{加法}$$
$$y=6 \qquad \text{两边同时除以 } 3$$

我们得到 $x=-1$ 和 $y=6$，得到的解是 $(-1,6)$。

步骤 6 验算。花一点时间验算，结果显示 $(-1,6)$ 同时满足两个方程 $7x=5-2y$ 和 $3y=16-2x$。方程组的解集是 $\{(-1,6)\}$。

☑ **检查点 6** 通过加法解下列线性方程组：

$$\begin{cases} 3x=2-4y \\ 5y=-1-2x \end{cases}$$

5 识别一个有序对解都没有的线性方程组

没有解或有无穷多个解的线性方程组

我们已经学过, 二元线性方程组表示一对直线。这两条直线要么相交, 要么平行, 要么重合。因此, 对于二元线性方程组的解的数量有三种可能。

二元线性方程组的解的数量

二元线性方程组的解的数量如下表所示 (见图 7.29)。

解的数量	图像表示
刚好有一个有序对解	两条直线相交
没有解	两条直线平行
有无穷多个解	两条直线重合

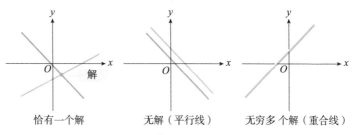

恰有一个解　　　无解 (平行线)　　　无穷多 个解 (重合线)

图 7.29　二元线性方程组的可能图像

例 7　　没有解的线性方程组

解下列线性方程组:

$$\begin{cases} 4x+6y=12 \\ 6x+9y=12 \end{cases}$$

解答

由于原方程没有分离出任意一个变量, 我们需要使用加法。要得到只有符号相反的 x 的系数, 我们在第一个方程两边同时乘以 3, 第二个方程两边同时乘以 -2。

$$\begin{cases} 4x+6y=12 \xrightarrow{\ 乘以3\ } \\ 6x+9y=12 \xrightarrow{\ 乘以-2\ } \end{cases} \begin{cases} 12x+18y=36 \\ -12x-18y=-24 \end{cases}$$

相加:　　　$0=12$

不存在 x 和 y 的值使得 $0x+0y=12$

得到的假命题表明, 这个线性方程组没有解, 它的解集是

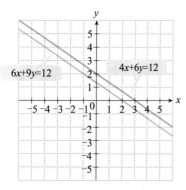

图 7.30　无解的线性方程组图像

空集 $\varnothing$。

这两个方程的图像如图 7.30 中的直线所示，它们是平行的，没有交点。

☑ **检查点 7**　解下列线性方程组：

$$\begin{cases} x + 2y = 4 \\ 3x + 6y = 13 \end{cases}$$

例 8　有无穷多个解的线性方程组

解下列线性方程组：

$$\begin{cases} y = 3x - 2 \\ 15x - 5y = 10 \end{cases}$$

解答

由于第一个方程 $y = 3x - 2$ 中的 y 已经分离出来了，我们可以用代入法。我们将表示 y 的表达式代入第二个方程。

$y = \boxed{3x-2}$　　$15x - 5\boxed{y} = 10$	把 $3x-2$ 代入 y
$15x - 5(3x - 2) = 10$	这是一元方程
$15x - 15x + 10 = 10$	分配律
$\underbrace{10 = 10}$ 这个命题对全部 x 和 y 都成立	化简

在最后一步计算中，两个变量都被消除了，得到一个真命题 $10 = 10$。该真命题表示，该线性方程组有无穷多个解。解集由所有位于 $y = 3x - 2$ 或 $15x - 5y = 10$ 上的点 (x, y) 构成，如图 7.31 所示。

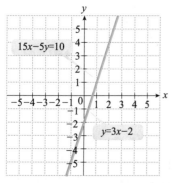

图 7.31　无穷多个解的方程组图像

我们可以用下列两个等价的方式表示该方程组的解集：

$$\{(x, y) \mid y = 3x - 2\} \quad \text{或} \quad \{(x, y) \mid 15x - 5y = 10\}$$

满足 $y = 3x - 2$ 的所有有序对 (x, y) 的集合　　满足 $15x - 5y = 10$ 的所有有序对 (x, y) 的集合

好问题！

例 8 中的线性方程组有无穷多个解。这是不是意味着任何有序对都是该方程组的解?

不是。虽然例 8 中的线性方程组有无穷多个解，但是这并不意味着任何有序对都是该方程组的解。有序对 (x, y) 必须满足其中一个方程，$y = 3x - 2$ 或 $15x - 5y = 10$，有无穷多个有序对满足条件。因为图像是重合的直线，有序对既是其中一个方程的解，也是另一个方程的解。

☑ **检查点 8**　解下列线性方程组：

$$\begin{cases} y = 4x - 4 \\ 8x - 2y = 8 \end{cases}$$

没有解或有无穷多个解的线性方程组

如果用代入法或加法解线性方程组时，消除了两个变量，那么会出现下面两种情况的其中一种：

1. 如果消除两个变量得到的命题为假，那么线性方程组没有解。

2. 如果消除两个变量得到的命题为真，那么线性方程组有无穷多个解。

6　使用线性方程组解决问题

用线性方程组建立数学模型：赚钱（和亏钱）

从卖柠檬水的小孩到马克·扎克伯格，每一个创业者想要做什么？当然是想要获取利润了。获取的利润是赚到的钱（或收入）减去花掉的钱（或成本）。

收入和成本函数

一个公司生产并销售 x 单位商品。它的**收入**是卖掉 x 单位商品赚到的钱。它的**成本**是生产 x 单位商品花掉的钱。

收入函数

$$R(x) = 单价 \times x$$

> **成本函数**
>
> $$C(x) = 固定成本 + 单位成本 \times x$$

收入函数与成本函数的图像交点称为**收支平衡点**。收支平衡点的 x 坐标表示公司为了达成收支平衡必须生产并销售出去的商品数。收支平衡点的 y 坐标表示赚到的钱与花掉的钱。例 9 阐述了用代入法求出一家公司的收支平衡点的过程。

例 9　求出收支平衡点

现代技术足以为数百万残疾人带来更轻、更快、更美观的轮椅。一家公司计划生产这些先进的轮椅。固定成本是 50 万美元，每辆轮椅的成本是 400 美元，售价是 600 美元。

a. 写出生产 x 辆轮椅的生产成本函数 C。

b. 写出销售 x 辆轮椅的收入函数 R。

c. 求出收支平衡点，并描述它的意义。

解答

a. 生产成本函数是固定成本与可变成本的和。

> 500 000 美元的固定成本　加　可变成本：每生产一辆轮椅 400 美元

$$C(x) = 500\,000 + 400x$$

b. 收入函数是销售 x 辆轮椅赚到的钱。我们已经知道每辆轮椅的售价是 600 美元。

> 每卖一辆轮椅得到的收益，600 美元　总共卖的轮椅的数量

$$R(x) = 600x$$

c. 当 C 和 R 的图像相交时，交点就是收支平衡点。因此，我们需要通过解下列线性方程组来求出该点。

$$\begin{cases} C(x) = 500\,000 + 400x \\ R(x) = 600x \end{cases} \quad 或 \quad \begin{cases} y = 500\,000 + 400x \\ y = 600x \end{cases}$$

使用代入法，我们可以将第一个方程中的 y 替换成 $600x$。

$$600x = 500\,000 + 400x \qquad 把\ 600x\ 代入\ y$$

$$200x = 500\,000 \qquad 两边同时减去\ 400x$$

$$x = 2\,500 \qquad\qquad 两边同时除以 200$$

我们将 $x = 2\,500$ 代回以下一个方程中, $C(x) = 500\,000 + 400x$

或 $R(x) = 600x$, 我们代入后者得到

$$R(2\,500) = 600(2\,500) = 1\,500\,000$$

收支平衡点是 $(2\,500, 1\,500\,000)$。这意味着,如果公司生产并卖出 $2\,500$ 辆轮椅,就能达到收支平衡。这时公司赚到的钱与花掉的钱相等,都是 $1\,500\,000$ 美元。

图 7.32 显示了轮椅生意收入和成本的函数图像。无论一门生意多小或多大,这种简单的线性模型都能适用。

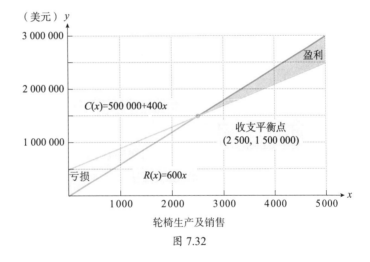

图 7.32

函数图像的交点证实了,如果公司生产并卖出 $2\,500$ 辆轮椅,就能达到收支平衡。当 $x < 2\,500$ 时,会发生什么事? 成本直线在收入直线上方,也就是说,成本大于收入,公司在亏钱。因此,如果公司卖出的轮椅少于 $2\,500$ 辆,结果是**亏损**。相比之下,当 $x > 2\,500$ 时,会发生什么事? 收入在成本直线上方,收入大于成本,公司在赚钱。因此,如果公司卖出的轮椅多于 $2\,500$ 辆,结果是**盈利**。

☑ **检查点 9** 一家公司生产跑鞋,固定成本是 30 万美元,每双鞋的成本是 30 美元,售价是 80 美元。

a. 写出生产 x 双鞋的生产成本函数 C。

b. 写出销售 x 双鞋的收入函数 R。

c. 求出收支平衡点，并描述它的意义。

一门生意获取的利润是赚到的钱（或收入）减去花掉的钱（或成本）。因此，一旦我们用生意的收入和成本函数构建线性方程组来建立数学模型，就能求出**利润函数 $P(x)$**。

> **利润函数**
>
> 生产并销售 x 单位商品的利润 $P(x)$ 由下列利润函数表示：
> $$P(x) = R(x) - C(x)$$
> 其中，$R(x)$ 和 $C(x)$ 分别表示收入函数和成本函数。

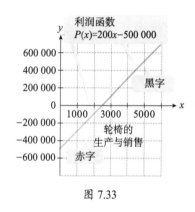

图 7.33

例 9 中的轮椅生意的利润函数如下所示：

$$
\begin{aligned}
P(x) &= R(x) - C(x) \\
&= 600x - (500\,000 + 400x) \\
&= 200x - 500\,000
\end{aligned}
$$

利润函数的图像如图 7.33 所示。位于 x 轴下方的线表示销售量少于 2 500 辆时的亏损。商业术语是"赤字"。位于 x 轴上方的线表示销售量多于 2 500 辆时的盈利。商业术语是"黑字"。

7.4　二元线性不等式

学习目标

学完本节之后，你应该能够：

1. 画出二元线性不等式的图像。
2. 使用涉及线性不等式的数学模型。
3. 画出线性不等式组的图像。

我们在本章的开头，提到了现代社会对纤瘦的推崇，追求理想身材可能是饮食失调的主要原因。在本节（例 4）与练习集（练习 45～48）中，我们将使用二元线性不等式组，根据你的身高和年龄帮助你建立一个健康体重范围。

二元线性不等式及其解

我们已经学过了 $Ax + By = C$ 形式的方程，其中 A 和 B 不同时为零，画出来是一条直线。如果我们将 = 替换成 ＞，＜，

≥ 或 ≤，我们就得到了二元线性不等式。下面有一些二元线性不等式的例子：$x+y>2$，$3x-5y \leqslant 15$ 和 $2x-y<4$。

二元（x 和 y）线性不等式的解是满足下列条件的有序实数对：当将有序对的 x 坐标代入 x 并将有序对的 y 坐标代入 y 之后，能够得到一个真命题。例如，$(3,2)$ 是不等式 $x+y>1$ 的一个解。当将 3 代入 x 并将 2 代入 y 之后，能够得到一个真命题 $3+2>1$，即 $5>1$。因为有无穷个有序对满足和大于 1 的条件，所以不等式 $x+y>1$ 有无穷个解。每一个有序对解都满足这个不等式。因此，$(3,2)$ 满足不等式 $x+y>1$。

1 画出二元线性不等式的图像

二元线性不等式的图像

我们已经学过，二元方程的图像是坐标满足方程的所有点的集合。相似地，**二元线性不等式的图像**是坐标满足不等式的所有点的集合。

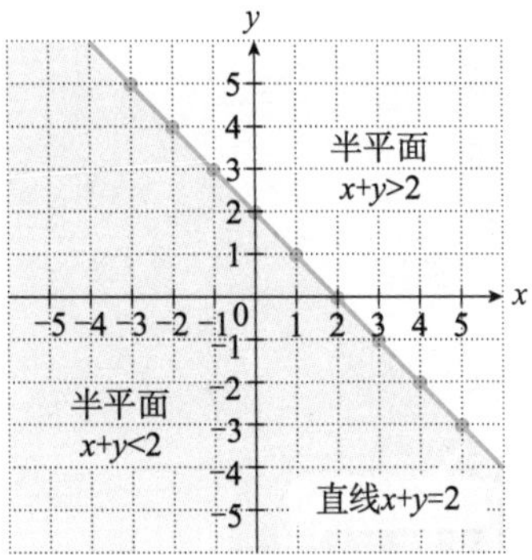

我们来看一下图 7.34，从直观上了解二元不等式的图像是什么样的。图像的一部分显示了线性方程 $x+y=2$ 的图像。这条直线将平面直角坐标系上的点分成了三个集合。第一个集合，直线上的点的集合，满足 $x+y=2$。第二个集合，直线上方区域中的点的集合，满足不等式 $x+y>2$。第三个集合，直线下方区域中的点的集合，满足不等式 $x+y<2$。

图 7.34

一个**半平面**是位于一条直线一边的所有点的集合。在图 7.34 中，直线上方区域是一个半平面，直线下方区域也是一个半平面。一个半平面是含有 > 或 < 符号的线性不等式的图像。含有 ≥ 或 ≤ 符号的线性不等式的图像是一个半平面和一条直线。一条实线用于表示这条线是图像是一部分，而虚线表示这条线不属于图像。

画出二元线性不等式的图像

1. 将不等式符号换成等号，并画出相应的线性方程的图像。

   如果原不等式含有 ≥ 或 ≤ 符号，就画一条实线。如果原不等式含有 > 或 < 符号，就画一条虚线。

2. 选择位于其中一个半平面的测试点。（不要选择位于直线上的点。）将测试点的坐标代入不等式。

3. 如果得到一个真命题，那么将包含测试点的半平面涂上阴影。如果得到一个假命题，那么将不包含测试点的半平面涂上阴影。

例 1　画出二元线性不等式的图像

画出不等式的图像：$3x-5y \geq 15$。

解答

步骤 1　**将不等式符号换成 =，并画出线性方程的图像。** 我们需要画出 $3x-5y=15$。我们可以使用截距来画出这条直线。

我们设 $y=0$，求出 x 轴截距。

$$3x-5y=15$$
$$3x-5 \cdot 0=15$$
$$3x=15$$
$$x=5$$

我们设 $x=0$，求出 y 轴截距。

$$3x-5y=15$$
$$3 \cdot 0-5y=15$$
$$-5y=15$$
$$y=-3$$

x 轴截距是 5，所以这条直线经过点 $(5,0)$。y 轴截距是 -3，所以这条直线经过点 $(0,-3)$。使用这两个截距，我们可以画出图 7.35 中的直线。因为不等式 $3x-5y \geq 15$ 中含有符号 $\geq$，所以它是一条实线。

步骤 2　**选择位于其中一个半平面的测试点，不要选择位于直线上的点。将测试点的坐标代入不等式。** 直线 $3x-5y=15$ 将平面直角坐标系分成三个部分，直线本身和两个半平面。其中一个半平面上的点满足 $3x-5y>15$。另一个半平面上的点满

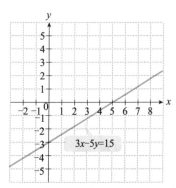

图 7.35　画 $3x-5y \geq 15$ 图像的准备步骤

足 $3x-5y<15$ 。我们需要找到属于 $3x-5y\geq15$ 的解的半平面。为此，我们需要测试其中半平面的点。原点 $(0,0)$ 是最容易测试的点。

$$3x-5y\geq15 \qquad \text{这是给定不等式}$$
$$3\cdot0-5\cdot0\overset{?}{\geq}15 \qquad \text{通过将 0 代入 } x \text{，0 代入 } y \text{ 测试} (0,0)$$
$$0-0\overset{?}{\geq}15 \qquad \text{乘法}$$
$$0\geq15 \qquad \text{这是假命题}$$

步骤 3　如果得到一个假命题，那么将不包含测试点的半平面涂上阴影。 由于 0 不大于或等于 15，测试点 $(0,0)$ 不属于解集。因此，位于实线 $3x-5y=15$ 下方的半平面是解集。解集是一条直线和一个不包含原点 $(0,0)$ 的半平面，由阴影部分表示。图像由图 7.36 中的阴影区域与实线表示。

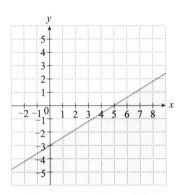

图 7.36　$3x-5y\geq15$ 的图像

☑ **检查点 1**　画出不等式的图像：$2x-4y\geq8$ 。

当你在绘制线性不等式的图像时，测试点应该位于其中一个半平面上，且不位于分割两个半平面的直线上。用测试点 $(0,0)$ 进行测试十分方便，因为两个变量都替换成 0 后，计算十分简单。然而，如果 $(0,0)$ 位于直线上且不属于半平面，我们就需要找另一个测试点。

例 2　画出二元线性不等式的图像

画出不等式的图像：$y>-\dfrac{2}{3}x$ 。

解答

步骤 1　将不等式符号换成 =，并画出线性方程的图像。 由于我们需要画出 $y>-\dfrac{2}{3}x$ 的图像，所以从画出 $y=-\dfrac{2}{3}x$ 的图像开始。我们可以用斜率和 y 轴截距来画出该线性方程。

$$y=-\frac{2}{3}x+0$$

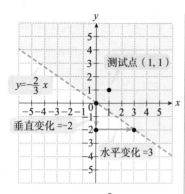

图 7.37 $y>-\dfrac{2}{3}x$ 的图像

y 轴截距是 0，因此这条直线经过 $(0,0)$。使用斜率和 y 轴截距，该线性方程的图像如图 7.37 中的虚线所示。因为不等式 $y>-\dfrac{2}{3}x$ 含有 $>$ 符号，所以直线是虚线。

步骤 2 选择位于其中一个半平面的测试点，不要选择位于直线上的点。将测试点的坐标代入不等式。 因为 $(0,0)$ 位于直线上且不属于半平面，所以我们不能把它用作测试点。我们将 $(1,1)$ 用作测试点，它属于直线上方的半平面。

$$y>-\frac{2}{3}x \quad \text{这是给定不等式}$$

$$1\overset{?}{>}-\frac{2}{3}\cdot 1 \quad \text{通过将 1 代入 } x \text{，1 代入 } y \text{ 测试 }(1,1)$$

$$1>-\frac{2}{3} \quad \text{这是真命题}$$

步骤 3 如果得到一个真命题，那么将包含测试点的半平面涂上阴影。 因为 1 大于 $-\dfrac{2}{3}$，所以测试点 $(1,1)$ 属于解集。因此，所有位于直线 $y=-\dfrac{2}{3}x$ 包含 $(1,1)$ 那一侧的点都属于不等式的解集。解集是包含 $(1,1)$ 的半平面，由画阴影的半平面表示。图像如图 7.37 中的阴影区域与虚线所示。

☑ **检查点 2** 画出不等式的图像：$y>-\dfrac{3}{4}x$。

不用测试点画线性不等式的图像

你可以不用测试点画出 $y>mx+b$ 或 $y<mx+b$ 形式的不等式的图像。不等式符号表示了需要将哪一个半平面画上阴影。

- 如果 $y>mx+b$，那么将直线 $y=mx+b$ 上方的半平面画上阴影。
- 如果 $y<mx+b$，那么将直线 $y=mx+b$ 下方的半平面画上阴影。

好问题！

我们在什么时候需要用测试点来画不等式的图像?

当你在画以 $Ax+By>C$ 或 $Ax+By<C$ 形式出现的不等式的图像时，还是需要用测试点的。$Ax+By>C$ 的图像可能会在直线 $Ax+By=C$ 的上方或下方，取决于 A 和 B 的值。$Ax+By<C$ 的图像也是如此。

观察这在图 7.37 中是怎么表示的。$y>-\dfrac{2}{3}x$ 的图像是直线 $y=-\dfrac{2}{3}x$ 上方的半平面。

当你在画位于垂直或水平的直线一侧的不等式的图像时，同样不需要测试点。

对于垂直直线 $x=a$：

- 如果 $x>a$，将 $x=a$ 右侧的半平面画上阴影。
- 如果 $x<a$，将 $x=a$ 左侧的半平面画上阴影。

对于水平直线 $y=a$：

- 如果 $y>a$，将 $y=a$ 上方的半平面画上阴影。
- 如果 $y<a$，将 $y=a$ 下方的半平面画上阴影。

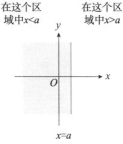

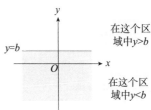

例 3　不用测试点画不等式的图像

在平面直角坐标系中分别画出下列不等式的图像:

a. $y\leqslant-3$　　　　b. $x>2$

解答

a. $y\leqslant-3$

$y=-3$ 的图像是 y 轴截距为 -3 的水平线。由于 $y\leqslant-3$ 包含等号，所以这条线是实的。因为 $\leqslant$，所以阴影部分在水平线下方

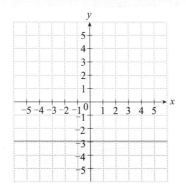

b. $x>2$

$x=2$ 的图像是 x 轴截距为 2 的垂线。由于 $x>2$ 不包含等号，所以这条线是虚线。因为 $>$，所以阴影部分在垂线右侧

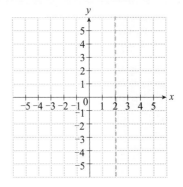

☑ **检查点 3**　在平面直角坐标系中分别画出下列不等式的图像：

a. $y > 1$　　　　b. $x \leqslant -2$

---

2 使用涉及线性不等式的数学模型

使用线性不等式组建立数学模型

正如两个或多个线性方程组成线性方程组一样，两个或多个线性不等式也能组成**线性不等式组**。一个二元线性不等式组的解是同时满足不等式组中每个不等式的有序对。

例 4　你的体重标准吗？

适用于男性和女性的最新体重指南会根据你的身高给出健康的体重范围，而非特定的体重。图 7.38 显示了 19～34 岁人群不同身高的健康体重范围。

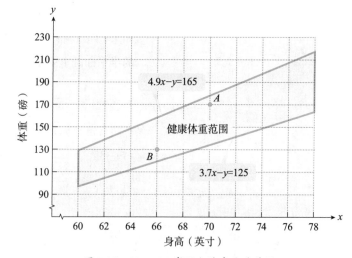

图 7.38　19～34 岁男女健康体重范围

来源：U.S. Department of Health and Human Services

如果 x 表示身高（以英寸为单位），而 y 表示体重（以磅为单位），那么图 7.38 中的健康体重范围可以用下列线性不等式组来表示：

$$\begin{cases} 4.9x - y \geqslant 165 \\ 3.7x - y \leqslant 125 \end{cases}$$

证明图 7.38 中的点 A 是描述健康体重的不等式组的一个解。

解答

点 A 的坐标是 $(70,170)$，这表示如果一个人的身高是 70 英寸（或 5 英尺 10 英寸），他的体重是 170 磅，那么他的体重属于健康范围内。我们可以通过分别将 70 和 170 代入不等式组每一个不等式中的 x 和 y 来表明 $(70,170)$ 满足不等式组。

$$4.9x - y \geqslant 165$$
$$4.9(70) - 170 \geqslant 165$$
$$343 - 170 \geqslant 165$$
$$173 \geqslant 165$$
$$3.7x - y \leqslant 125$$
$$3.7(70) - 170 \leqslant 125$$
$$259 - 170 \leqslant 125$$
$$89 \leqslant 125$$

坐标 $(70,170)$ 能让两个不等式均为真，因此 $(70,170)$ 满足健康体重范围不等式组，并是该不等式组的一个解。

☑ **检查点 4**　证明图 7.38 中的点 B 是描述健康体重的不等式组的一个解。

3　画出线性不等式组的图像

画出线性不等式组的图像

二元线性不等式组的解集是所有满足组中每一个不等式的有序对的集合。因此，要想画出二元线性不等式组的图像，首先需要在同一个平面直角坐标系中画出每一个不等式的图像。然后找出对于两个图像都成立的区域。这个相交的区域就是线性不等式组的解集。

例 5　画出线性不等式组的图像

画出下列线性不等式组的图像：

$$\begin{cases} x - y < 1 \\ 2x + 3y \geqslant 12 \end{cases}$$

解答

我们先将不等式 $x-y<1$ 和 $2x+3y\geq12$ 中的不等号换成等号，然后画出 $x-y=1$ 和 $2x+3y=12$ 的图像。我们可以通过求每条直线的截距来画出图像。

$x-y=1$	$2x+3y=12$
x 轴截距：$x-0=1$	x 轴截距：$2x+3\cdot0=12$
$x=1$	$2x=12$
直线经过点 $(1,0)$。	$x=6$
y 轴截距：$0-y=1$	直线经过点 $(6,0)$。
$-y=1$	y 轴截距：$2\cdot0+3y=12$
$y=-1$	$3y=12$
直线经过点 $(0,-1)$。	$y=4$
$2x+3y=12$	直线经过点 $(0,4)$。

$x-y<1$ 的图像。$x-y=1$ 是虚线：$x-y<1$ 不含等号。因为 $(0,0)$ 使不等式为真（$0-0<1$ 为真），所以阴影部分为包含 $(0,0)$ 的半平面

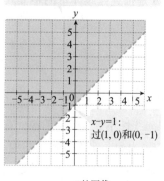

$x-y<1$ 的图像

加上 $2x+3y\geq12$ 的图像。$2x+3y=12$ 是实线：$2x+3y\geq12$ 包含等号。因为 $(0,0)$ 使不等式不成立（$2\cdot0+3\cdot0\geq12$ 不成立），所以阴影部分为不包含 $(0,0)$ 的半平面

$2x+3y=12$：过 $(6,0)$ 和 $(0,4)$

$x-y=1$

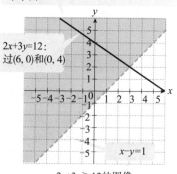

$2x+3y\geq12$ 的图像

方程组的解集是两个半平面的重叠部分

这里是开点，因为 $(3,2)$ 不属于解集

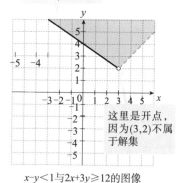

$x-y<1$ 与 $2x+3y\geq12$ 的图像

☑ 检查点 5　画出下列线性不等式组的图像：

$$\begin{cases} x+2y>1 \\ 2x-3y\leq-6 \end{cases}$$

例 6 画出线性不等式组的图像

画出下列线性不等式组的图像：

$$\begin{cases} x \leq 4 \\ y > -2 \end{cases}$$

解答

$x \leq 4$ 的图像。$x=4$ 是实线。$x<4$ 的阴影部分是左半边平面

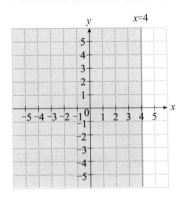

$x \leq 4$ 的图像

增加 $y>-2$ 的图像。$y=-2$ 是虚线。$y>-2$ 的阴影部分是上半平面

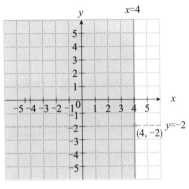

增加 $y>-2$ 的图像

方程组的解集是两个平面的重叠部分

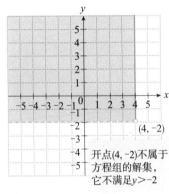

开点 $(4,-2)$ 不属于方程组的解集，它不满足 $y>-2$

$x \leq 4$ 且 $y>-2$ 的图像

☑ **检查点 6** 画出下列线性不等式组的图像：

$$\begin{cases} x \leq 4 \\ y \geq -1 \end{cases}$$

7.5

线性规划

在本节中，我们将讨论线性不等式组的一个重要应用。当这样的不等式组出现在**线性规划**中的时候，可以用来解被其他因素限制且必须被最大化或最小化的特定量的问题。线性规划是管理科学中应用最广泛的工具之一。它帮助企业分配资源，以实现利润最大化的方式生产产品。在用于商业管理决策的所有计算时间中，线性规划占 50% 以上，甚至可能高达 90%。

线性规划中的目标函数

很多问题涉及一个必须被其他因素限制最大化或最小化的

1 写出一个描述必须被最大化或最小化的量的目标函数

特定量。商业对最大化利润感兴趣。向地震幸存者运送瓶装水和医药箱的行动需要最大限度地增加这批物资帮助的幸存者人数。**目标函数**是一个代数表达式，用两个或更多变量描述必须被最大化或最小化的量。

> **例 1** 写出目标函数
>
> 在一场地震之后，用飞机给幸存者运送瓶装水和医药箱。每一个物资箱里装的瓶装水可供十个人使用，医药箱可供六个人使用。如果 x 表示运送的瓶装水数量，y 表示运送的医药箱数量，写出描述能够帮助的幸存者人数的目标函数。
>
> 解答
>
> 因为瓶装水可供十个人使用，医药箱可供六个人使用，我们可以得到：
>
> $$可帮助的人数 = 10x + 6y$$
>
> 我们用 z 来表示得到帮助的幸存者人数，得到如下目标函数：
>
> $$z = 10x + 6y$$
>
> 和我们学过的函数不一样，这个目标函数有三个变量。对于 x 和 y 的值，只有一个 z 值。因此，z 是 x 和 y 的函数。

☑ **检查点 1**　一家公司为电脑生产书架和书桌。令 x 表示每天生产的书架的数量，y 表示每天生产的书桌的数量。每卖出一个书架和一张书桌，这家公司的利润分别是 25 美元和 55 美元。写出描述该公司日利润的目标函数 z，x 和 y 分别表示卖出的书架和书桌数量。（检查点 2～4 也和这个题目背景有关，记住你的答案。）

---

2 使用不等式描述某种情况的约束

线性规划的局限性

在理想情况下，例 1 中得到帮助的地震幸存者人数应该无限制地增加，以便每个幸存者都能得到瓶装水和医药箱。然而，运送这些物资的飞机受到重量和体积的限制。在线性规划问题中，这样的限制称为**约束**。每个约束都表示为一个线性不等式。这些约束构成了一个线性不等式组。

例 2 写出约束

每一架飞机只能携带 80 000 磅的货物。每个瓶装水重 20 磅，每个医药箱重 10 磅。令 x 表示运送的瓶装水数量，y 表示运送的医药箱数量。写出描述该约束的不等式。

解答

因为每一架飞机只能携带 80 000 磅的货物，我们得到：

瓶装水的总重量	加	医药箱的总重量	小于或等于	80 000 磅
$20x$	$+$	$10y$	$\leqslant$	$80\,000$

↑ 每个瓶装水重 20 磅 ↑ 每个医药箱重 10 磅

一架飞机的重量限制可由下列不等式描述：

$$20x + 10y \leqslant 80\,000$$

☑ **检查点 2** 要想保证产品质量，检查点 1 中的公司每天生产书架和书桌的总数不能超过 80 件。写出描述该约束的不等式。

除了货物的重量约束，每一架飞机放置货物的体积也受到限制。例 3 阐释了如何描述这一限制。

例 3 写出约束

每一架飞机只能携带 6 000 立方英尺的货物。每个瓶装水的体积是 1 立方英尺，每个医药箱的体积也是 1 立方英尺。x 仍然表示运送的瓶装水数量，y 表示运送的医药箱数量。写出描述该约束的不等式。

解答

因为每一架飞机只能携带 6 000 立方英尺的货物，我们得到：

瓶装水的总体积	加	医药箱的总体积	小于或等于	6 000 立方英尺
$1x$	$+$	$1y$	$\leqslant$	$6\,000$

↑ 每瓶水是 1 立方英尺 ↑ 每个医药箱是 1 立方英尺

一架飞机的体积限制可由下列不等式描述:

$$x + y \leqslant 6\,000$$

总结一下,我们在三个例子中描述了地震救灾的情景:

$$z = 10x + 6y$$

这是描述运送 x 瓶水和 y 个医药箱帮助的人数的目标函数

$$\begin{cases} 20x + 10y \leqslant 80\,000 \\ x + y \leqslant 6\,000 \end{cases}$$

这是基于飞机重量和体积限制的约束

☑ **检查点 3** 要想满足消费者的需求,检查点 1 中的公司每天必须生产 30~80 个书架(包含 30 和 80)。此外,该公司每天必须生产至少 10 张且不超过 30 张书桌。写出描述上述情形的不等式。然后总结这三个检查点里该公司利润的目标函数与三个约束。

3 使用线性规划解决问题

使用线性规划解决问题

我们之前描述的地震情景里的问题是要根据飞机货物重量和体积的约束,最大化能够救助的幸存者数量。解决这种问题的过程称为**线性规划**,基于在第二次世界大战中得到证明的理论。

> **解决线性规划问题**
>
> 令 $z = ax + by$ 表示 x 和 y 的目标函数。此外,z 受到 x 和 y 的一些约束。如果 z 的最大值或最小值存在,那么它可以由下列步骤求出:
> 1. 画出表示约束的不等式组的图像。
> 2. 求出目标函数在图像区域每一个拐点,或**顶点**的值。目标函数的最大值或最小值位于一个或更多拐点处。

例 4   解决线性规划问题

判断为了最大化得到救助的幸存者数量,每架飞机上应该装载多少瓶装水和医药箱。

解答

我们必须基于下列约束最大化 $z = 10x + 6y$：

$$\begin{cases} 20x + 10y \leq 80\,000 \\ x + y \leq 6\,000 \end{cases}$$

步骤 1 画出表示约束的不等式组的图像。因为 x（表示运送的瓶装水数量）和 y（表示运送的医药箱数量）必须为非负数，我们只需要画出平面直角坐标系中的第一象限及其边界即可。

要想画出 $20x + 10y \leq 80\,000$ 的图像，我们先画出图 7.39 中的实线 $20x + 10y = 80\,000$。令 $y=0$，得到的 x 轴截距是 $4\,000$，而令 $x=0$，得到的 y 轴截距是 $8\,000$。将原点 $(0, 0)$ 用作测试点，满足不等式，因此我们在实线下方画上阴影。

现在我们画 $x + y \leq 6\,000$ 的图像，先画出图 7.39 中的实线 $x + y = 6\,000$。令 $y=0$，得到的 x 轴截距是 $6\,000$，而令 $x=0$，得到的 y 轴截距是 $6\,000$。将原点 $(0,0)$ 用作测试点，满足不等式，因此我们在实线下方画上阴影，如图 7.39 所示。

我们使用加法来求出 $20x + 10y = 80\,000$ 和 $x + y = 6\,000$ 的交点坐标。

$$\begin{cases} 20x + 10y = 80\,000 \xrightarrow{\text{不变}} \\ x + y = 6\,000 \xrightarrow{\text{乘以-10}} \end{cases} \begin{cases} 20x + 10y = 80\,000 \\ -10x - 10y = -60\,000 \end{cases}$$
$$\text{加：} \quad 10x \quad = \quad 20\,000$$
$$x \quad = \quad 2\,000$$

我们将 $x = 2\,000$ 代回 $x + y = 6\,000$，得到 $y = 4\,000$，因此交点坐标是（$2\,000, 4\,000$）。

该表示约束的不等式组如图 7.39 中的阴影与竖线的重叠部分所示。该不等式组的图像在图 7.40 中又画了一遍。两实线线段还在图像中得到保留。

步骤 2 求出目标函数在图像区域每一个拐点，或顶点的值。目标函数的最大值或最小值位于一个或更多拐角处。我们必须求出目标函数 $z = 10x + 6y$ 在图 7.40 中四个拐点或顶点坐标上的值。

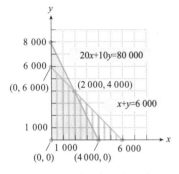

图 7.39 第一象限中约束 $20x + 10y \leq 80\,000$ 和约束 $x + y \leq 6\,000$ 的图像

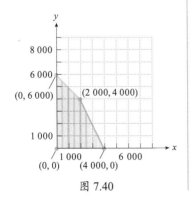

图 7.40

拐点 (x, y)	目标函数 z=10x+6y
(0,0)	z=10(0)+6(0)=0
(4 000,0)	z=10(4 000)+6(0)=40 000
(2 000,4 000)	z=10(2 000)+6(4 000)=44 000　←最大值
(0,6 000)	z=10(0)+6(6 000)=36 000

因此，z 的最大值是 44 000，出现在 x=2 000 和 y=4 000 的拐点处。更确切地说，这意味着每架飞机的货物最多能帮助 44 000 名幸存者，可以通过运送 2 000 瓶水和 4 000 个医药箱实现。

☑ 检查点 4　在检查点 1～3 的公司中，要想获取最大的日利润，每天应该生产多少书架和书桌？最大的日利润是多少？

7.6

建立数据的模型：指数、对数与二次函数

学习目标

学完本节之后，你应该能够：

1. 画出指数函数。
2. 使用指数模型。
3. 画出对数函数。
4. 使用对数模型。
5. 画出二次函数。
6. 使用二次模型。
7. 判断适合建立数据模型的函数类型。

有文化和儿童死亡率之间有关系吗？随着有文化成年女性比例的增加，五岁以下儿童的死亡率是否下降？根据联合国的数据，图 7.41 表明情况确实如此。图中的每一点代表一个国家。

以点的集合的可视化形式表示的数据称为**散点图**。图 7.41 中还显示了一条经过或靠近这些点的直线。最拟合散点图数据点的线称为**回归线**。我们可以使用这条线的斜率和 y 轴截距来得到一个五岁以下儿童死亡率的线性模型，y 是每千人的死亡数，x 是有文化的成年女性百分比。

$$y = -2.3x + 235$$

有文化的成年女性百分比每增加 1，五岁以下儿童死亡人数每千人减少 2.3

我们使用这个模型，就能根据一个国家有文化的成年女性的比例来预测儿童死亡率。

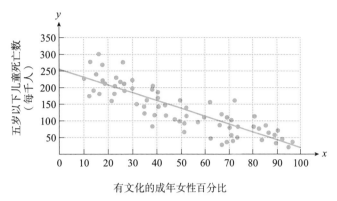

图 7.41 有文化与儿童死亡率

来源：United Nations

在图 7.41 中，数据近乎分布在一条直线上。然而，散点图经常是弯曲的，不会分布或近似分布在一条直线上。在本节中，我们将使用非线性函数来建立这种数据的模型，并做出预测。

1 画出指数函数

使用指数函数建模

图 7.42 中的散点图的形状表明，数据增长的速度越来越快。我们可以用**指数函数**来建立指数型增长的数据的模型，尤其是与人口、传染病和银行利息账户有关的数据。

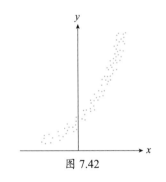

图 7.42

指数函数的定义

以 b 为底数的指数函数的定义如下所示：

$$y = b^x \text{ 或 } f(x) = b^x$$

其中 b 是一个不是 1 的正常数（$b > 0$ 且 $b \neq 1$），x 是一个实数。

例 1 画出指数函数

画出下列函数图像：$f(x) = 2^x$。

解答

我们从选取 x 的值，然后求出 $f(x)$ 对应的值开始入手。

x	$f(x)=2^x$	(x, y)
-3	$f(-3)=2^{-3}=\dfrac{1}{8}$	$\left(-3, \dfrac{1}{8}\right)$
-2	$f(-2)=2^{-2}=\dfrac{1}{4}$	$\left(-2, \dfrac{1}{4}\right)$
-1	$f(-1)=2^{-1}=\dfrac{1}{2}$	$\left(-1, \dfrac{1}{2}\right)$
0	$f(0)=2^0=1$	$(0, 1)$
1	$f(1)=2^1=2$	$(1, 2)$
2	$f(2)=2^2=4$	$(2, 4)$
3	$f(3)=2^3=8$	$(3, 8)$

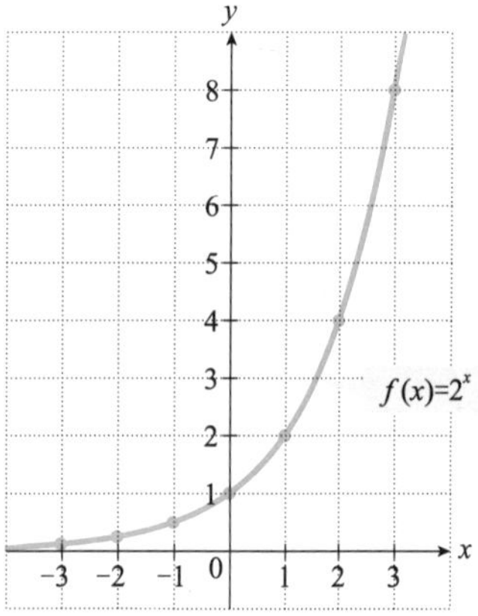

我们选取从 -3 到 3 的整数（包括 -3 和 3）。我们希望 y 的计算结果相对简化

我们用一条光滑曲线将这些点连接起来，就得到了图 7.43 中 $f(x)=2^x$ 的图像。

所有形如 $y=b^x$ 或 $f(x)=b^x$ 的指数函数的图像都如图 7.43 中的图像所示，其中 b 是一个大于 1 的正常数，x 是一个实数。这个图像无限靠近、但永远也不会与 x 轴负半轴相交。

☑ **检查点 1** 画出下列函数图像：$f(x)=3^x$。

图 7.43　$f(x)=2^x$ 的图像

布利策补充

指数增长：人类何时能永生

在 2011 年，电视节目《危险边缘》播放了一场持续三个晚上的比赛，参加选手分别是拟人计算机沃森以及该节目两大最成功的选手。沃森获得了胜利。每次沃森都能用人类的话回应问题，并扫描一百万本书的内容。沃森还被训练理解《危险边缘》节目独有的双关和转折线索语句。

我们可以把沃森了不起的成就看作一个在模拟计算能力增长的指数曲线上的单独数据点。发明家、作家及计算机科学家 Ray Kurzweil (1948—) 表示，计算机技术以指数增长的速度进步，每年能力都会翻倍。以 $y=2^x$ 的图像为例，它一开始增加较慢，然后就如同坐上火箭一般无限增长，这是什么意思？

Kurzweil 说，在 2023 年，超级计算

机的能力就会超过人类大脑。随着能力的进步呈指数增长，每个小时都能产生一个世纪内最有价值的科学突破。到了 2045 年，所有人类大脑加起来也不如计算机。下面是一些奇怪的预测：到了那一年（Kurzweil 说），我们能够将我们的意识扫描到计算机上，进入虚拟的存在，或将身体替换成永生的机器人。无限的寿命将成为现实，人类只会在自己选择死亡的时候才会死。

2　使用指数模型

图 7.44a 显示了从 1950 年到 2010 年七个年份的世界人口（以十亿为单位）。数据的散点图如图 7.44b 所示。

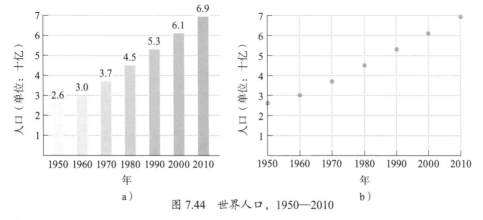

a）　　　　　　　　　　　　　　b）

图 7.44　世界人口，1950—2010

来源：U.S. Census Bureau, International Database

由于散点图中的数据似乎增长得越来越快，这个形状表示，我们可以用指数函数来建立这些数据的模型。此外，我们可以画一条经过或接近这七个点的直线。因此，线性函数可能也是一个建立模型的好选择。

例 2　比较线性与指数函数

表 7.3 中显示了世界人口的数据，我们使用绘图工具的线性回归特征与指数回归特征，输入数据并得到如图 7.45 所示的模型。

a. 对图 7.45 用函数表示法表示每一个模型，数字保留三位小数。

b. 这两个函数模型对 2000 年的人口模拟得如何？

c. 根据预测，世界人口将在 2026 年超过 80 亿。哪一个模型更符合这一预测？

尽管 $y=ab^x$ 的定义域为所有实数，但一些绘图工具只接受正的 x 值。这是我们指定 x 为 1949 年之后的年数的理由

表 7.3

1949 年之后的年数，x	世界人口（十亿），y
1(1950)	2.6
11(1960)	3.0
21(1970)	3.7
31(1980)	4.5
41(1990)	5.3
51(2000)	6.1
61(2010)	6.9

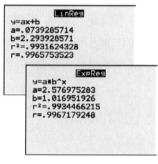

图 7.45　表 7.3 中数据的线性模型和指数模型

布利策补充

全球人口增长

以 $y=ab^x$（$b>1$）形式出现的指数函数是一种与数量大小成比例增长的增长模型。随着人口增长，以指数形式增加的人口的增长速度极快，原因在于更多的成年人会生下更多的后代。下面是你直观理解上述概念的方法：

在你读完例 2 并解答检查点 2 的时候，超过 1 000 人降生在地球上。到了明天这个时候，世界上的人口将增加超过 220 000 人。

解答

a. 我们使用图 7.45 并保留三位小数，得到下列建立世界人口模型的函数：

$$f(x)=0.074x+2.294 \text{ 和 } g(x)=2.577(1.017)^x$$

单位是十亿，其中 x 表示 1949 年之后经过的年数。虽然我们可以使用任意字母表示函数，但是我们用 f 表示线性函数，用 g 表示指数函数。

b. 表 7.3 显示，在 2000 年世界人口是 61 亿。2000 年是 1949 年后的第 51 年。因此，我们将 51 代入每一个函数，然后用计算器计算两个结果，比较这两个函数得到的结果是否符合真实数据。

$$f(x)=0.074x+2.294 \qquad \text{这是线性模型}$$

$$f(51)=0.074(51)+2.294\approx 6.1 \qquad \text{用 51 代替 } x$$

$$g(x)=2.577(1.017)^x \qquad \text{这是指数模型}$$

$$g(51)=2.577(1.017)^{51}\approx 6.1 \qquad \text{用 51 代替 } x$$

因为 61 亿与 2000 年的真实数据相等，所以两个函数都能很好地建立 2000 年世界人口的模型。

c. 让我们来看一下，哪一个函数更能准确地预测 2026 年的 80 亿世界人口。因为 2026 年是 1949 年后的第 77 年

（ 2026−1949 = 77 ），我们将第 77 代入两个函数中的 x 。

$$f(x) = 0.074x + 2.294 \qquad \text{这是线性模型}$$

$$f(77) = 0.074(77) + 2.294 \approx 8.0 \qquad \text{用 77 代替 } x$$

$$g(x) = 2.577(1.017)^x \qquad \text{这是指数模型}$$

$$g(77) = 2.577(1.017)^{77} \approx 9.4 \qquad \text{用 77 代替 } x$$

线性函数 $f(x) = 0.074x + 2.294$ 能够更好地预测 2026 年的 80 亿世界人口。

☑ **检查点 2** 使用函数模型 $f(x) = 0.074x + 2.294$ 和 $g(x) = 2.577(1.017)^x$ 解决下列问题。

a. 1970 年的世界人口是 37 亿，哪一个函数更好地建立了 1970 年的模型？

b. 根据预测，世界人口将在 2050 年超过 93 亿。哪一个模型更符合这一预测？

应用指数函数中的 e

由字母 e 表示的无理数经常出现在很多应用指数函数的底数中。无理数 e 约等于 2.72 。更准确的是：

$$e \approx 2.71828\cdots$$

e 称为**自然对数底数**。函数 $f(x) = e^x$ 称为自然指数函数。

我们可以用科学计算器或图形计算器的 $\boxed{e^x}$ 键计算 e 的幂。例如，要想求出 e^2 ，我们只需要在大部分计算器上按下下列按键：

科学计算器： 2 $\boxed{e^x}$

图形计算器： $\boxed{e^x}$ 2 $\boxed{\text{ENTER}}$

计算器计算出来的结果应该约等于 7.389 。

$$e^2 \approx 7.389$$

e 位于 2 和 3 之间。因为 $2^2 = 4$ 且 $3^2 = 9$ ，而位于 2 和 3 之间的 e 的平方约等于 7.389，位于 4 和 9 之间，因此 $e^2 \approx 7.389$ 没有问题。

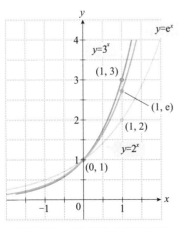

图 7.46 三个指数函数的图像

因为 $2 < \mathrm{e} < 3$，所以 $y = \mathrm{e}^x$ 的图像位于 $y = 2^x$ 和 $y = 3^x$ 的图像之间，如图 7.46 所示。

例 3　酒精与车祸风险

医学研究表明，车祸风险会随着血液酒精浓度的增加呈指数上升。可以用下列函数建立车祸风险的模型：

$$R = 6\mathrm{e}^{12.77x}$$

其中 x 表示血液酒精浓度，R 表示车祸风险，以百分数表示。在美国的每一个州，血液酒精浓度等于或超过 0.08 的人都不能开车。当血液酒精浓度等于 0.08 时，车祸风险是多少？这在图 7.47 中的 R 中如何表示？

解答

因为血液酒精浓度等于 0.08，所以我们将 0.08 代入函数模型中的 x。然后我们用计算器计算表达式的结果。

$$R = 6\mathrm{e}^{12.77x} \qquad \text{这是给定指数模型}$$

$$R = 6\mathrm{e}^{12.77(0.08)} \qquad \text{用 0.08 代替 } x$$

在你的计算器上进行下列计算：

科学计算器：$6 \boxed{\times} \boxed{(}\, 12.77 \boxed{\times} .08 \boxed{)}\ \boxed{\mathrm{e}^x}\ \boxed{=}$

图形计算器：$6 \boxed{\times} \boxed{\mathrm{e}^x} \boxed{(}\, 12.77 \boxed{\times} .08 \boxed{)}\ \boxed{\text{ENTER}}$

计算器得出的结果约等于 16.665 813。我们保留一位小数，得到当血液酒精浓度等于 0.08 时，车祸风险约等于 16.7%。我们可以用图 7.47 中 R 的图像上的点 $(0.08, 16.7)$ 来表示。花一点时间就能在图像上定位这个点。

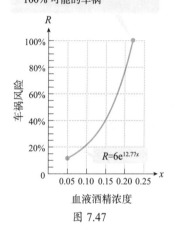

0.22 的血液酒精浓度相当于 100% 可能的车祸

$R = 6\mathrm{e}^{12.77x}$

车祸风险

血液酒精浓度

图 7.47

☑ **检查点 3**　使用例 3 中的模型解答下列问题，在很多州，未满 21 岁且血液酒精浓度超过 0.01 的驾驶员不得开车。当血液酒精浓度等于 0.01 时，车祸风险是多少？结果保留一位小数。

使用对数函数建立数学模型

图 7.48 中的散点图一开始增加很快，然后增速就放缓了。

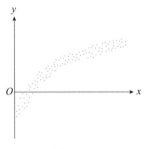

图 7.48

这种类型的数据可以用对数函数建模。

对数函数的定义

对于 $x>0$ ，$b>0$ 且 $b \neq 1$ ，

$$y = \log_b x \text{ 等价于 } b^y = x$$

函数 $f(x) = \log_b x$ 是**以 b 为底数的对数函数**。

等式 $y = \log_b x$ 和 $b^y = x$ 是相同关系式的不同表示形式。第一个等式是**对数形式**，第二个是**指数形式**。

注意，**对数** y 也是**指数**。你应该记住每种形式的底数与指数的位置。

对数形式和指数形式中底数与指数的位置

对数形式： $y = \log_b x$

指数形式： $b^y = x$

指数

底数

指数

底数

3 画出对数函数

好问题！

我知道 $y = \log_2 x$ 意味着 $2^y = x$ 。但是 $y = \log_2 x$ 和 $y = 2^x$ 之间有什么关系？

底数是 2 的对数函数的坐标是底数是 2 的指数函数的坐标的颠倒。一般来说，$y = \log_b x$ 的坐标是 $y = b^x$ 坐标的颠倒。

例 4 画出对数函数

画出下列函数图像： $y = \log_2 x$ 。

解答

因 为 $y = \log_2 x$ 意 味 着 $2^y = x$ ，我们可以用这个函数的指数形式来画出图像。我们使用 $2^y = x$ ，从选择 y 的取值然后求出相应的 x 的值开始入手。

我们画出表格中的 6 个有序对，并用一条光滑曲线连接它们。图 7.49 显示了 $y = \log_2 x$ 的图像。

从选择 y 值开始

$x=2^y$	y	(x,y)
$2^{-2} = \dfrac{1}{4}$	-2	$\left(\dfrac{1}{4}, -2\right)$
$2^{-1} = \dfrac{1}{2}$	-1	$\left(\dfrac{1}{2}, -1\right)$
$2^0 = 1$	0	$(1,0)$
$2^1 = 2$	1	$(2,1)$
$2^2 = 4$	2	$(4,2)$
$2^3 = 8$	3	$(8,3)$

使用 $x=2^y$ 计算 x

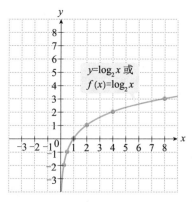

图 7.49 以 2 为底数的对数函数的图像

所有以 $y = \log_b x$ 或 $f(x) = \log_b x$ 形式出现的对数函数的图像都和图 7.49 中的图像形状相同，其中 $b > 1$。这个图像无限接近 y 轴负半轴，但是永远不会与它相交。我们可以观察到，图像是从左往右递增的。但是，增加速率会随着图像向右移动逐渐降低。因此，我们经常使用对数函数来建立增长逐渐放缓的数据的模型。

☑ **检查点 4** 将 $y = \log_3 x$ 重写成指数形式。然后用该方程的指数形式来画出图像。y 的取值为 -2 到 2 之间（包含 -2 和 2）的整数。

科学计算器和图形计算器上有能够用来计算底数为 10 和 e 的对数函数的按键。

按键	可用该键计算的函数	
LOG	$y = \log_{10} x$	常用对数，通常写作 $y = \lg x$
LN	$y = \log_e x$	自然对数，通常写作 $y = \ln x$

4 使用对数函数

例 5 危险的温度：封闭车辆内的气温

当外部气温处于 72 至 96 华氏度之间时，封闭车辆内的气温第一个小时内能增加 43 华氏度。图 7.50a 中的柱状图显示了

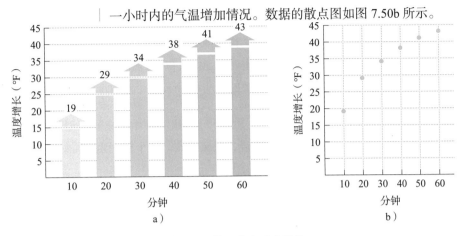

一小时内的气温增加情况。数据的散点图如图 7.50b 所示。

图 7.50 封闭车内温度增长

来源：Professor Jan Null, San Francisco State University

因为散点图中的数据一开始增加得快，后来开始放缓，该形状表示我们可以用对数函数来建立数据的模型。在输入数据之后，图形计算器显示了 $y = a + b\ln x$ 形式的对数函数，如图 7.51 所示。

a. 用函数表示法表示这个模型，保留一位小数。

b. 使用这个函数求出 50 分钟后增加的气温，保留整数。这个函数对图 7.50a 中的实际增长模拟得好不好？

解答

a. 使用图 7.51 并保留一位小数，下列函数

$$f(x) = -11.6 + 13.4\ln x$$

建立了 x 分钟后气温增加 $f(x)$ 的模型，其中 $f(x)$ 单位是华氏度。

b. 我们可以将 50 代入函数中的 x 来求出 50 分钟后增加的气温。

$$f(x) = -11.6 + 13.4\ln x \qquad \text{这是 a 中给出的对数模型}$$

$$f(50) = -11.6 + 13.4\ln 50 \qquad \text{用 50 代替 } x$$

在你的计算器上进行计算。

科学计算器： 11.6 $\boxed{+/-}$ $\boxed{+}$ 13.4 $\boxed{\times}$ 50 $\boxed{\text{LN}}$ $\boxed{=}$

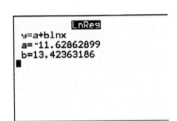

图 7.51 数据 (10,19), (20,29), (30,34), (40,38), (50,41), (60,43)

好问题！

我怎么样才能用图形计算器看出描述数据的模型建立得好不好?

一旦你建立了一个或更多数据模型,你就可以用图形计算器上的 TABLE 功能,用数字来表示各个模型建立得好不好。输入模型 y_1 , y_2 ,依此类推。创建一个表格,滚动表格,然后比较模型给出的数据与真实数据。

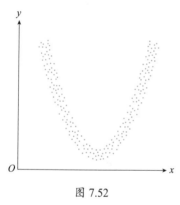

图 7.52

图形计算器： (−) 11.6 + 13.4 LN 50 ENTER

计算器输出的结果大约是 40.821 108。我们保留整数,对数模型表明在 50 分钟后增加的气温约为 41 华氏度。因为图 7.50a 中的增加也是 41 所以这个函数准确地建立了气温增加的模型。

☑ **检查点 5**　使用例 5a 中建立的模型,求出 30 分钟后增加的气温,保留整数。这个模型建立得好不好?

使用二次函数建立数学模型

图 7.52 中的散点图的形状先下降后增加。我们可以用**二次函数**来建立这种类型的数据的模型。

二次函数的定义

一个二次函数是一个以下列形式出现的任意函数：

$$y = ax^2 + bx + c \text{ 或 } f(x) = ax^2 + bx + c$$

其中 a , b 和 c 都是实数且 $a \neq 0$ 。

任何二次函数的图像都称为**抛物线**。抛物线的形状像碗或翻转的碗一样,如图 7.53 所示。如果 x^2 的系数（ $ax^2 + bx + c$ 中 a 的值）为正,那么抛物线开口向上。如果 x^2 的系数为负,那么抛物线开口向下。抛物线的**顶点**（或转折点）是开口向上时的最低点,或开口向下时的最高点。

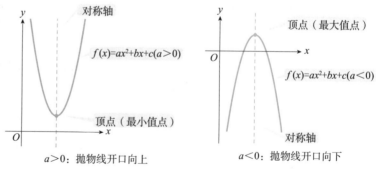

图 7.53　二次函数图像的特征

看看右边这个不寻常的单词 "mirror"。艺术家 Scott Kim 创作了这幅图像，使得整体的两个部分互为镜像。抛物线也具有这种对称性，即通过顶点的一条线将图形一分为二。抛物线相对于这条线是对称的，这条

线叫作对称轴。如果抛物线沿对称轴折叠，两边完全重合。

当你在画二次函数的图像或将它们用作模型时，判断顶点或转折点的所在位置通常很有帮助。

抛物线的顶点

$y=ax^2+bx+c$ 形式的抛物线的顶点会出现在 $x=\dfrac{-b}{2a}$ 处。

5 画出二次函数

当你在画二次函数图像时，有几个点十分有用。这些点分别是 x 轴截距（尽管不是所有的抛物线都有 x 轴截距）、y 轴截距和顶点。

画出二次函数

$y=ax^2+bx+c$ 或 $f(x)=ax^2+bx+c$ 的图像称为抛物线，可以通过下列步骤画出来：

1. 判断抛物线的开口是向上还是向下。如果 $a>0$，那么开口向上。如果 $a<0$，那么开口向下。

2. 判断抛物线的顶点。顶点的 x 坐标是 $\dfrac{-b}{2a}$，y 坐标可以通过将 x 坐标代入方程求得。

3. 通过将 y 或 $f(x)$ 设为 0 求出 x 轴截距，解二次方程求 x。

4. 通过将 x 设为 0 求出 y 轴截距。因为 $f(0)=c$（函数方程中的常数项），y 轴截距是 c 且抛物线经过 $(0,c)$ 点。

5. 画出截距和顶点。

6. 用一条光滑的曲线连接这些点。

例 6 画出一条抛物线

画出下列二次函数的图像：$y=x^2-2x-3$。

解答

步骤 1 判断抛物线的开口。注意，x^2 的系数 a 是 1。因

此 $a > 0$；这个正值告诉我们，抛物线的开口向上。

　　步骤 2　求出顶点。 我们知道顶点的 x 坐标是 $\dfrac{-b}{2a}$。我们来找到给定方程中的 a、b 和 c。

$$y = x^2 - 2x - 3$$

$a=1$　$b=-2$　$c=-3$

现在，我们将 a 和 b 的值代入 x 坐标的表达式：

$$\text{顶点的 } x \text{ 坐标} = \frac{-b}{2a} = \frac{-(-2)}{2(1)} = \frac{2}{2} = 1$$

顶点的 x 坐标是 1。我们将 1 代入方程 $y = x^2 - 2x - 3$ 中的 x 以求出顶点的 y 坐标：

$$\text{顶点的 } y \text{ 坐标} = 1^2 - 2 \cdot 1 - 3 = 1 - 2 - 3 = -4$$

顶点坐标是 $(1, -4)$，如图 7.54 所示。

　　步骤 3　求出 x 轴截距。 我们将 $y = 0$ 代入 $y = x^2 - 2x - 3$，得到 $0 = x^2 - 2x - 3$ 或 $x^2 - 2x - 3 = 0$。我们可以通过因式分解解这个方程。

$$x^2 - 2x - 3 = 0$$
$$(x - 3)(x + 1) = 0$$
$$x - 3 = 0 \quad \text{或} \quad x + 1 = 0$$
$$x = 3 \quad \text{或} \quad x = -1$$

x 轴截距是 3 和 -1。抛物线经过 $(3, 0)$ 和 $(-1, 0)$，如图 7.54 所示。

　　步骤 4　求出 y 轴截距。 我们将 $x = 0$ 代入 $y = x^2 - 2x - 3$：

$$y = 0^2 - 2 \cdot 0 - 3 = 0 - 0 - 3 = -3$$

y 轴截距是 -3，抛物线经过 $(0, -3)$，如图 7.54 所示。

　　步骤 5 和 6　画出截距和顶点。 用一条光滑的曲线连接这些点。截距和顶点如图 7.54 中四个带标签的点所示。它们同样如图中用光滑曲线连接点得到的二次函数图像所示。

☑ **检查点 6**　画出下列二次函数的图像：$y = x^2 + 6x + 5$

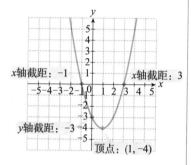

x 轴截距：-1　　x 轴截距：3

y 轴截距：-3

顶点：$(1, -4)$

图 7.54　$y = x^2 - 2x - 3$ 的图像

6 使用二次模型

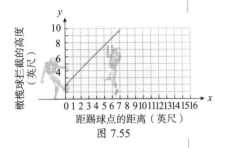

图 7.55

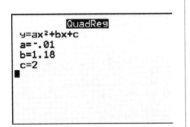

QuadReg
y=ax²+bx+c
a=-.01
b=1.18
c=2
■

图 7.57 数据 (0,2)，(30,28.4)，
(60,36.8)，(90,27.2)，(110,10.8)

例 7 建立橄榄球抛物线轨迹的数学模型

图 7.55 展示了当运动员踢橄榄球时，最近的防守队员离踢球点有 6 英尺远。表 7.4 显示了橄榄球离踢球点的不同距离与相对应的高度。数据的散点图如图 7.56 所示。

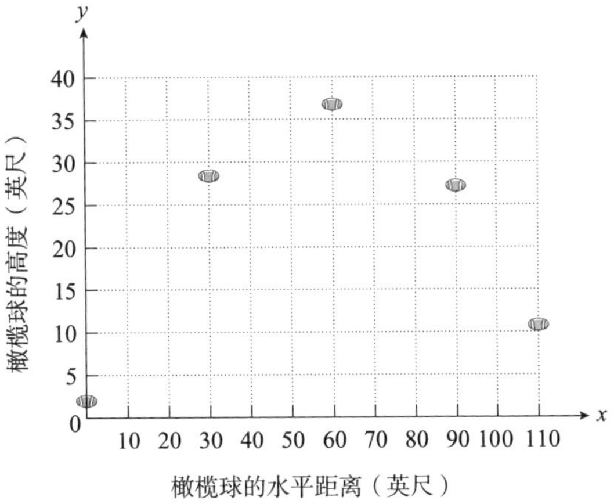

图 7.56 表 7.4 中数据的散点图

表 7.4

橄榄球的水平距离（英尺），y	橄榄球的高度（英尺），y
0	2
30	28.4
60	36.8
90	27.2
110	10.8

因为散点图中的数据先上升后下降，这种形状表明，我们可以选择二次函数来建立数据的模型。利用表 7.4 中的数据，图形计算器输出了如图 7.57 所示的 $y = ax^2 + bx + c$ 形式的二次函数。

a. 用函数表示法表示这个模型。

b. 最近的防守队员离踢球点 6 英尺，他需要向上够多高才能拦截踢出去的球？

解答

a. 利用图 7.57，我们得到如下函数：

$$f(x) = -0.01x^2 + 1.18x + 2$$

其中 $f(x)$ 表示球的高度，单位是英尺，x 表示水平距离，单位是英尺。

b. 图 7.55 显示了最近的防守队员离踢球点 6 英尺。要想拦截这个球，他必须碰到球的抛物线轨迹。这就意味着，我们必须求出水平距离为 6 时，球的高度。我们将 $x=6$ 代入函数 $f(x)=-0.01x^2+1.18x+2$。

$$f(6)=-0.01(6)^2+1.18(6)+2$$

$$=-0.36+7.08+2=8.72$$

防守队员需要向上 8.72 英尺才能拦截踢出去的球。

假设橄榄球没有被防守队员挡住，建立橄榄球抛物线轨迹数学模型的函数图像如图 7.58 所示。这幅图像只显示了 $x \geqslant 0$ 的部分，表明从踢球点开始移动，一直到球落地为止的水平距离。注意观察这幅图像是如何可视化描述橄榄球的抛物线轨迹的。

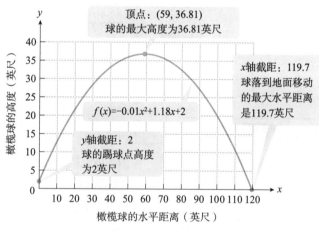

图 7.58　拦截橄榄球的抛物线路径

☑ **检查点 7**　使用例 7a 中的模型，回答下列问题：如果防守队员离踢球点 8 英尺，他需要够多高才能拦截踢出去的球？这个高度合理吗？在图 7.58 中找出这个解对应的二次函数上的点。

7 判断适合建立数据模型的函数类型

表 7.5 包含了本节描述过的散点图的特征及其适合建立数据模型的函数类型。

表 7.5 数据建模

对散点图数据的描述	模型
分布在或靠近一条直线	线性函数：$y=mx+b$ 或 $f(x)=mx+b$
增长得越来越快	指数函数：$y=b^x$ 或 $f(x)=b^x, b>1$
先快速增长，然后增长速度放缓	对数函数：$y=\log_b x$ 或 $f(x)=\log_b x,\ b>1$（$y=\log_b x$ 意味着 $b^y=x$）
先下降再上升	二次函数：$y=ax^2+bx+c$ 或 $f(x)=ax^2+bx+c, a>0$ 顶点 $\left(\dfrac{-b}{2a}, f\left(\dfrac{-b}{2a}\right)\right)$ 是抛物线的最小值点
先上升再下降	二次函数：$y=ax^2+bx+c$ 或 $f(x)=ax^2+bx+c, a<0$ 顶点 $\left(\dfrac{-b}{2a}, f\left(\dfrac{-b}{2a}\right)\right)$ 是抛物线的最大值点

一旦确定了模型的种类，我们就可以将数据输入图形计算器。计算器的回归特性将显示最拟合数据的请求类型的特定函数。简而言之，这就是作者如何得出你在本书中遇到的代数模型的。在这个技术时代，确定接近现实世界情况的模型的过程与函数及其图像的知识有关，而与冗长乏味的计算无关。

第 8 章

个人理财

当然，我知道当穷人没有什么好羞耻的，但这也不是一件光荣的事。所以，即使我发一点小财，又有什么不好的呢？

——Tevye, a poor dairyman, in the musical *Fiddler on the Roof*

我们都想过上美妙的生活，工作充实、身体健康还与人相爱。我们还是打开天窗说亮话吧，财务安全或甚至发点小财并不是坏事！实现这一目标需要理解有关存款、贷款和投资的基本概念。如果你完全理解了本章的主题，那么你真的能通过实现你的财务目标获得回报。

相关应用所在位置

本章有一些例子阐释了如何通过定期储蓄积累 50 万至 400 万美元的财富。参见 8.5 节的例 3 与练习集 8.5 的练习 33 ～ 36。

8.1

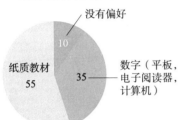

图 8.1　大学生喜欢的教科书类
型：每 100 名学生的偏好
来源：Harris Interactive for
Pearson Foundation

百分数、销售税与折扣

个人理财与你的生活中和钱有关的方方面面都有关系。个人理财是关于你如何利用你的钱以及财务管理如何影响你的未来的。因为理解百分数对个人理财而言非常重要，所以在本章开头，我们讨论百分数的含义、使用以及错误使用。

百分数的基本概念

百分数是将数字表示成 100 的份数的结果。"百分"这个词意味着每一百。例如，图 8.1 中的扇形图显示了，每 100 个大学生中，有 55 人选择纸质教材。因此，$\frac{55}{100} = 55\%$，表明有 55% 的大学生选择纸质教材。百分号 % 用来表示这个数是 100 份中的份数。

我们可以使用下列步骤，将分数转换成百分数：

> **用百分数表示分数**
>
> 1. 分子除以分母。
> 2. 将得到的商乘以 100。小数点向右移动两位即可。
> 3. 加上百分号。

1　**用百分数表示分数**

例 1　用百分数表示分数

将 $\frac{5}{8}$ 转换成百分数。

解答

步骤 1　**分子除以分母。**

$$5 \div 8 = 0.625$$

步骤 2　**将得到的商乘以 100。**

$$0.625 \times 100 = 62.5$$

步骤 3　**加上百分号。**

$$62.5\%$$

因此，$\frac{5}{8} = 62.5\%$。

☑ **检查点 1**　将 $\dfrac{1}{8}$ 转换成百分数。

2　用百分数表示小数

　　例 1 显示，$0.625 = 62.5\%$。这就揭示了用百分数表示小数的步骤。

> **用百分数表示小数**
>
> 1. 小数点向右移动两位。
> 2. 加上百分号。

例 2　用百分数表示小数

将 0.47 转换成百分数。

解答

将小数点向右移动两位

$$0.47\quad \%$$

加上一个百分号

因此，$0.47 = 47\%$。

☑ **检查点 2**　将 0.023 转换成百分数。

3　用小数表示百分数

　　我们将例 2 中的步骤调转过来，就得到了用小数表示百分数的步骤。

> **用小数表示百分数**
>
> 1. 小数点向左移动两位。
> 2. 去掉百分号。

例 3　用小数表示百分数

将下列百分数转换成小数：

a. 19%　　　　　　b. 180%

解答

我们使用上述两个步骤。

a.

$$19\% = 19.\% = 0.19\cancel{\%}$$ 去掉百分号

小数点在最右端　　小数点向左移动两位

因此， $19\% = 0.19$ 。

b. $180\% = 1.80\cancel{\%} = 1.80$ 或 1.8 。

☑ **检查点 3**　将下列百分数转换成小数：

a. 67%　　　　　　　b. 250%

如果分数是百分数的一部分，如 $\frac{1}{4}\%$ ，那么我们要将分数转换成小数，保留百分号。然后再将百分数转换成小数。例如：

$$\frac{1}{4}\% = 0.25\% = 00.25\cancel{\%} = 0.0025$$

百分数、销售税和折扣

很多有关百分数的应用基于下列公式：

$$A = P \cdot B$$

注意，公式中运算的是乘法。

我们可以利用这个公式判断不同州、县和城市的销售税。销售税是商品价格的百分数。

销售税额 = 税率 × 商品价格

---

4 解决涉及销售税和折扣的应用问题

例 4　　百分数与销售税

假设当地的消费税率是 7.5% ，并且你买了一辆 894 美元的自行车。

a. 销售税额是多少?

b. 买自行车一共花了多少钱?

解答

a. 销售税额 = 税率 × 商品价格

　　　　= 7.5%×894美元 = 0.075×894美元 = 67.05美元

销售税额是 67.05 美元。

b. 买自行车一共花的钱是自行车的价格 894 美元加上税额 67.05 美元。

总花费 = 894.00美元 + 67.05美元 = 961.05美元

买自行车一共花了 961.05 美元。

☑ **检查点 4** 假设当地的消费税率是 6% ，并且你买了一台 1 260 美元的计算机。

a. 销售税额是多少？

b. 买计算机一共花了多少钱？

我们都不喜欢销售税，但是都喜欢买打折的商品。商家降低价格，或**打折**，从而吸引顾客并清理库存。折扣率是商品原价的百分数。

> 折扣额 = 折扣率 × 商品原价

例 5 百分数与销售价格

一台计算机原价 1 460 美元，现折扣率 15%。

a. 折扣额是多少？

b. 计算机的销售价是多少？

解答

a. 折扣额 = 折扣率 × 商品原价

= 15%×1460美元 = 0.15×1460美元 = 219美元

折扣额是 219 美元。

b. 计算机的销售价是原价 1 460 美元减去折扣额 219 美元。

销售价 = 1460美元 − 219美元 = 1241美元

计算机的销售价是 1 241 美元。

☑ **检查点 5** 一台 CD 播放器原价 380 美元，现折扣率 35%。

a. 折扣额是多少？

b. CD 播放器的销售价是多少？

技术

在本章中，计算器通常很有用，也很必要。我们按顺序按下如下按键，就可以计算例 5 中的销售价。

1460⊟.15⊠1460.
按⊟或 ENTER 可以显示答案1 241

好问题！

我需要在求销售价之前求出折扣额吗？

不需要。例如，在例 5 中，计算机折扣率 15%。这就意味着销售价一定是原价的 100% − 15% = 85%。

销售价 = 85%×1460美元

= 1241美元

5 判断百分数是增长还是
减少

百分数与变化

我们用百分数来比较变化，例如销售、人口、价格和生产的增长或减少。如果一个量发生变化，我们可以通过下列步骤求出它**增长的百分数**或**减少的百分数**。

求出增长的百分数或减少的百分数

1. 求出增长的百分数或减少的百分数的分数：

$$\frac{增长的量}{原来的量} \quad 或 \quad \frac{减少的量}{原来的量}$$

2. 将步骤 1 中的分数转换成百分数，得到增长的百分数或减少的百分数。

例6 求出百分数的增长与减少

在 2000 年，世界人口约为 60 亿。图 8.2 显示了从 2000 年到 2150 年的人口增长预测。该数据来源于联合国家庭计划项目（United Nations Family Planning Program），分别基于成功控制人口的乐观或悲观预测。

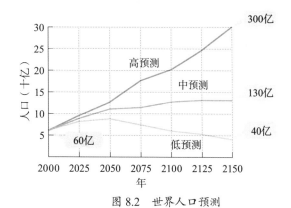

图 8.2 世界人口预测

来源：United Nations

a. 求出高预测数据下 2000 年至 2150 年的人口增长率。

b. 求出低预测数据下 2000 年至 2150 年的人口减少率。

解答

a. 使用图中的高预测数据。

$$增长的百分比 = \frac{增长的量}{原来的量}$$

$$= \frac{30-6}{6} = \frac{24}{6} = 4 = 400\%$$

预测人口增长率为 400%。

b. 使用图中的低预测数据。

$$减少的百分比 = \frac{减少的量}{原来的量}$$

$$= \frac{6-4}{6} = \frac{2}{6} = \frac{1}{3} = 0.33\frac{1}{3} = 33\frac{1}{3}\%$$

预测人口减少率为 $33\frac{1}{3}\%$。

在例 6 中，我们用 $33\frac{1}{3}\%$ 来表示人口减少率，这是因为 $\frac{1}{3} = 0.33\frac{1}{3}$。然而，在大多数情况下，我们需要四舍五入。我们建议保留百分数的十分位。在进行百分数增长与减少的分数除法中，保留小数点后四位。然后，四舍五入到小数点后三位，或千分位。将这个小数转换成百分数，保留百分数的十分位。

好问题!

我知道从 2 增加到 8 是增长了 300%。那么从 8 降低到 2 是降低了 300% 吗?

不是。注意下列例子之间的区别:

- 从 2 增加到 8

$$增长的百分比 = \frac{增长的量}{原来的量} = \frac{6}{2} = 3 = 300\%$$

- 从 8 降低到 2

$$减少的百分比 = \frac{减少的量}{原来的量} = \frac{6}{8} = \frac{3}{4} = 0.75 = 75\%$$

尽管从 2 增加到 8 是增长了 300%，但 8 降低到 2 不是降低了 300%。非负数的百分数的减少永远不会超过 100%。当一个量减少 100% 时，它就减少到零了。

☑ 检查点 6

a. 如果从 6 增加到 10，求出增长的百分数。

b. 如果从 10 减少到 6，求出减少的百分数。

例 7 求出减少的百分数

一件夹克平时卖 135 美元。销售价是 60.75 美元。求出夹克从原价减少到销售价时减少的百分数。

解答

$$减少的百分数 = \frac{减少的量}{原来的量}$$

$$= \frac{135.00 - 60.75}{135} = \frac{74.25}{135} = 0.55 = 55\%$$

夹克从原价减少到销售价减少的百分数是 55%。这意味着，夹克的销售价比原价低 55%。

☑ **检查点 7** 一台电视平时卖 940 美元。销售价是 611 美元。求出电视从原价减少到销售价时减少的百分数。

6 调查百分数的错误使用方式

百分数的错误使用方式

在下一个例子中，我们将学习一些百分数的错误使用方式。当百分数的增长或减少本身是一个百分数时，常常会让人混淆。

例 8 百分数的百分数

当 John Tesh 还是《今晚娱乐》节目的联合主持人时，他报道了 PBS《南北战争》的收视率是 13%，而 PBS 的常规收视率是 4%，他说："收视率增长超过了 300%。" Tesh 正确地报道了百分数的增长吗？

解答

我们从求出百分数的增长开始。

$$增长的百分比 = \frac{增长的量}{原来的量} = \frac{13\% - 4\%}{4\%}$$

$$= \frac{9\%}{4\%} = \frac{9}{4} = 2.25 = 225\%$$

PBS 的百分数增长是 225%，并没有超过 300%，因此 Tesh 没有正确地报道百分数的增长。

☑ **检查点 8** 一部电视剧某一集的收视率是 12%，平时收视率是 10%。这一集收视率的百分数增长是多少？

例 9 政客的承诺

一名政客声称，"如果你们给我投票，我承诺在前三年任期内，每年削减 10% 的税，三年一共削减 30%。"评价这名政客的话是否正确。

解答

为了简化问题，我们假设纳税人在该政客当选之前每年需要交 100 美元的税。第一年削减 10% 的税，即 100 美元的 10%。

当选之前交税的 10% = 100 美元的 10%

$$= 0.10 \times 100 美元 = 10 美元$$

第一年减了 10%，纳税人只需要在该政客的第一年任期内交 100 美元 - 10 美元 = 90 美元的税。

下面的表格显示了我们应该如何计算前三年任期减少的税额。

现在，我们可以计算三年一共削减了多少。

年数	之前的纳税额	减去 10%	该年的税额
1	100 美元	0.10×100美元 = 10美元	100美元 - 10美元 = 90美元
2	90 美元	0.10×90美元 = 9美元	90美元 - 9美元 = 81美元
3	81 美元	0.10×81美元 = 8.10美元	81美元 - 8.1美元 = 72.90美元

$$减少的百分比 = \frac{减少的量}{原来的量}$$

$$= \frac{100 - 72.90}{100} = \frac{27.10}{100} = \frac{27.1}{100} = 0.271 = 27.1\%$$

税额一共削减了 27.1%，而不是 30%。政客说三年一共削减 30%，这是不对的。我们的计算结果是这一承诺的反例，税额一共削减了 27.1%。

☑ 检查点 9 假设你交 1 200 美元的税。第一年，税额减少 20%。第二年税额增加 20%。

a. 第二年你交多少税？

b. 第二年你交的税与原来交的 1 200 美元相比，有什么变化？如果交的税不相同，求出增长或减少的百分数。

布利策补充

测试你的财务知识

下面有四道高中毕业生水平的财务知识测试题。你能答对吗？

1. 下面有关销售税的表述，哪一个是正确的？

　　A. 国家销售税率是6%

　　B. 联邦政府会从你的工资里扣销售税

　　C. 如果你的收入非常低，就不需要交销售税

　　D. 消费税让你买东西花钱更多

2. 如果你造成了一场事故，哪一种车险能够赔偿你自己车的损伤？

　　A. 综合险

　　B. 责任险

　　C. 定期险

　　D. 碰撞险

3. 下面哪种投资类型能够在通货膨胀突然加剧的情况下最好地保护家庭储蓄的购买力？

　　A. 公司发行的10年期债券

　　B. 银行的存单

　　C. 25年期的公司债券

　　D. 用固定利率抵押贷款购买的房子

4. 萨拉和约书亚刚生了一个孩子。他们收到了礼金，并想把这笔钱存起来给孩子上学。

下面哪一种理财手段在最长18年的期限内收益最高？

　　A. 活期账户

　　B. 股票

　　C. 美国政府储蓄债券

　　D. 储蓄账户

8.2

学习目标

学完本节之后，你应该能够：

1. 判断总收入、调整后的总收入和应纳税的收入。
2. 计算联邦所得税。
3. 计算FICA税。
4. 解决打工的学生与税款的问题。

所得税

在动画片《辛普森一家》的"数万亿的麻烦"剧集中，荷马在4月15日邮寄截止日期前两小时疯狂地汇总他的纳税申报单。在狂乱中，他对他的妻子喊道："玛姬，我们有多少个孩子，没时间数了，我算9个吧。如果有人问起，你就说你需要24小时护理，丽莎是个牧师，玛吉算7个人，巴特在越南受了伤。""酷！"巴特回道。

不仅仅是卡通人物被税收问题逼得发狂。平均每个美国人每年要缴纳超过1万美元的所得税。没错，缴税很重要，但一分钱也不能多。不了解联邦税收制度的人交的税往往比他们应该交的税要多。在本节中，你将学习如何确定和计算所得税，加强税收规划在个人财务中的作用。

付所得税

　　所得税是你的收入的一个百分数，由政府收取，以资助其服务和计划。联邦政府征收个人所得税，大多数（但不是全部）州政府也征收个人所得税。（阿拉斯加、佛罗里达、内华达、南达科他、得克萨斯、华盛顿和怀俄明不征收州所得税。）税收用于国防、消防和警察保护、道路建设、学校、图书馆和公园。如果没有税收，政府将无法进行医学研究，为老年人提供医疗护理，或将宇航员送入太空。

　　所得税是由雇主自动从你的工资中扣除的。扣缴联邦所得税的具体数额取决于你如何填写 W-4 表，也就是你开始新工作时填写的表格。

　　虽然美国国会决定联邦税法，但美国国税局（IRS）是执行法律和收税的政府机构。国税局是财政部的一个分支机构。

1　判断总收入、调整后的总收入和应纳税的收入

判断应纳税的收入

　　联邦所得税是你应纳税的收入的一个百分数，它是基于你在日历年（1 月到 12 月）的收入。当一年结束时，你必须在 4 月 15 日前提交你的纳税申报单。

　　计算你的联邦所得税从全年**总收入**开始。这包括工资、小费、投资利息或红利、失业补偿、企业利润、租金收入，甚至是比赛节目的奖金。无论这些奖金是现金还是汽车或假期之类的东西，都需要交税。

　　计算联邦所得税的下一步是确定**调整后的总收入**。调整后的总收入是用总收入减去某些允许的数额，即**调整额**。这些收入中不征税的部分包括对某些退休账户和延税储蓄计划的缴款、支付的学生贷款利息和赡养费。在传统的递税退休计划中，你可以从你的总收入中扣除你的全部缴款。当你退休后提取这笔钱时，才需要为这笔钱交税。

调整后的总收入 = 总收入 − 调整额

　　美国国税局的规则详细说明了可以从总收入中减去什么收入来确定调整后的总收入。

布利策补充

Willie Nelson 的调整额

1990 年，美国国税局给歌手 Willie Nelson 寄去了一张 3 200 万美元的账单。这是怎么回事？Willie 听从一个糟糕的建议，参与了一些他宣称是调整额的投资。这使他调整后的总收入减少到一个微不足道的数额，使得纳税额变得很少。美国国税局裁定这些"调整"是公然的避税计划。最终，Willie 和国税局决定将税额定在 900 万美元。

来源：Arthur J.Keown, *Personal Finance*, Fourth Edition, Pearson, 2007.

在计算税款之前，你有权从调整后的总收入中减去某些免税额和扣除。**免税额**是一个固定的数额，来源于你的收入所抚养的每一个人。你有权获得这个固定的金额（2016 年的金额为 4 050 美元），而且每个受抚养人都可以获得相同的金额。

标准扣除是你可以从调整后的总收入中一次性扣除的金额。美国国税局设定了这个金额。大多数年轻人接受标准扣除额的原因在于他们的经济状况相对简单，没有资格获得与拥有住房或做慈善捐款相关的大量扣除额。**分项扣除**是指，如果你已经产生了大量的可扣除费用，你单独列出的扣除项目。分项扣除包括房屋抵押贷款利息、州所得税、财产税、慈善捐款和超过调整后总收入 7.5% 的医疗费用。纳税人应选择标准扣除额或分项扣除额中较大的一个。

从调整后的总收入中减去免税额和扣除，我们就计算出了应纳税的收入。

应纳税的收入＝调整后的总收入－（免税额＋扣除）

例 1　总收入、调整后的总收入与应纳税的收入

一名单身男子的工资是 46 500 美元，他从储蓄账户中获得 1 850 美元的利息，在电视游戏节目中获得 15 000 美元的奖金，并为一个延税储蓄计划贡献了 2 300 美元。他有权获得 4 050 美元的个人免税额，以及 6 300 美元的标准扣除。他的

房屋抵押贷款利息为 6 500 美元，交了 2 100 美元的财产税和 1 855 美元的州税，还捐了 3 000 美元给慈善机构。

a. 求出这名男子的总收入。

b. 求出这名男子调整后的总收入。

c. 求出这名男子应纳税的收入。

解答

a. 总收入指的是这个人的全部收入，包括工资、储蓄账户的利息和电视游戏节目的奖金。

总收入 = 46 500美元 + 1 850美元 + 15 000美元 = 63 350美元

报酬   已获利息   游戏节目的奖金

总收入为 63 350 美元。

b. 调整后的总收入是总收入减去调整额。本例中调整额是为延税储蓄计划贡献的 2 300 美元。尽管他在取出这笔钱的时候需要交税，但计算这一年的调整后的总收入时需要减去这个调整额。

调整后的总收入 = 总收入 – 调整额
= 63 350美元 – 2 300美元 = 61 050美元

对延税储蓄计划的贡献

调整后的总收入为 61 050 美元。

c. 我们需要从调整后的总收入中减去免税额和扣除。这名纳税人的个人免税额是 4 050 美元，标准扣除是 6 300 美元。然而，分项扣除是大于 6 300 美元的扣除。

房屋抵押贷款利息   财产税   慈善机构   州税

分项扣除 = 6 500美元 + 2 100美元 + 1 855美元 + 3 000美元
= 13 455美元

我们之所以选择 13 455 美元的分项扣除，是因为这个金额要比标准扣除的 6 300 美元大。

应纳税的收入 = 调整后的总收入 – （免税额 + 扣除）
= 61 050美元 – (4 050美元 + 13 455美元)

$$= 61\,050\text{美元} - 17\,505\text{美元}$$
$$= 43\,545\text{美元}$$

应纳税的收入是 43 545 美元。

与联邦税有关的收入术语总结

总收入是一年的全部收入。

调整后的总收入 = 总收入 − 调整额

应纳税的收入 = 调整后的总收入 −（免税额 + 扣除）

☑ **检查点 1** 一名单身女子的工资是 87 200 美元，她从储蓄账户中获得 2 680 美元的利息，并为一个延税储蓄计划贡献了 3 200 美元。她有权获得 4 050 美元的个人免税额，以及 6 300 美元的标准扣除。她的房屋抵押贷款利息为 11 700 美元，交了 4 300 美元的财产税和 5 220 美元的州税，还捐了 15 000 美元给慈善机构。

　　a.求出这名女子的总收入。

　　b.求出这名女子调整后的总收入。

　　c.求出这名女子应纳税的收入。

---

2 计算联邦所得税

计算联邦所得税

　　税表是根据你的应纳税收入来确定你应该交多少税的表。然而，如果你有资格享受任何税收抵免，就不必支付这么多的税。**税收抵免**是指以抵免额全额抵免要交的所得税。

　　大多数人在一年中支付部分或全部税款。如果你有工作，你的雇主会根据你工资总额的一个百分比扣缴联邦税。如果你是自由工作者，你通过季度预估税来支付你的税款。

　　当你提交纳税申报单时，你所做的就是与美国国税局就你当年支付的税额与你应交的联邦所得税进行清算。许多人会在一年中支付超过他们应交的钱，在这种情况下，他们会得到退税。还有一些人没有支付足够的钱，需要在截止日期前将剩下的钱交给国税局。

布利策补充

减少一部分税款

税收抵免和税收扣除是不一样的。税收扣除减少了应纳税收入，只少扣了税收扣除的一部分。税收抵免减少了抵免额全额的所得税。从捐献肾脏到购买太阳能系统，任何事情都可以获得抵免。美国机会信贷，包含在 2009 年的经济刺激计划中，为每个学生提供高达 2 500 美元的税收抵免。这个抵免可以用来降低大学前四年的费用。在合格的大学费用中，你可以申请第一个 2 000 美元

的 100% 的抵免，下一个 2 000 美元的 25% 的抵免。值得注意的是，40% 的抵免是可退还的。这意味着即使你没有任何应纳税收入，你也可以从政府收到一张高达 1 000 美元的支票。

税务抵免在政府想要鼓励的各种活动中获得。因为税务抵免在你的税单中代表着一美元对一美元的减免，所以了解你的税务抵免是值得的。

计算联邦所得税

所有金额都要保留到整美元。

1. 求出你调整后的总收入：

调整后的总收入＝总收入－调整额

> 本年度所有收入，包括工资、小费、投资收入和失业补偿

> 包括延税储蓄计划和大学费用的百分比

2. 求出你应纳税的收入：

应纳税的收入＝调整后的总收入－（免税额＋扣除）

> 个人有一个固定的数额（2016 年为 4 050 美元）并且对每个受抚养者的金额都是相同的

> 选择标准扣除或分项扣除，包括房屋抵押贷款利息、州所得税、财产税、慈善捐款和超过调整后总收入 7.5% 的医疗费用

3. 求出你的所得税：

所得税＝税收计算－税收抵免

> 对于你的申报身份（单身、已婚等），使用你的应纳税收入和税率来确定这个金额

> 议员们已经颁布了许多税收抵免措施来帮助支付大学费用

表 8.1 显示了 2016 年上述四种申报状态类别的税率、标准扣除和免税额。左边一栏的税率称为边际税率，被分配到不同的收入范围，称为边际。例如，假设你是单身，你的应纳税收入是 25 000 美元。表格的那列显示你必须为前 9 275 美元付 10% 的税，也就是：

$$9\,275美元的10\% = 0.10 \times 9\,275美元 = 927.50美元$$

你还必须交剩下的 15 725 美元（ 25 000美元 – 9 275美元 = 15 725美元 ）的税，也就是：

$$15\,725美元的15\% = 0.15 \times 15\,725美元 = 2\,358.75美元$$

表 8.1　2016 年的边际税率标准扣除和免税额

税率等级	单身 （未婚、离婚或合法分居）	已婚，分别申请 （已婚，每位伴侣分别申请交税）	已婚，联合申请 （已婚，两位伴侣填一张税表）	户主 （未婚，并且付超过一半的儿童或父母的赡养费）
10%	低于 9 275 美元	低于 9 275 美元	低于 18 550 美元	低于 13 250 美元
15%	大于 9 276 美元 小于 37 650 美元	大于 9 276 美元 小于 37 650 美元	大于 18 551 美元 小于 75 300 美元	大于 13 251 美元 小于 50 400 美元
25%	大于 37 651 美元 小于 91 150 美元	大于 37 651 美元 小于 75 950 美元	大于 75 301 美元 小于 151 900 美元	大于 50 401 美元 小于 130 150 美元
28%	大于 91 151 美元 小于 190 150 美元	大于 75 951 美元 小于 115 725 美元	大于 151 901 美元 小于 231 450 美元	大于 130 151 美元 小于 210 800 美元
33%	大于 190 151 美元 小于 413 350 美元	大于 115 726 美元 小于 206 675 美元	大于 231 451 美元 小于 413 350 美元	大于 210 801 美元 小于 413 350 美元
35%	大于 413 351 美元 小于 415 050 美元	大于 206 676 美元 小于 233 475 美元	大于 413 351 美元 小于 466 950 美元	大于 413 351 美元 小于 441 000 美元
39.6%	超过 415 050 美元	超过 233 475 美元	超过 466 950 美元	超过 441 000 美元
标准扣除	6 300 美元	6 300 美元	12 600 美元	9 300 美元
免税额（每人）	4 050 美元	4 050 美元	4 050 美元	4 050 美元

　　你的总税额是 927.50美元 + 2 358.75美元 = 3 286.25美元。在本例中，你的边际税率是 15%，且你处在 15% 的纳税等级。

例 2　计算联邦所得税

　　计算一名没有抚养对象的单身女性的联邦所得税。她的总收入、调整额、扣除和抵免分别如下框里信息所示。使用表 8.1 中的 2016 年的边际税率。

> **没有抚养对象的单身女性**
>
> 总收入：62 000 美元
>
> 调整额：付给延税个人退休账户 4 000 美元
>
> 扣除：
> - 7 500 美元：抵押利息
> - 2 200 美元：财产税
> - 2 400 美元：慈善捐款
> - 1 500 美元：保险之外的医疗支出
>
> 税务抵免：500 美元

解答

步骤 1　求出调整后的总收入。

$$调整后的总收入 = 总收入 - 调整额$$
$$= 62\,000美元 - 4\,000美元$$
$$= 58\,000美元$$

步骤 2　求出应纳税的收入。

$$应纳税的收入 = 调整后的总收入 - (免税额 + 扣除)$$
$$= 58\,000美元 - (4\,050美元 + 扣除)$$

> 表 8.1 中的单列显示个人免税额为 4 050 美元

> 表 8.1 中的单列显示了一个金额为 6 300 美元的标准扣除，通过分项计算可以得到更大的扣除

分项扣除

- 7 500 美元：抵押利息
- 2 200 美元：财产税
- 2 400 美元：慈善捐款

1500 美元：保险之外的医疗支出

12 100 美元：扣除的总金额

我们将 12 100 美元代入应纳税收入公式中的扣除。

$$应纳税的收入 = 调整后的总收入 - (免税额 + 扣除)$$
$$= 58\ 000美元 - (4\ 050美元 + 12\ 100美元)$$
$$= 58\ 000美元 - 16\ 150美元$$
$$= 41\ 850美元$$

步骤 3　求出所得税。

$$所得税 = 税收计算 - 税收抵免$$
$$= 税收计算 - 500美元$$

我们使用表 8.1 中的税率计算税额，部分表格如下所示。该纳税人的应纳税收入为 41 850 美元，大于 37 651 美元小于 91 150 美元，因此她处于 25% 税率等级。这意味着，在她的应纳税收入中，前 9 275 美元需要交 10% 的税，大于 9 276 美元小于 37 650 美元的部分需要交 15%，超过 37 650 美元的部分需要交 25% 的税。

税率等级	单身
10%	低于 9 275 美元
15%	大于 9 276 美元小于 37 650 美元
25%	大于 37 651 美元小于 91 150 美元

应纳税收入的前 9 275 美元的边际税率为 10%

应纳税收入在 9 276 美元至 376 650 美元之间的边际税率为 15%

应纳税收入超过 37 650 美元的边际税率为 25%

$$税收计算 = 0.10 \times 9\ 275美元 + 0.15 \times (37\ 650美元 - 9\ 275美元) + 0.25 \times (41\ 850美元 - 37\ 650美元)$$
$$= 0.10 \times 9\ 275美元 + 0.15 \times 28\ 375美元 + 0.25 \times 4\ 200美元$$
$$= 927.50美元 + 4\ 256.25美元 + 1\ 050.00美元$$
$$= 6\ 233.75美元$$

我们把 6 233.75 美元代入所得税计算公式中的税收计算。

$$所得税 = 税收计算 - 税收抵免$$
$$= 6\,233.75 美元 - 500 美元$$
$$= 5\,733.75 美元$$

她需要交 5 733.75 美元的联邦所得税。

☑ **检查点 2**　使用表 8.1 中的 2016 年边际税率来计算一名没有抚养对象的单身男性的联邦所得税。他的总收入、调整额、扣除和抵免分别如下所示：

总收入：40 000 美元

调整额：1 000 美元

扣除：3 000 美元：慈善捐款

1 500 美元：盗窃损失

300 美元：税务筹划费用

税收抵免：无。

3　计算 FICA 税　　社会保障和医疗保险（FICA）

除了所得税，我们还需要付给联邦政府 FICA（联邦社会保险捐款法）税，用于社会保障与医疗保险。

社会保险向符合条件的退休人员、有健康问题的人、符合条件的死者家属和残疾公民支付金额。医疗保险主要提供给 65 岁及以上的美国人。

2016 年的 FICA 税率如表 8.2 所示。

表 8.2　FICA 税率

雇员的税率	雇主支付的对应税率	自由职业者的税率
• 收入前 118 500 美元的 7.65% • 收入超过 118 500 美元部分的 1.45%	• 收入前 118 500 美元的 7.65% • 收入超过 118 500 美元部分的 1.45%	• 收入前 118 500 美元的 15.3% • 收入超过 118 500 美元部分的 2.9%

当纳税者在计算 FICA 税时，不允许减去调整额、免税额或扣除。

例 3　计算 FICA

如果你不是自由职业者，收入是 150 000 美元，你应该交

布利策补充

百分数与税率

　　在 1944 年和 1945 年，美国最高的边际税率高达94%。20 世纪 50 年代，最高收入人群的税率大约保持在 90%，在 20 世纪 60 年代和 70 年代降低到 70%，又在 80 年代早期降低到 50%。最后在1998 年降低到第二次世界大战以来最低的 28%。

来源：IRS

4　解决打工的学生与税款的问题

多少 FICA 税？

　解答

　　应该交的 FICA 税是收入前 118 500 美元的 7.65% 和收入超过 118 500 美元部分的 1.45%。

$$FICA税 = 0.076\,5 \times 118\,500美元 + 0.014\,5 \times (150\,000美元 - 118\,500美元)$$
$$= 0.076\,5 \times 118\,500美元 + 0.014\,5 \times 31\,500美元$$
$$= 9\,065.25美元 + 456.75美元$$
$$= 9\,522.00美元$$

　　你应该交 9 522 美元 FICA 税。

☑ **检查点 3**　如果你不是自由职业者，收入是 200 000 美元，你应该交多少 FICA 税？

打工的学生与税款

　　对于做兼职的学生来说，赚一笔钱挺不错的。但是，因为雇主要交联邦和州税，还有 FICA 税，你到手的钱可能要比想象的少。

　　附在你的工资支票上的工资单提供了很多关于你赚到的钱的信息，包括你的**总工资**和**净工资**。总工资，也称为**基本工资**，是你在支票所涵盖的工资扣除任何扣缴税款之前的工资。你的总工资是你在不扣除任何费用的情况下所得到的报酬。**净工资**是扣除税款后你工资支票的实际金额。

例 4　　打工学生的税款

　　你想要赚点零花钱，所以决定在本地健身房打工。这份工作每小时 15 美元，一周工作 20 小时。你的雇主把你总工资的10% 拿去交联邦税，7.65% 交 FICA 税，还有 3% 交州税。

　　a. 你一周的总工资是多少？

　　b. 你一周要交多少联邦税？

　　c. 你一周要交多少 FICA 税？

　　d. 你一周要交多少州税？

　　e. 你一周的净工资是多少？

　　f. 你一周一共交了总工资的百分之多少的税？保留一位小数。

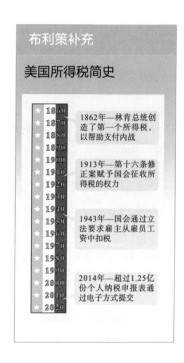
解答

a. 你一周的总工资是工作时间（20 小时）乘以时薪（15 美元）。

$$总工资 = 20小时 \times \frac{15美元}{小时} = 20 \times 15美元 = 300美元$$

你一周的总工资是 300 美元，也就是什么都不扣的工资是 300 美元。

b. 你的雇主要交总工资的 10% 作为联邦税，

$$联邦税 = 300美元的10\% = 0.10 \times 300美元 = 30美元$$

你一周要交 30 美元的联邦税。

c. 你的雇主要交总工资的 7.65% 作为 FICA 税，

$$FICA税 = 300美元的7.65\% = 0.076\,5 \times 300美元 = 22.95美元$$

你一周要交 22.95 美元的 FICA 税。

d. 你的雇主要交总工资的 3% 作为州税，

$$州税 = 300美元的3\% = 0.03 \times 300美元 = 9美元$$

你一周要交 9 美元的州税。

e. 你一周的净工资是总工资减去交的税额，即减去联邦税、FICA 税和州税。

$$
\begin{aligned}
净工资 &= 300美元 - (30美元 + 22.95美元 + 9美元) \\
&= 300美元 - 61.95美元 \\
&= 238.05美元
\end{aligned}
$$

你一周的净工资是 238.05 美元。

f. 根据 e 小题可知，你一周一共交了 61.95 美元的税。交的税额除以总工资，我们就得到了交税的百分比。

$$交税的百分比 = \frac{61.95美元}{300美元} = 0.206\,5 = 20.65\% \approx 20.7\%$$

你的雇主每周从你的总工资里拿走 61.95 美元用来交税，大约是你总工资的 20.7%。

图 8.3 显示了例 4 中打工学生的工资单。

工资单附在你的工资支票上，通常包含四个部分：

● 雇员的个人信息：包括你的姓名、地址、社保号和婚姻状况。

- 收入信息：包括你的时薪、当前薪资期的工作时间，以及从年初至今的工作时间，通常是从当年 1 月 1 日起的工作时间（当年的第一笔工资可能会包括上一年 12 月的部分），当前薪资期的收入和从年初至今的收入。
- 扣税信息：汇总当前薪资期的扣税和从年初至今的扣税。
- 当前薪资期和从年初至今的总工资、总扣除和净工资。

YOUR WORKPLACE 10 MAIN STREET ANY TOWN, STATE	YOUR NAME YOUR ADDRESS YOUR CITY, STATE, ZIP CODE SSN: 000-00-0000		Pay End Date: 0/00/16	
			Federal	State
			Single 1	Single 1
HOURS AND EARNINGS				
Current			Year to Date	
Base Rate ($15 per hour)	Hours	Earnings	Hours	Earnings
	20	$300	400	$6 000
TAXES				
Description:	Current		Year to Date	
Federal 联邦税	$30.00		$600.00	
FICA	$22.95		$459.00	
State　州税	$ 9.00		$180.00	
TOTAL	$61.95		$1 239.00	
	Current		Year to Date	
TOTAL GROSS 总工资	$300.00		$6 000.00	
TOTAL DEDUCTIONS 总扣除	$ 61.95		$1 239.00	
NET PAY 净工资	$238.05		$4 761.00	

图 8.3　打工学生的工资单

☑ **检查点 4**　你决定在本地托儿所打工。这份工作每小时 16 美元，一周工作 15 小时。你的雇主把你总工资的 10% 拿去交联邦税，7.65% 交 FICA 税，还有 4% 交州税。

　　a. 你一周的总工资是多少？

　　b. 你一周要交多少联邦税？

　　c. 你一周要交多少 FICA 税？

　　d. 你一周要交多少州税？

　　e. 你一周的净工资是多少？

　　f. 你一周一共交了总工资的百分之多少的税？保留一位小数。

8.3

单利

1626 年，彼得·米纽伊特说服瓦平格尔的印第安人以 24 美元的价格将曼哈顿岛卖给他。如果印第安人把这 24 美元以每月 5% 的复利存入银行，到 2020 年，账户里将会有超过 80 亿美元！

虽然你可能还不明白利率和每月复利等术语，但是似乎清楚一件事：某些储蓄账户中的钱以非凡的速度增长。你也可以利用这些账户，得到惊人的结果。在接下来的两节中，我们将向你展示如何做到。

1　计算单利

单利

利息是我们贷款或投资所赚到的钱，或者我们向别人借钱所支付的钱。当我们把钱存入储蓄机构时，该机构会因为使用这笔钱而支付给我们利息。当我们借钱时，利息是我们为使用这笔钱而付出的代价，直到我们还完钱为止。

我们存或借的钱的数量叫作**本金**。例如，如果你在储蓄账户中存入 2 000 美元，那么 2 000 美元就是本金。利息的多少取决于本金、利率（以百分数的形式给出，各银行的利率各不相同）以及存款时间的长短。在本节中，假定利率为年（每年）。

单利指的是仅按本金计算的利息。我们可以使用下面的公式求单利：

> **计算单利**
>
> $$利息 = 本金 \times 利率 \times 存款时间$$
> $$I = Prt$$
>
> 计算单利时，利率 r 以小数的形式出现。

从本节一直到本章结束，记住所有给出的利率都是年利率，除非另有说明。

例 1　计算一年的单利

你在家乡银行的储蓄账户里存了 2 000 美元，利率是 6%。求出第一年结束的利息。

解答

要想求出第一年结束的利息，我们需要使用单利公式：

$$I = Prt = (2\,000)(0.06)(1) = 120$$

本金，或存款金额为 2 000 美元　｜　利率为 6%=0.06　｜　期限为 1 年

第一年结束时，利息是 120 美元。你可以取出 120 美元，储蓄账户里还有 2 000 美元本金。

☑ **检查点 1**　你在家乡银行的储蓄账户里存了 3 000 美元，利率是 5%。求出第一年结束的利息。

例 2　计算超过一年的单利

一名学生贷款 1 800 美元买二手车，为期两年，利率是 8%。贷款的利息一共是多少？

解答

要想求出贷款的利息，我们需要使用单利公式：

$$I = Prt = (1800)(0.08)(2) = 288$$

本金，或贷款金额为 1 800 美元　｜　利率是 8%=0.08　｜　期限是两年

贷款的利息是 288 美元。

☑ **检查点 2**　一名学生贷款 2 400 美元，为期两年，利率是 7%。贷款的利息一共是多少？

很多短期贷款用的是单利，包括汽车贷款与消费贷款。想象一下 125 天的短期贷款。因为一年有 365 天，所以贷款的时间是 $\frac{125}{365}$。然而，在现代的计算器和计算机出现之前，**银行家规则**允许金融机构将分母简化为 360，这样单利计算能够得到简化。使用银行家规则，125 天的短期贷款的时间 t 如下所示：

$$\frac{125\,\text{天}}{360\,\text{天}} = \frac{125}{360}$$

比较分母分别为 360 和 365 的 125 天的短期贷款的时间 t。

$$\frac{125}{360} \approx 0.347 \qquad \frac{125}{365} \approx 0.342$$

当分母是 360 时，贷款时间更长，利息更多，银行因而获取更多利益。

随着计算器和计算机的广泛使用，政府机构和联邦储备银行用一年 365 天计算单利，许多信用合作社和银行也是这样做的。然而，仍有一些金融机构使用一年按 360 天计的银行家规则，因为这样能产生更多的利息。

2 使用终值公式

终值：本金加利息

当偿还贷款时，利息加到原始本金上，得到到期总金额。在例 2 中，在两年到期时，该学生需要偿还：

本金 + 利息 = 1 800美元 + 288美元 = 2 088美元

一般来说，如果本金 P 按照单利利率 r 计算，那么在 t 年后，到期总金额 A 可由下列公式计算：

$$A = P + I = P + Prt = P(1+rt)$$

到期总金额 A 被称为贷款的终值。当前借的本金 P 被称为贷款的现值。

> **计算单利的终值**
>
> 为期 t 年、单利利率为 r 的 P 美元的终值 A 可由下列公式表示：
>
> $$A = P(1+rt)$$

技术

1060[1+(0.065)(0.25)]

科学计算器

1060 × (1 + .065 × .25) =

例 3 计算终值

一笔 1 060 美元的贷款的利率是 6.5%，为期三个月。求出这笔贷款的终值。

解答

贷款金额（或本金）P 是 1 060 美元。利率 r 是 6.5%（或 0.065）。时间 t 是三个月。因为利率是按年给出的，所以我们需要将时间 t 转换成年。因为三个月是一年的 $\frac{3}{12}$，所

以 $t = \dfrac{3}{12} = \dfrac{1}{4} = 0.25$。

贷款的终值（或三个月后到期的总金额），如下所示：

$$A = P(1+rt) = 1060\big[1 + (0.065)(0.25)\big] 美元 \approx 1077.23 美元$$

保留两位小数，这笔贷款的终值是 1077.23 美元。

☑ **检查点 3** 一笔 2 040 美元的贷款的利率是 7.5%，为期四个月。求出这笔贷款的终值。

例 4 通过省钱来赚钱

假设你每周有五天每天花 4 美元买精制咖啡。

a. 你一年要花多少钱买精制咖啡？

b. 如果你把一年买精制咖啡的钱用来投资，存入利率为 5% 的储蓄账户中，一年后你能得到多少钱？

解答

a. 因为你每周有五天每天花 4 美元，你每周花：

$$\frac{4 美元}{天} \times \frac{5 天}{周} = \frac{4 美元 \times 5}{周} = \frac{20 美元}{周}$$

即每周花 20 美元买精制咖啡。假设一年 52 周，周周如此，你一年要花：

$$\frac{20 美元}{周} \times \frac{52 周}{年} = \frac{20 美元 \times 52}{年} = \frac{1040 美元}{年}$$

即你一年要花 1 040 美元买精制咖啡。

b. 现在假设你把这 1 040 美元用来投资，存入利率为 5% 的储蓄账户中。要想求出一年后的存款，我们使用单利的终值公式。

$$A = P(1+rt) = 1\,040\big[1 + (0.05)(1)\big] = 1\,040(1.05) = 1\,092$$

如果你放弃每天的精制咖啡，一年就能存到 1 092 美元。

☑ **检查点 4** 除了危害健康，抽烟还是一个花钱的嗜好。例如，假设一个人一天花 5 美元抽一包烟，一周抽七天。

a. 这个人一年要花多少钱抽烟？

b. 如果这个人把一年的烟钱存入储蓄账户，利率为 4%，一年后能得到多少钱？

终值公式 $A = P(1 + rt)$ 有四个变量。如果我们知道任意三个变量，就能求出第四个变量。

例 5　求出单利利率

你向一名朋友借了 2 500 美元，并承诺六个月后还 2 655 美元。你借钱的单利利率是多少？

解答

我们使用终值公式 $A = P(1 + rt)$ 来解决问题。你借了 2 500 美元：$P = 2\,500$。你要还 2 655 美元：$A = 2\,655$。你六个月后还钱，用年来表示就是：$t = \dfrac{6}{12} = \dfrac{1}{2} = 0.5$。要想求出借钱的单利利率，我们需要解终值公式中的 r。

$A = P(1 + rt)$	这是终值公式
$2\,655 = 2\,500\big[1 + r(0.5)\big]$	代入给定值
$2\,655 = 2\,500 + 1\,250r$	使用分配律
$155 = 1\,250r$	两边同时减 2 500
$\dfrac{155}{1\,250} = \dfrac{1\,250r}{1\,250}$	两边同时除以 1 250
$r = 0.124 = 12.4\%$	用百分数表示 $\dfrac{155}{1\,250}$

你借钱的单利利率是 12.4%。

☑ **检查点 5**　你向一名朋友借了 5 000 美元，并承诺两年后还 6 800 美元。你借钱的单利利率是多少？

例 6　求出现值

你计划在两年内存到 2 000 美元去欧洲旅游。你决定在银行中存款，单利利率是 4%。你需要存多少钱，才能在两年后得到 2 000 美元？

当我在求现值的时候，应该怎么四舍五入?

当你在计算现值的时候，要把本金或现值向上近似。要保留两位小数，你需要在百分位上加 1，不管它右边的小数是多少。这样，你就能保证未来有足够的钱达到目标。

解答

我们使用终值公式 $A = P(1+rt)$ 解决此问题。我们需要根据终值求出本金 P，或现值。

$$A = P(1+rt)$$ 这是终值公式

$$2\,000 = P\big[1+(0.04)(2)\big]$$ A（终值）=2 000 美元，r（利率）=0.04，t=2

$$2\,000 = 1.08P$$ 化简

$$\frac{2\,000}{1.08} = \frac{1.08P}{1.08}$$ 两边同时除以 1.08

$$P \approx 1\,851.852$$ 化简

要想确保你有足够的钱去旅行，我们把这个现值四舍五入到 1 851.86 美元。因此，你需要存 1 851.86 美元，才能在两年后得到 2 000 美元。

☑ **检查点 6** 如果你需要在六个月后得到 4 000 美元，你需要在单利利率 8% 的投资中投入多少钱?

8.4

学习目标

学完本节之后，你应该能够:

1. 使用复利公式。
2. 计算现值。
3. 理解并计算实际年收益率。

复利

曼哈顿在 1626 年的现值，也就是支付给印第安人的 24 美元，在利率仅为 5% 的情况下，是如何在 394 年后的 2020 年，达到超过 80 亿美元的终值的? 毕竟，394 年后，单利 5% 的 24 美元的终值为

$$A = P(1+rt)$$

$$= 24\big[1+(0.05)(394)\big]$$

$$= 496.8$$

496.80 美元与 80 亿美元相比显得微不足道。要想理解这种终值的巨大差异，我们需要理解**复利**的概念。

1 使用复利公式

复利

复利是根据原始本金和任何累积利息计算的利息。许多储

蓄账户支付复利。例如，假设你以 5% 的利率将 1 000 美元存入一个储蓄账户。表 8.3 显示如果利息自动加到本金上，投资是如何增长的。

表 8.3　计算复利账户中的金额

年份	起始金额	年末账户金额
1	1 000 美元	A=1 000(1+0.05)=1 050 美元
2	1 050 美元 或 1 000(1+0.05) 美元	A=1 050(1+0.05)=1 102.50 美元 或 A=1 000(1+0.05)(1+0.05) =1 000(1+0.05)^2 美元
3	1 102.50 美元 或 1 000(1+0.05)^2 美元	A=1 102.50(1+0.05)≈1 157.63 美元 或 A=1 000(1+0.05)(1+0.05)(1+0.05) =1 000(1+0.05)^3 美元

> 使用 $A=P(1+rt)$，r=0.05，t=1，即 $A=P$ (1+0.05)

使用归纳推理法，我们可以得到 t 年后的账户金额 A 等于原始本金 1 000 美元乘以 $(1+0.05)^t$：$A=1\,000(1+0.05)^t$。

如果原始本金是 P，利率是 r，我们可以使用相同的方法求出复利账户里的金额 A。

计算年付利息的复利账户的金额

如果原始本金是 P，复利利率是 r（小数形式），那么 t 年后账户中的金额 A 由下列公式表示：

$$A = P(1+r)^t$$

金额 A 称为账户的终值，而本金 P 称为现值。

例 1　使用复利计算公式

你在家乡银行存了 2 000 美元，年复利利率是 6%。

a. 求出三年后账户的金额 A，按每年复利一次，保留两位小数。

b. 求出利息。

解答

a. 原始本金是 2 000 美元，复利利率是 6% 或 0.06。储蓄时间 t 是三年。三年后账户的金额如下所示：

$$A = P(1+r)^t = 2\,000(1+0.06)^3 = 2\,000(1.06)^3 \approx 2\,382.03$$

保留两位小数，三年后账户的金额是 2 382.03 美元。

b. 因为账户内的金额是 2 382.03 美元，本金是 2 000 美元，利息是 $2\,382.03 - 2\,000 = 382.03$ 美元。

☑ **检查点 1**　你在一家银行存了 1 000 美元，年复利利率是 4%。

a. 求出五年后账户的金额 A，按每年复利一次，保留两位小数。

b. 求出利息。

计算一年多付的复利

两次利息支付之间的那段时间称为**复利期**。当复利每年支付一次时，复利期为一年，我们说它是**年复利**。

大多数储蓄机构都有每年支付超过一次利息的计划。如果复利每年支付两次，复利期为六个月。我们说利息**半年复利**。当复利每年支付四次时，复利期为三个月，利息称为**季度复利**。有些计划允许月度复利或每日复利。

一般来说，当一年支付 n 次复利时，我们说每年有 n 个复利期。表 8.4 显示了三种最常用的每年支付超过一次利息的计划。

表 8.4　利息计划

名称	每年复利期的个数	每个复利期的长度
半年复利	$n=2$	6 个月
季度复利	$n=4$	3 个月
月度复利	$n=12$	1 个月

下面的公式用来计算一年有 n 个复利期的复利账户金额。

计算一年 n 付利息的复利账户的金额

如果原始本金是 P，复利利率是 r（小数形式），一年有 n 个复利期，那么 t 年后账户中的金额 A 由下列公式表示：

$$A = P\left(1+\frac{r}{n}\right)^{nt}$$

金额 A 称为账户的终值，而本金 P 称为现值。

例 2　使用复利计算公式

你在一家银行存了 7 500 美元，月度复利利率是 6%。

a. 求出五年后账户的金额。

b. 求出五年的利息。

解答

a. 原始本金 P 是 7 500 美元，复利利率 r 是 6% 或 0.06。因为这是月度复利，一年有 12 个复利期，所以 $n=12$。储蓄时间 t 是五年。五年后账户的金额如下所示：

$$A = P\left(1+\frac{r}{n}\right)^{nt} = 7\,500\left(1+\frac{0.06}{12}\right)^{12\cdot5} = 7\,500(1.005)^{60} \approx 10\,116.38$$

保留两位小数，五年后账户的金额是 10 116.38 美元。

b. 因为五年后账户的金额是 10 116.38 美元，而原始本金是 7 500 美元，所以五年的利息是 10 116.38 − 7 500 = 2 616.38 美元。

☑ **检查点 2**　你在一家银行存了 4 200 美元，季度复利利率是 4%。

a. 求出十年后账户的金额。保留两位小数。

b. 求出十年的利息。

好问题！

我可以用一年 n 付利息的复利公式计算年复利吗?

可以。如果 $n=1$（利息一年一付），公式 $A=P\left(1+\frac{r}{n}\right)^{nt}$ 就成了 $A=P\left(1+\frac{r}{1}\right)^{1t}$ 或 $A=P(1+r)^{t}$。

这表明了，年复利账户金额只是一年 n 付利息复利账户金额通用公式的一个应用。只要记住了这个通用公式，你就不需要再记忆年复利公式了。

表 8.5　随着 n 的值越来越大，表达式 $\left(1+\frac{1}{n}\right)^{n}$ 的值越来越接近无理数 e

n	$\left(1+\frac{1}{n}\right)^{n}$
1	2
2	2.25
5	2.488 32
10	2.593 742 46
100	2.704 813 829
1 000	2.716 923 932
10 000	2.718 145 927
100 000	2.718 268 237
1 000 000	2.718 280 469
1 000 000 000	2.718 281 827

连续复利

有些银行是**连续复利**，其中复利期无限增加（每万亿分之一秒的复利，每千万亿分之一秒的复利，等等）。随着复利期 n 的值无限增加，表达式 $\left(1+\frac{1}{n}\right)^{n}$ 的值越来越接近无理数 e（e=2.718 28），如表 8.5 所示。结果，一年 n 付利息的复利账户金额的公式 $A=P\left(1+\frac{r}{n}\right)^{nt}$ 成为了连续复利公式 $A=Pe^{rt}$。尽管连续复利听起来很惊人，但是它一年的利息只比每日复利多一个百分点。

连续复利的公式

原始本金是 P，复利利率是 r（小数形式），t 年后的账户金额 A 由下列公式表示：

1. 一年 n 付：$A = P\left(1+\dfrac{r}{n}\right)^{nt}$

2. 连续复利：$A = Pe^{rt}$

技术

你可以用计算器上的 $\boxed{e^x}$ 键来计算 e。使用这个键输入 e^1，并确认 $e \approx 2.718\,28$。

科学计算器

$1\ \boxed{e^x}$

图形计算器

$\boxed{e^x}\ 1\ \boxed{\text{ENTER}}$

例 3 选择投资方式

你决定将 8 000 美元投资六年，并在两种投资方式之间选择。第一种月度复利利率为 7%。第二种连续复利利率是 6.85%。哪一种投资方式更好？

解答

更好的投资方式是六年后利息最高的那种方式。我们从月度复利方式开始计算。我们将 $P = 8\,000$，$r = 7\% = 0.07$，$n = 12$（月度复利意味着每年有 12 个复利期）和 $t = 6$ 代入计算一年 n 付利息的复利账户金额的公式：

$$A = P\left(1+\frac{r}{n}\right)^{nt} = 8\,000\left(1+\frac{0.07}{12}\right)^{12\cdot 6} \approx 12\,160.84$$

六年后的账户金额约为 12 160.84 美元。

对于第二种投资方式，我们将 $P = 8\,000$，$r = 6.85\% = 0.068\,5$ 和 $t = 6$ 代入连续复利公式：

$$A = Pe^{rt} = 8\,000e^{0.068\,5(6)} \approx 12\,066.60$$

六年后的账户金额约为 12 066.60 美元，比第一种方式稍微低一点。因此，第一种月度复利利率为 7% 的投资方式更好。

技术

计算 $8\,000e^{0.068\,5(6)}$ 的计算器按键顺序如下所示。

科学计算器：

$8000\ \boxed{\times}\ \boxed{(}\ .0685\ \boxed{\times}\ 6\ \boxed{)}\ \boxed{e^x}\ \boxed{=}$

图形计算器：

$8000\ \boxed{e^x}\ \boxed{(}\ .0685\ \boxed{\times}\ 6\ \boxed{)}\ \boxed{\text{ENTER}}$

☑ **检查点 3** 10 000 美元的钱拿去投资，年利率是 8%。分别求出按下面两种投资方式五年后的账户金额：

a. 季度复利　　b. 连续复利

2　计算现值

用复利规划未来

　　和8.3节一样，我们可以根据金额 A 求出本金或现值 P。如果一个账户通过复利获得某金额的终值，那么今天应该投资多少钱就可以通过解 P 的复利公式来确定：

> **计算现值**
>
> 如果 t 年后的金额是 A，复利利率是 r，一年有 n 个复利期，那么现值 P 由下列公式表示：
>
> $$P = \frac{A}{\left(1+\dfrac{r}{n}\right)^{nt}}$$

　　记住，当你在计算现值时，要将本金向上近似，保留两位小数，这样才能有足够的钱满足未来的目标。

技术

　　例4中计算可用计算器计算，按键顺序如下所示。

科学计算器：

20000 ÷ ((1 + .06 ÷ 12)

y^x ((12 × 5)) =

图形计算器：

20000 ÷ ((1 + .06 ÷ 12)

^ ((12 × 5)) ENTER

例 4　计算现值

　　如果你想要以月度复利利率6%投资五年，那么本金是多少才能得到 20 000 美元？

解答

　　我们今天需要的本金或现值由现值公式决定。因为是月度复利，所以 $n=12$。此外，A（终值）$= 20\,000$ 美元，r（利率）$= 6\% = 0.06$，t（投资年数）$=5$。

$$P = \frac{A}{\left(1+\dfrac{r}{n}\right)^{nt}} = \frac{20\,000}{\left(1+\dfrac{0.06}{12}\right)^{12\cdot 5}} \approx 14\,827.4439$$

　　为了确保五年后的金额满足条件，我们需要将本金向上近似到 14 827.45。今天需要投资 14 827.45 美元，这样五年后才能得到 20 000 美元。

☑ **检查点4** 如果你想要以周度复利利率7%投资八年，那么本金是多少才能得到10 000美元？

布利策补充

金钱的时间价值

当你完成学业开始挣钱时，你很想把挣到的每一分钱都花掉。但这样你就不能充分利用金钱的时间价值。**金钱的时间价值**意味着今天收到的一块钱比明年或后年收到的一块钱更有价值。这是因为今天投资的一笔钱比将来投资的一笔钱更早开始赚取复利。**增加财富的一个重要方法是花得比挣得少，并用差额进行投资。**有了时间，即使是很小的一笔钱也可以通过复利的力量变成一大笔钱。让金钱的时间价值为你工作，现在推迟某些购物并开始投资储蓄。当你研究金钱的时间价值时，要密切关注你的消费习惯。

---

3 理解并计算实际年收益率

实际年收益率

正如我们之前学过的，财务规划的一个常见问题是从两个或更多的投资中选择最好的投资。例如，一项季度复利利率8.25%的投资比一项半年复利利率8.3%的投资更好吗？另一种回答这个问题的方法是比较投资的**实际收益率**，也叫**实际年收益率**。

实际年收益率

实际年收益率或实际利率，是一种单利利率，它在一年结束时产生的金额与该账户按规定利率复利时的金额相同。

布利策补充

翻倍你的金钱：72规则

下面有一个计算投资翻倍年数的捷径：用72除以不带百分号的实际年收益率。例如，如果实际年收益率是6%，你的钱大约会在 $\frac{72}{6}$ 年，即12年后翻倍。

例5 理解实际年收益率

你在一个账户存了4 000美元，月度复利利率是8%。
a. 求出一年后的终值。
b. 利用单利的终值公式求出实际年收益率。

解答
a. 我们使用复利公式求出账户一年后的终值。

$$A = P\left(1+\frac{r}{n}\right)^{nt} = 4\,000\left(1+\frac{0.08}{12}\right)^{12\cdot1} \approx 4\,332.00\ 美元$$

本金是
4 000 美元

利率为
8%=0.08

月度复利：$n=12$
时间是一年：$t=1$

保留两位小数，一年后的终值是 4 332.00 美元。

b. **实际年收益率或实际利率是一个单利利率。** 我们使用单利的终值公式来求出使 4 000 美元存款一年后变成 4 332 美元终值的单利利率。

$A = P(1+rt)$	这是单利的终值公式
$4\,332 = 4\,000(1+r\cdot1)$	代入给定的值
$4\,332 = 4\,000 + 4\,000r$	使用分配律
$332 = 4\,000r$	两边同时减去 4 000
$\dfrac{332}{4\,000} = \dfrac{4\,000r}{4\,000}$	两边同时除以 4 000
$r = \dfrac{332}{4\,000} = 0.083 = 8.3\%$	用百分数表示 r

实际年收益率或实际利率是 8.3%。这就意味着，一年后月度复利利率是 8% 和单利利率是 8.3% 的投资方式赚到的钱一样。

在例 5 中的利率 8% 称为**名义利率**。实际利率和单利利率是 8.3%。

☑ **检查点 5** 你在一个账户存了 6 000 美元，月度复利利率是 10%。

a. 求出一年后的终值。

b. 求出实际年收益率。

归纳例 5 和检查点 5 的步骤，我们能得出实际年收益率的公式：

计算实际年收益率
假设一笔投资名义利率是 r（小数形式），一年有 n 个复利期。该投资的实际年收益率 Y（小数形式）可由下列公式表示：

$$Y = \left(1 + \frac{r}{n}\right)^n - 1$$

由公式给出的小数形式的 Y 应该转换成百分数。

例 6 中的计算可以用计算器来完成，按键顺序如下所示。

科学计算器：

| (| 1 | + | .05 | ÷ | 360 |) | y^x | 360 |
| − | 1 | = |

图形计算器：

| (| 1 | + | .05 | ÷ | 360 |) | ∧ | 360 |
| − | 1 | **ENTER** |

有些图形计算器需要你在输入指数 360 之后按下右箭头键。

在给定名义利率和每年复利期的情况下，有些图形计算器能够输出实际年收益率。下面的屏幕显示了例 6 中的实际收益率。

```
►Eff(5,360)
              5.126744647
```

名义利率是 5%，每年复利 360 次

实际收益率显示为一个百分数

例 6　计算实际年收益率

一个银行存折储蓄账户的名义利率是 5%。利息每天计算。求出该账户的实际年收益率。（假设一年有 360 天。）

解答

名义利率是 5% 或 0.05。因为这是每日复利利率而且我们假设一年有 360 天，$n = 360$。该账户的实际年收益率是：

$$Y = \left(1 + \frac{r}{n}\right)^n - 1 = \left(1 + \frac{0.05}{360}\right)^{360} - 1 \approx 0.0513 = 5.13\%$$

实际年收益率是 5.13%。因此，每日复利利率是 5% 的投资方式和单利利率是 5.13% 的投资方式赚的钱一样多。

☑ **检查点 6**　季度复利利率是 8% 的实际年收益率是多少？

实际年收益率通常包含在投资或贷款的信息中。因为这是你所赚取或支付的真实利率，是你应该注意的数字。**如果你要从两个或两个以上的投资项目中选择最佳投资项目，最好的选择是实际年收益率最高的账户。**然而，你需要考虑不同类型的账户。有的账户从存入日起至支取日止支付利息，有的账户从存款日后的当月第一天开始支付利息。一些储蓄机构则在账户余额低于一定数额时停止支付利息。

当你在借钱时，实际利率或实际年收益率通常被称为**年百分率**。如果你在借钱时所有其他因素都相等，选择年百分率最低的选项。

8.5

学习目标

学完本节之后，你应该能够：

1. 求出年金的值。
2. 求出实现财务目标所需要的定期年金支付金额。
3. 理解投资手段：股票和债券。
4. 阅读股票表格。
5. 理解为退休储蓄而设计的账户。

年金、储蓄手段和投资

根据《福布斯》亿万富豪榜，2016 年美国最富有的两位是比尔·盖茨（净资产：750 亿美元）和沃伦·巴菲特（净资产：610 亿美元）。1965 年 5 月，巴菲特的新公司伯克希尔哈撒韦以每股 18 美元的价格出售股票。到 2017 年，每股价格已经涨到了 26 万美元！如果你在 1965 年 5 月购买了一股股票，你的回报率，或者说是增长率，将是

$$\frac{\text{增长金额}}{\text{原始金额}} = \frac{260\,000\text{美元}-18\text{美元}}{18\text{美元}} \approx 14\,443.44 = 1\,444\,344\%$$

增长率 1 444 344% 是什么概念？如果你在 1965 年 5 月给沃伦·巴菲特的新公司投资了 250 美元，到了 2017 年 12 月，你的股票价值 350 万美元。

当然，可能带来惊人回报的投资也有可能会损失部分或全部本金。关键在于，有没有一种安全的方法可以让你定期存钱，同时拥有价值 100 万美元及以上的投资？在本节中，我们将学习这样的储蓄计划，其中一些有特殊的税收待遇，以及高风险的股票和债券投资。

1 求出年金的值

年金

复利公式 $A = P(1+r)^t$ 给出 t 年后的终值 A，其中 P 是存到账户里的本金，r 是年复利利率（小数形式）。

然而，人们往往进行定期的小额投资。例如，为了退休储蓄，你可以决定在每年年底将 1 000 美元存入个人退休账户（IRA），直到你退休为止。**年金**是在相同时期内支付的一系列等额款项。个人退休账户是年金的一个例子。

年金的值是所有存款加上所有支付利息的总和。第一个例子说明了如何求出这个值。

例 1　求出年金的值

你在每年年底将 1 000 美元存入一个储蓄计划，持续三年。年复利利率是 8%。

a. 求出三年后年金的值。

b. 求出利息。

解答

a. 三年后年金的值是所有存款加上所有支付利息的总和。

这是年底的1 000 美元存款

第一年年底的值 =1000美元

这是第一年的存　　这是年底的
款和一年的利息　　1 000 美元存款

第二年年底的值 $=1\,000(1+0.08)$美元$+1\,000$美元

使用 $A=P(1+r)t$，
$r=0.08$，$t=1$，即
$A=P(1+0.08)$

$=1\,080$美元$+1\,000$美元$=2\,080$美元

这是第二年的余额，2 080　　这是年底的
美元，外加一年的利息　　1 000 美元存款

第三年年底的值 $=2\,080(1+0.08)$美元$+1\,000$美元

$=2\,246.40$美元$+1\,000$美元$=3\,246.40$美元

三年后年金的值是 3 246.40 美元

b. 你每次存 1 000 美元，存了三次。你一共存了 $3\times 1\,000$ 美元$=3\,000$ 美元。因为年金的值是 3 246.40 美元，所以利息是 3 246.40美元 $-3\,000$美元 $=246.40$ 美元。

☑ **检查点1** 你在每年年底将 2 000 美元存入一个储蓄计划，持续三年。年复利利率是 10%。

a. 求出三年后年金的值。

b. 求出利息。

假设你在每年年底将 P 美元存入一个账户，年复利利率是 r。在第一年年底，账户里有 P 美元。在第二年年底，又存了 P 美元。这时，第一笔存款在第二年的利息到了。因此，两年后年金的值为

$$P+P(1+r)$$

第二年年底存　　第一年存款，
款 P 美元　　加一年的利息

三年后年金的值为

$$P+P(1+r)+P(1+r)^2$$

| 第三年年底存款 P 美元 | 第二年存款，加一年的利息 | 第一年存款，加两年的利息 |

t 年后年金的值为

$$P+P(1+r)+P(1+r)^2+P(1+r)^3+\cdots+P(1+r)^{t-1}$$

| 第七年年底存款 P 美元 | 第一年存款，加 $t-1$ 年的利息 |

这个和里的每一项都是前一项乘以 $(1+r)$。因此，这是一个等比数列。使用等比数列的求和公式，我们可以得到下列计算年金值的公式。

年金的值：年复利

如果 P 是每年年底存入账户的金额，且年复利利率是 r（小数形式），那么 t 年后的终值 A 为

$$A=\frac{P\left[(1+r)^t-1\right]}{r}$$

例 2　求出年金的值

假设当你 35 岁时决定在每年年底存 1 000 美元到个人退休账户，持续存 30 年，以便为退休做准备。如果年复利利率是 10%，

a. 三十年后你的个人退休账户里有多少钱？

b. 求出利息。

答案保留整数。

解答

a. 你需要求三十年后你的个人退休账户里有多少钱。

$$A=\frac{P\left[(1+r)^t-1\right]}{r}$$　　使用计算年金值的公式

$$A=\frac{1\,000\left[(1+0.10)^{30}-1\right]}{0.10}$$　　年金包含每年年底 1 000 美元的存款：$P=1\,000$，利率为 10%：$r=0.10$，期限为 30 年：$t=30$

使用计算器计算 $\dfrac{1\,000\left[(1+0.10)^{30}-1\right]}{0.10}$ 的按键顺序如下所示。

科学计算器：

$1000\ \boxed{\times}\ \boxed{(}\ \boxed{(}\ \boxed{(}\ 1\ \boxed{+}\ .10\ \boxed{)}$
$\boxed{y^x}\ 30\ \boxed{-}\ 1\ \boxed{)}\ \boxed{)}\ \boxed{\div}\ .10\ \boxed{=}$

观察到，需要注意分子部分方括号 $\left[(1+0.10)^{30}-1\right]$，的计算顺序。

图形计算器：

$1000\ \boxed{(}\ \boxed{(}\ \boxed{(}\ 1\ \boxed{+}\ .10\ \boxed{)}\ \boxed{\wedge}$
$30\ \boxed{-}\ 1\ \boxed{)}\ \boxed{)}\ \boxed{\div}\ .10\ \boxed{ENTER}$

（有些图形计算器需要你在输入指数值 30 之后按下右箭头键。）

$$= \frac{1\,000\left[(1.10)^{30}-1\right]}{0.10}$$

$$\approx \frac{1\,000(17.449\,4-1)}{0.10}$$

$$= \frac{1\,000(16.449\,4)}{0.10}$$

$$= 164\,494$$

三十年后你的个人退休账户里有 164 494 美元。

b. 你每年存 1 000 美元，三十年存了 3×1 000 美元 = 30 000 美元。因为三十年后你的个人退休账户里有 164 494 美元，利息大约是 164 494 – 3 000 美元 = 134 494 美元。

利息几乎是本金的 $4\frac{1}{2}$ 倍，复利的力量一目了然。

☑ **检查点 2**　假设当你 25 岁时决定在每年年底存 3 000 美元到个人退休账户，持续存 40 年，以便为退休做准备。如果年复利利率是 8%。

a. 四十年后你的个人退休账户里有多少钱？

b. 求出利息。

答案保留整数。

我们可以调整一下年复利年金账户值的计算公式，得到一年 n 付的复利年金账户值计算公式。

年金的值：一年 n 付的复利

如果 P 是每年年底存入账户的金额，且年复利利率是 r（小数形式），利息一年 n 付，那么 t 年后的终值 A 为

$$A = \frac{P\left[\left(1+\dfrac{r}{n}\right)^{nt}-1\right]}{\dfrac{r}{n}}$$

例 3　求出年金的值

假设当你 25 岁时，决定在每个月底存 200 美元到个人退

休账户，月度复利利率是7.5%，

　　a. 当你在65岁退休时，你的个人退休账户里有多少钱？

　　b. 求出利息。

答案保留整数。

解答

a. 因为你现在25岁，离65岁退休还有40年。

$$A = \dfrac{P\left[\left(1+\dfrac{r}{n}\right)^{nt}-1\right]}{\dfrac{r}{n}}$$ 使用年金值的公式

$$A = \dfrac{200\left[\left(1+\dfrac{0.075}{12}\right)^{12\cdot40}-1\right]}{\dfrac{0.075}{12}}$$ 年金包含每月月底200美元的存款：$P=200$，利率为7.5%：$r=0.075$，按月复利：$n=12$，期限：$t=40$

$$= \dfrac{200\left[\left(1+0.006\,25\right)^{480}-1\right]}{0.006\,25}$$

$$= \dfrac{200\left[\left(1.006\,25\right)^{480}-1\right]}{0.006\,25}$$

$$\approx \dfrac{200\left(19.898\,9-1\right)}{0.006\,25}$$

$$\approx 604\,765$$

当你在65岁退休时，你的个人退休账户里有604 765美元。

　　b. 利息 = 个人退休账户的值 − 总存款

$$\approx 604\,765 \text{美元} - 200\cdot12\cdot40 \text{美元}$$
$$= 604\,765 \text{美元} - 96\,000 \text{美元} = 508\,765 \text{美元}$$

利息大约是508 765 美元，超过你总存款的五倍。

　　年金可以根据支付时间进行分类。例3中的公式描述的是**普通年金**，在每一期结束时支付。这个公式假设每年支付的金额和每年的复利期相同。在每个时期开始时支付的年金计划称为**即付年金**。这类年金的计算公式与例3中使用的公式略有不同。

☑ **检查点 3** 假设当你 30 岁时，决定在每个月底存 100 美元到个人退休账户，月度复利利率是 9.5%，

a. 当你在 65 岁退休时，你的个人退休账户里有多少钱？

b. 求出利息。

答案保留整数。

---

2 求出实现财务目标所需要的定期年金支付金额

使用年金规划未来

通过解年金公式中的 P，我们可以求出目标终值为 A 时，每个复利期结束时需要存的金额是多少。下列公式是根据终值 A 求 P 的公式。

实现财务目标所需的定期支付金额

要想在 t 年后得到终值 A，当一年 n 付的复利利率为 r 时（小数形式），每个复利期结束时需要存的本金 P 如下面的公式所示：

$$P = \frac{A\left(\dfrac{r}{n}\right)}{\left(1+\dfrac{r}{n}\right)^{nt} - 1}$$

当计算实现一个财务目标所需要的定期支付时，向上近似在每个复利期结束时的存款。这样，未来的目标就不会差一点点了。在本节中，我们将把年金支付向上近似为整数。

例 4 使用长期规划来实现财务目标

假设你一大学毕业就开始工作，想要在五年内存 20 000 美元付房子首付。你计划每个月底存款，月度复利利率是 6%。

a. 你每个月应该存多少钱？向上保留整数。

b. 20 000 美元里有多少是存款，又有多少是利息？

解答

a. $$P = \frac{A\left(\dfrac{r}{n}\right)}{\left(1+\dfrac{r}{n}\right)^{nt} - 1}$$ 使用实现财务目标 A 所需的定期支付 P 的公式

哪一种储蓄方案赚的钱更多？整存还是年金？

在 8.4 节的例 4 中，我们已经计算出来，月度复利利率为 6% 时，整存需要存 14 828 美元才能在五年内存到 20 000 美元。在例 4 中，我们看到总存款需要存到 17 220 美元才能在五年内存到 20 000 美元。在条件相同的情况下，整存比年金的利息更多。如果你没有很多钱开储蓄账户，年金是现实的选择，尽管整存储蓄的利息更高。

$$P = \frac{20\,000\left(\dfrac{0.06}{12}\right)}{\left(1+\dfrac{0.06}{12}\right)^{12\cdot5}-1}$$

你的目标是在五年内（$t-5$）获得 20 000 美元（$A=20\,000$），利率是 6%（$r=0.06$），按月复利（$n=12$）

$$\approx 287$$

向上近似为整数

你应该每个月存 287 美元，这样才能在五年内存 20 000 美元付房子首付。

b. 总存款 $= 287 \cdot 12 \cdot 5 = 17\,220$ 美元

总利息 $= 20\,000 - 17\,220 = 2\,780$ 美元

我们可以求出，20 000 美元里有 17 220 美元是存款，又有 2 780 美元是利息。

☑ **检查点 4**　一个小女孩的父母想要存钱供她上大学。他们计划通过在每个月底往月度复利利率为 9% 的年金账户存一笔钱，从而在 18 年内存够 100 000 美元。

a. 他们每个月应该存多少钱？保留整数。

b. 100 000 美元里有多少是存款，又有多少是利息？

3　理解投资手段：股票和债券

投资：风险与回报

当你把钱存入银行账户时，你是在进行**现金投资**。因为 25 万美元以下的银行账户都有联邦政府的保险，所以你投资的本金不会有损失的风险。账户的利率保证了你的投资有一定百分比的增长，称为**回报**。

所有的投资都需要在风险和回报之间进行权衡。不同类型的银行账户风险很小，甚至没有风险，因此投资者必须愿意接受低回报。还有其他风险更大的投资，这意味着你可能会失去全部或部分本金。这些投资（包括**股票和债券**）给出一个合理且更高的预期回报以吸引投资者。

股票

投资者购买**股票**，即公司的股份。这些股份表明所有权的百分比。例如，如果一家公司总共发行了 100 万股，一个投资者拥有 20 000 股，这个投资者拥有公司股份的

$$\frac{20\,000\,\text{股}}{1\,000\,000\,\text{股}} = 0.02$$

或 2% 的股份。任何持有某公司股份的投资者都是该公司的**股东**。

买卖股票称为**交易**。股票交易需要买卖双方同时进行。股票在证券交易所进行交易。股票的价格是由供求规律决定的。如果一家公司蒸蒸日上,投资者会愿意为它的股票支付高价,因此股票价格就会上涨。如果公司表现不好,投资者可能会决定卖出,股票价格就会下跌。股票价格表明了它们所代表的公司的表现,以及国家和全球经济的状况。

投资股票有两种赚钱方式:

- 你以高于买入价的价格出售股票,在这种情况下,你从出售股票中获得了**资本利得**。(如果你买的公司破产了,也可能会因为低于当初的价格出售而造成资本损失。)

- 当你拥有股票时,公司将全部或部分利润作为**股息**分配给股东。每一股的股息是相同的,所以你得到的数额取决于你拥有的股份的数量。(一些公司将所有利润进行再投资,不分配股息。)

20 世纪 90 年代,当越来越多的美国普通人开始在股票上投资赚钱时,联邦政府降低了资本利得税率。长期资本利得(出售前持有一年以上的利润)和股息的税率低于工资和利息收入的税率。

债券

购买公司股票的人会成为该公司一部分的所有者。为了筹集资金,同时不稀释现有股东的所有权,公司会出售**债券**。购买债券的人相当于**借钱**给出售债券的公司。债券是指公司承诺按照投资者购买债券时的价格支付(即票面价值),并按一定利率支付利息的凭证。

发行债券有很多原因。一家公司可能需要为一种有可能治愈艾滋病的药物的研究筹集资金,因此发行债券。美国财政部发行 30 年期固定利率债券,年利率为 7%,借钱弥补联邦赤字。地方政府经常发行债券借钱修建学校、公园和图书馆。

债券像股票一样交易,它的价格是供需关系的函数。如果一家公司破产，债券持有人是第一个要求获得公司资产的人。他们在股东面前提出要求，虽然（不像股东）他们不拥有公司的股份。一般来说，投资债券的风险比投资股票要小，虽然回报要低一些。

共同基金

决定购买或出售哪些股票和债券，以及何时出售并非易事。即使是个人退休账户也可以通过混合股票和债券来融资。许多小投资者已经清楚地知道，即便有在线行业研究的帮助，他们也没有时间了解公司的进展。相反，他们投资于**共同基金**。共同基金是由专业投资者管理的一组股票和 / 或债券。当你购买共同基金的股份时，你把钱交给**基金经理**。你的钱和共同基金中其他投资者的钱结合在一起。基金经理投资这一资金池，买卖股票和债券，以获得最大可能的回报。

共同基金的投资者拥有许多不同公司的一小部分，这可能会保护他们不受单一公司糟糕表现的影响。在比较共同基金时，既要考虑投资费用，也要考虑基金经理对基金资金的使用情况。报纸根据基金经理是否有效利用投资者的资金，对共同基金的表现从 1（最差）到 5（最好）进行评级。给出了两个数字。第一个数字是将共同基金的表现与一大批类似基金进行比较。第二个数字是将表现与几乎相同的基金进行比较。基金经理所能获得的最佳评级是 5/5；最坏的则是 1/1。

一个人持有的所有投资的清单称为**金融投资组合**。大多数理财顾问推荐的投资组合包括低风险和高风险的投资，称为**多元化投资组合**。

4　阅读股票表格

阅读股票表格

日报和网上服务提供当前股票价格和其他有关股票的信息。我们将通过 FedEx（联邦快递）股票来学习如何阅读这些每日股票表。请看下列 FedEx 股票的表格。

52-Week High	52-Week Low	Stock	SYM	Div	Yld %	PE	Vol 100s	Hi	Lo	Close	Net Chg
99.46	34.02	FedEx	FDX	0.44	1.0	19	37 701	45	43.47	44.08	−1.60

标题表示行中数字的含义。

52-Week High
99.46

标题 **52-Week High** 表示过去 52 周内 FedEx 股票最高的价格。最高价是每股 99.46 美元。这意味着，表示过去 52 周内，至少有一名投资者愿意花 99.46 美元买一股 FedEx 股票。注意，尽管 99.46 没有美元符号，但是它表示美元。

52-Week Low
34.02

标题 **52-Week Low** 表示过去 52 周内 FedEx 股票最低的价格。最低价是每股 34.02 美元。

Stock	SYM
FedEx	FDX

标题 **Stock** 是公司的名称，即 FedEx。标题 **SYM** 是公司股票的符号，FedEx 公司使用符号 FDX。

Div
0.44

标题 **Div** 表示去年付给股东的每股股息。FedEx 公司每股付 0.44 美元的股息。再一次注意，尽管 0.44 没有美元符号，但是它表示美元。因此，如果你持有 100 股，你会收到 0.44×100 美元，即 44.00 美元。

Yld %
1.0

标题 **Yld%** 表示收益率。在本例中，收益率是 1.0%（表格内没有百分号）。这表示，单独股息一项给股东的年回报率是 1.0%。这比平均通货膨胀率要低得多。然而，这个收益率没有考虑到 FedEx 公司股票可能会上涨。如果一名投资者以高于买入价的价格卖出 FedEx 公司股票，那么收益率可能会比银行储蓄高。

要想理解标题 **PE** 的含义，我们需要理解表格里的其他标题。我们之后再学习这个标题。

Vol 100s
37 701

标题 **Vol 100s** 表示以百为单位的股票交易量。它是股票昨天的交易量，以百为单位。表格内的数字是 37 701，表示昨天一共有 37 701×100 股（即 3 770 100 股）FedEx 公司股票进行了交易。

Hi
45

标题 **Hi** 表示昨天 FedEx 公司股票的最高价。这个数字是 45，表示昨天 FedEx 公司股票的最高价是 45 美元。

Lo
43.47

标题 **Lo** 表示昨天 FedEx 公司股票的最低价。这个数字是 43.47，表示昨天 FedEx 公司股票的最低价是 43.47 美元。

Close
44.08

标题 **Close** 表示昨天证券交易所收盘时股票的最后交易价格。这个数字是 44.08，表示昨天 FedEx 公司股票的收盘价是每股 44.08 美元。

Net Chg
−1.60

标题 **Net Chg** 表示净变化。它是前天的股票收盘价格和昨

天收盘价格的对比变化。这个数字是 −1.60，表示昨天 FedEx 公司股票价格跌了 1.60 美元。在某些股票表格中，符号 "..." 会出现在 Net Chg 一栏中，表示前天的股票价格与昨天价格相比没有变化。

PE
19

现在，我们回到标题 **PE**，它表示市盈率。

$$PE率 = \frac{昨天的收盘价}{每股年收益}$$

它也可以表示成：$每股年收益 = \dfrac{昨天的收盘价}{PE率}$。

FedEx 公司股票的 PE 率是 19。昨天的收盘价是 44.08，我们可以将这两个数据代入公式求出每股年收益：

Close	PE
44.08	19

$$每股年收益 = \frac{44.08}{19} = 2.32$$

FedEx 的每股年收益是 2.32 美元。PE 率是 19，告诉我们昨天的收盘价 44.08 美元是每股年收益 2.32 美元的 19 倍。

例 5　阅读股票表格

52-Week High	52-Week Low	Stock	SYM	Div	Yld %	PE	Vol 100s	Hi	Lo	Close	Net Chg
42.38	22.50	Disney	DIS	0.21	0.6	43	115 900	32.50	31.25	32.50	...

使用上面的 Disney 股票表格回答下列问题。

a. 过去 52 周的最高价和最低价分别是多少？

b. 如果你去年持有 3 000 股 Disney 股票，你收到了多少股息？

c. 单独股息的年回报率是多少？和银行 3.5% 的利率相比如何？

d. 昨天有多少股 Disney 股票进行了交易？

e. 昨天 Disney 股票的最高价和最低价分别是多少？

f. 昨天 Disney 股票的收盘价是多少？

g. Net Chg 一栏的符号表示什么意思？

h. 使用公式

$$每股年收益 = \frac{昨天的收盘价}{PE率}$$

计算 Disney 的每股年收益。

解答

a. 我们通过观察 **52-Week High** 这一栏求出过去 52 周 Disney 股票的最高价。这个价格是 42.38，单位是美元。因此，过去 52 周 Disney 股票的最高价是 42.38 美元。我们通过观察 **52-Week Low** 这一栏求出过去 52 周 Disney 股票的最低价。这个价格是 22.50，单位是美元。因此，过去 52 周 Disney 股票的最低价是 22.50 美元。

b. 我们通过观察 **Div** 这一栏求出 Disney 去年支付给你的股息。这个价格是 0.21，单位是美元。因此，Disney 去年给股东支付了每股 0.21 美元的股息。如果你持有 3 000 股，那么会收到 0.21×3 000 美元，即 630 美元。

c. 我们通过观察 **Yld%** 这一栏求出单独股息的年回报率。表格中这一栏的数据是 0.6，是一个百分数，表示单独股息一项给 Disney 股东的年回报率是 0.6%。这比银行利率 3.5% 低得多。但是，如果 Disney 股票上涨，那么投资买 Disney 股票可能要比银行储蓄好。

d. 我们通过观察 **Vol 100s** 这一栏求出昨天有多少股 Disney 股票进行了交易。表格里的数据是 115 900，表示昨天有 115 900×100，即 11 590 000 股 Disney 股票进行了交易。

e. 我们通过观察 **Hi** 和 **Lo** 这两栏求出昨天 Disney 股票的最高价和最低价。这两个价格分别是 32.50 和 31.25，单位都是美元。因此，昨天 Disney 股票的最高价和最低价分别是 32.50 美元和 31.25 美元。

f. 我们通过观察 **Close** 这一栏求出昨天 Disney 股票的收盘价。这个数据是 32.50，单位是美元。因此，昨天 Disney 股票的收盘价是 32.50 美元。

g. **Net Chg** 一栏中的 … 表示和前天的收盘价相比，昨天 Disney 股票的收盘价没有发生变化。在 f 中，我们知道昨天 Disney 股票的收盘价是 32.50 美元，因此前天 Disney 股票的收盘价是 32.50 美元。

　　h. 现在我们需要使用公式

$$每股年收益 = \frac{昨天的收盘价}{PE率}$$

计算 Disney 的每股年收益。我们知道昨天 Disney 股票的收盘价是 32.50 美元。我们通过观察 PE 这一栏得出了 PE 率，这个数据是 43。因此

$$每股年收益 = \frac{32.50美元}{43} \approx 0.76 美元$$

　　Disney 的每股年收益是 0.76 美元。PE 率是 43，告诉我们昨天的收盘价 32.50 美元是每股年收益 0.76 美元的 43 倍。

☑ 检查点 5　使用下面的可口可乐股票表格回答例 5 中 a 至 h 小题。

52-Week High	52-Week Low	Stock	SYM	Div	Yld %	PE	Vol 100s	Hi	Lo	Close	Net Chg
63.38	42.37	Coca-Cola	CocaCl	0.72	1.5	37	72 032	49.94	48.33	49.50	+0.03

布利策补充

投资的关键

下面有三条财务顾问给出的投资建议：

• 不要把你 10 年内需要的钱投资到股票市场。对于短期目标来说，政府债券、定期存单和货币市场账户是更合适的选择。

• 如果你现在 a 岁，你的投资的大约 $(100-a)\%$ 应该是股票。例如，在 25 岁时，大约 $(100-25)\%$，即 75% 的投资应该是股票。

• 分散你的投资。你可以投资不同的公司，也可以用现金投资和债券来缓冲股票投资。通过多样化投资，投资者能够利用股市的高回报，同时将风险降低到可管理的水平。

来源：Ralph Frasca, *Personal Finance*, Eighth Edition, Pearson, 2009; Eric Tyson, *Personal Finance for Dummies*, Sixth Edition,Wiley, 2010; Liz Pulliam Weston, *Easy Money,* Pearson, 2008.

5 理解为退休储蓄而设计的账户

退休储蓄：储存现金，减少交税

当你为未来的职业生涯做准备时，退休似乎还很遥远。然

而，我们已经看到，如果你有时间让你的钱生钱，你就可以更容易地积累财富。一旦你有了工作和薪水，你就应该开始为退休存钱。在你的职业生涯早期开设一个退休储蓄账户是一个明智的方法，它可以让你更好地掌控如何度过你生命中的大部分时间。

你可以使用定期储蓄和投资账户来为退休储蓄。还有许多专门为退休储蓄而设计的账户。

- **传统的个人退休账户**（IRA）是一种储蓄计划，允许你为退休存钱。50 岁以下的人每年最多存 5 500 美元，50 岁以上的人每年最多存 6 500 美元。你不需要为你存入 IRA 的钱纳税。当你在 $59\frac{1}{2}$ 岁时，就可以开始从你的个人退休账户中取款了。取款要交税。

Roth 个人退休账户是个人退休账户的一种，它的税收优惠略有不同。你要为你存入 IRA 的钱纳税，但是当你到 $59\frac{1}{2}$ 岁时，可以免税提取你的收益。虽然你存款时并不免税，但你的收益永远不会被征税，即使是提款也不用交税。

- **雇主赞助的退休计划**，包括 401(k) 和 403(b) 计划，是由雇主设立的。他们通常会代表你为该计划作出一些贡献。并非所有雇主都提供这些计划，这些计划一般是用来吸引高质量员工的。

所有为退休储蓄设计的账户都对早于 $59\frac{1}{2}$ 岁提款有惩罚。

例 6　美元与退休计划的意识

a. 假设你在 25 岁到 35 岁之间，每年向 401(k) 计划缴纳 4 000 美元，你的雇主会为你交相同的钱。年复利是 8.5%。在 10 年后，401(k) 的值是多少？

b. 在这家公司工作了 10 年后，你要换一份新工作。不过，你可以把累积的退休储蓄放在 401(k) 中。当你 65 岁时，你的计划中会有多少钱？

c. 你在 65 岁时在 401(k) 计划中积的钱和你之前缴纳的

钱的差额是多少？

解答

a. 我们从求出 10 年后 401(k) 的值是多少开始。

$$A = \frac{P\left[(1+r)^t - 1\right]}{r}$$

使用年复利的年金值公式

$$A = \frac{8\,000\left[(1+0.085)^{10} - 1\right]}{0.085}$$

你贡献了 4 000 美元，你的雇主每年也支付 4 000 美元：P=4 000+4 000=8 000，利率为 8.5%：r=0.085，从 25 岁到 35 岁共 10 年：t=10

$$\approx 118\,681$$

10 年后 401(k) 的值大约是 118 681 美元。

b. 现在我们来求你 65 岁时，你的计划中会有多少钱。

$$A = P(1+r)^t$$

使用 8.4 节年复利的终值公式

$$A = 118\,681(1+0.085)^{30}$$

401(k) 的值是 118 681 美元：P=118 681，利率是 8.5%：r=0.085，从 35 岁到 65 岁共 30 年：t=30

$$\approx 1\,371\,745$$

当你 65 岁时，你的 401(k) 计划中大约会有 1 371 745 美元。

c. 你每年给 401(k) 计划交 4 000 美元，一共交了 10 年，总共交了 4 000×10 美元，即 40 000 美元。你在 65 岁时在 401(k) 计划中积累的钱和你之前缴纳的钱的差额是

$$1\,371\,745\text{美元} - 40\,000\text{美元} = 1\,331\,745 \text{ 美元}$$

即使算上交的税，我们想你应该挺满意储蓄 10 年带来的回报的。

☑ **检查点 6**

a. 假设你在 25 岁到 40 岁之间，每年向 401(k) 计划交 2 000 美元，你的雇主会代表你交 1 000 美元。年复利是 8%。在 15 年后，401(k) 的值是多少？

b. 在这家公司工作了 15 年后，你要换一份新工作。不过，你可以把累积的退休储蓄放在 401(k) 中。当你 65 岁时，你的计划中会有多少钱？

c. 你在 65 岁时在 401(k) 计划中积累的钱和你之前缴纳的钱的差额是多少？

8.6

汽车

对于瑞德尔高中音乐剧 *Grease*！里的男生们来说，Kenickie 的新车看起来像一堆垃圾，但对他来说，它就是涂了油的闪电，一件滚烫的车轮上的艺术品。和许多十几岁的孩子一样，Kenickie 的第一辆车是一种成年仪式，是即将成年的象征。

我们对汽车的热爱始于 20 世纪初，当时亨利·福特生产出第一辆 T 型车。从那以后，我们对汽车的崇拜达到了一种认同我们所驾驶的汽车的程度。汽车可以作为地位的象征，体现驾驶者的独特个性。

在本节中，我们将从另一个有利位置观察汽车，即金钱。拥有一辆车所需的钱数从购买的资金到燃料、轮胎和保险等不断上涨的成本。在本节的开头，我们从人们为什么能够买一辆超过自己支付水平的车入手，也就是贷款。

贷款买车的数学问题

每周或每月付款，或在其他时间偿还的贷款称为**分期贷款**。分期贷款的优点是消费者可以立即使用产品。缺点是利息会大大增加购买的成本。

我们从每月定期还款的汽车贷款开始，它叫作**固定分期贷款**。假设你在 t 年内以利率 r 贷款了 P 美元。

贷方预计在 t 年底收到 A 美元

$$A = P\left(1 + \frac{r}{n}\right)^{nt}$$

你通过每年支付 n 次 PMT 美元的年金来储蓄 A 美元

$$A = \frac{PMT\left[\left(1 + \frac{r}{n}\right)^{nt} - 1\right]}{\frac{r}{n}}$$

为了求出你的定期付款金额 PMT，我们设定贷方预计收到的金额等于你将在年金中储蓄的金额：

$$P\left(1+\frac{r}{n}\right)^{nt} = \frac{PMT\left[\left(1+\frac{r}{n}\right)^{nt}-1\right]}{\frac{r}{n}}$$

通过求解 PMT 的方程，我们就得到了包括汽车贷款在内的任何分期贷款的还贷公式。

1 计算汽车贷款的月供和总利息

固定分期贷款的还贷公式

定期贷款总额 PMT，需要以年利率 r 一年还 n 次金额为 P 的贷款，一直还 t 年。它的公式如下所示：

$$PMT = \frac{P\left(\frac{r}{n}\right)}{1-\left(1+\frac{r}{n}\right)^{-nt}}$$

例 1 比较汽车贷款

假设你需要贷款 20 000 美元买一辆新车。你可以选择下列两种贷款方式中的一种，这两种贷款方式都需要每月还固定的金额：

分期贷款 A：为期三年，年利率为 7%

分期贷款 B：为期五年，年利率为 9%

a. 求出贷款 A 的月供和总利息。

b. 求出贷款 B 的月供和总利息。

c. 比较这两种贷款的月供和总利息。

解答

对这两种贷款方式，我们可以使用还贷公式计算月供。

a. 我们先求出贷款 A 的月供和总利息。

贷款金额为 20 000 美元　　利率 r 为 7%　　每年支付 12 次

$$PMT = \frac{P\left(\frac{r}{n}\right)}{1-\left(1+\frac{r}{n}\right)^{-nt}} = \frac{20\,000\left(\frac{0.07}{12}\right)}{1-\left(1+\frac{0.07}{12}\right)^{-12(3)}} \approx 618$$

贷款 3 年

技术

使 用 计 算 器 计 算

$$\frac{20\,000\left(\dfrac{0.07}{12}\right)}{1-\left(1+\dfrac{0.07}{12}\right)^{-12(3)}}$$ 的 按 键

顺序如下所示。

我们先将指数 -12(3) 简化成 -36，避免括号内可能出现的错误：

$$\frac{20\,000\left(\dfrac{0.07}{12}\right)}{1-\left(1+\dfrac{0.07}{12}\right)^{-36}}$$

科学计算器与图形计算器都需要用括号将分子和分母括起来。

科学计算器：

((20000 × .07 ÷ 12)) ÷
((1 − ((1 + .07 ÷ 12)) y^x 36 +/−)) =

图形计算器：

((20000 × .07 ÷ 12)) ÷
((1 − ((1 + .07 ÷ 12))
^ (−) 36)) ENTER

如果你分步计算、每一步都四舍五入的话，计算结果可能会有所差异。

月供大约是 618 美元。

现在我们来计算三年，或者说 36 个月的总利息。

三年的总利息 = 618 美元 × 36 − 20 000 美元 = 2 248 美元

月供总额   减   贷款

三年来的总利息大约是 2 248 美元。

b. 下一步，我们来计算贷款 B 的月供和总利息。

贷款金额为 20 000 美元　　利率为 9%　　每年支付 12 次

$$PMT = \frac{P\left(\dfrac{r}{n}\right)}{1-\left(1+\dfrac{r}{n}\right)^{-nt}} = \frac{20\,000\left(\dfrac{0.09}{12}\right)}{1-\left(1+\dfrac{0.09}{12}\right)^{-12(5)}} \approx 415$$

贷款 5 年

月供大约是 415 美元。

现在我们来计算五年，或者说 60 个月的总利息。

三年的总利息 = 415 美元 × 60 − 20 000 美元 = 4 900 美元

月供总额   减   贷款

三年来的总利息大约是 4 900 美元。

c. 表 8.6 比较了上述两种贷款方式的月供与总利息。

表 8.6　汽车贷款对比

贷款 20 000 美元	月付	总利息
为期三年，年利率为 7%	618 美元	2 248 美元
为期五年，年利率为 9%	415 美元	4 900 美元
	长期贷款的月供较少	长期贷款的利息较多

☑ **检查点 1**　假设你需要贷款 15 000 美元买一辆新车。你可以选择下列两种贷款方式中的一种，这两种贷款方式都需要每月还固定的金额：

分期贷款 A：为期四年，年利率为 8%

分期贷款 B：为期六年，年利率为 10%

a. 求出贷款 A 的月供和总利息。

b. 求出贷款 B 的月供和总利息。

c. 比较这两种贷款的月供和总利息。

布利策补充

贷款买车

- 查看贷款方案。在去经销商那里之前，通过银行或信用合作社预先申请汽车贷款是一个不错的主意。然后，你可以将经销商提供的贷款与你预先申请的贷款进行比较。此外，你手上的钱越多，谈判能力就越强。

- 经销商贷款的成本通常比银行或信用合作社高出 1% 或 2%。确定利率要货比三家。信用社传统上为汽车贷款提供最优惠的利率，平均比银行贷款低 1.5% 以上。

- 你能付多少就付多少。当你买汽车支付的钱增加时，利率通常会降低。此外，你借的钱会减少，因此支付的利息也会减少。

- 一般的规则是，你花在买车上的钱不应该超过你每月净收入的 20%。

---

2 理解租赁合同的类型   选择租赁

租赁是指在规定的时间内为使用某一产品支付一定金额的做法。租赁实质上是一种长期租借协议。在过去几年里，租车代替买车变得越来越流行。租赁合同有下面两种：

- **封闭式租赁**：每个月你都要根据预估的使用量支付固定的金额。当租期结束时，你要归还汽车并支付超出你预估里程的费用。

- **开放式租赁**：每个月你要根据汽车的剩余价值支付一笔固定的费用。**剩余价值**是汽车在租赁结束时的估计转卖价值，由经销商确定。当租赁结束时，你归还汽车，并根据当时的评估价值和剩余价值进行支付。如果评估价值低于租约规定的剩余价值，你要支付全部或部分差额。如果评估价值大于或等于剩余价值，你不欠经销商任何钱，还可能会收到退款。

与买车相比，租车既有优点又有缺点。

3 理解租车与买车的利与弊

租车的优点

- 租车只需要支付一小部分首付，或者根本不需要付首付。
- 与买一辆新车的贷款相比，租一辆支付的钱要少一点。大部分人都能租一辆比买得起的车更贵的车。
- 当租期结束的时候，你只需要把车还给经销商，不需要考虑卖车的事情。

租车的缺点

- 当租期结束的时候，你就不再拥有那辆车了。
- 大部分租赁合同有里程限制，一般是每年 12 000 至 15 000 英里。如果你超过了规定的里程，就需要多交不少钱。
- 把租期结束后超过里程的罚金和其他费用纳入考量，租车的总花费总会比买车的花费更高。
- 当你租车的时候，你需要负责将车保持在完美的状态。如果车受损了，你就要负责。
- 租车没有维护服务。
- 提前结束租期要罚钱。

租车往往是极其复杂的。似乎有多少种车就有多少种租车协议。

4 理解不同类型的汽车保险

汽车保险的重要性

谁需要汽车保险？答案很简单，如果你拥有或租赁一辆车，就需要汽车保险。

当你购买**保险**时，购买的是与意外事件相关的损失保护。有不同类型与汽车有关的保险，但几乎每个州都要求投保的是责任保险。**责任保险**承保范围包括两个部分：

- **人身伤害责任保险**包括如果有人在你的过失事故中受伤或死亡时，所承担的诉讼费用。
- **财产损失责任保险**包括因疏忽驾驶而对其他车辆和财产造成的损失进行赔付。

如果你拥有或租赁一辆车，还需要撞车保险和综合保险：

- **撞车保险**赔偿你出事故时车辆的损失或损坏。

- **综合保险**保护你的车不受其他风险威胁，例如火灾、偷窃、高空落物、自然灾害和动物撞车等。

汽车保险费率差别很大，所以一定要货比三家。对于缺乏驾驶经验的年轻司机来说，保险是非常昂贵的。糟糕的驾驶记录会极大地增加你的保险费率。保险费的其他影响因素包括你的住处、你每年开车的里程数和你的车的价值。

5　比较新车和二手车的月供

新车还是二手车？

谁坚持说你需要一辆新车？当一辆新车开出车行时，平均会损失 12% 的价值。这时它已经是一辆二手车了，而你甚至没到家。

对很多人来说，二手车是一个不错的选择。最划算的选择通常是买一辆用了 2~3 年的车，因为最初几年的年折旧率最高。此外，许多二手车贷款渠道只会向使用了不到五年的新款车型提供贷款。信誉良好的汽车经销商提供良好的二手车选择、延长保修期和其他优惠。

例 2　买二手车省钱

假设你想要买车，已经把选择缩小到下面两个选项了：

- 选择买新车：新车售价 25 000 美元，可以用利率为 7.9% 的四年贷款支付。
- 选择二手车：车龄三年的同款汽车售价 14 000 美元，可以用利率为 8.45% 的四年贷款支付。

买新车和二手车的月供差了多少？

解答

我们先来计算新车的月供。新车售价 25 000 美元，可以用利率为 7.9% 的四年贷款支付。

贷款为 25 000 美元　利率 r 为 7.9%　每年支付 12 次

$$PMT = \frac{P\left(\frac{r}{n}\right)}{1-\left(1+\frac{r}{n}\right)^{-nt}} = \frac{25\,000\left(\frac{0.079}{12}\right)}{1-\left(1+\frac{0.079}{12}\right)^{-12(4)}} \approx 609$$

贷款 4 年

新车的月供大约是 609 美元。现在我们来计算二手车的月供。二手车售价 14 000 美元，可以用利率为 8.45% 的四年贷款支付。

贷款为 14 000 美元　　利率 r 为 8.45%

每年支付 12 次

$$PMT = \frac{P\left(\dfrac{r}{n}\right)}{1-\left(1+\dfrac{r}{n}\right)^{-nt}} = \frac{14\,000\left(\dfrac{0.084\,5}{12}\right)}{1-\left(1+\dfrac{0.084\,5}{12}\right)^{-12(4)}} \approx 345$$

贷款 4 年

二手车的月供大约是 345 美元。新车的月供 609 美元与二手车的月供 345 美元之间差了 609 - 345 = 264 美元。

如果你选择买二手车，四年间的每个月能省 264 美元。

☑ 检查点 2　假设你想要买车，已经把选择缩小到下面两个选项了：

- 选择买新车：新车售价 19 000 美元，可以用利率为 6.18% 的三年贷款支付。
- 选择二手车：车龄三年的同款汽车售价 11 500 美元，可以用利率为 7.5% 的四年贷款支付。

买新车和二手车的月供差了多少?

6　解决与买车和开车有关的问题

汽车的金钱陷阱

买汽车是一笔巨大的开支。更糟糕的是，当你买了车之后，它还会继续花钱。这些成本包括燃料、维护、轮胎、通行费、停车和清洁等运营费用。成本还包括所有权费用，如保险、许可费、注册费、税收和贷款利息。

拥有和使用一辆汽车的主要费用见表 8.7。根据美国汽车协会（AAA）的统计，拥有和驾驶一辆车的平均年花费不到 9 000 美元。

表 8.7　拥有和使用一辆汽车的主要费用

车辆种类	小型	中型	小货车	四驱 SUV	大型汽车
每公里花费(美分)	44.9	58.1	62.5	70.8	71.0
每年花费（美元）	6 729	8 716	9 372	10 624	10 649

注：基于每年行驶 15 000 英里计算

来源：AAA

很大一部分的驾驶汽车费用是汽油费用。随着大型耗油量大的汽车的吸引力越来越小，许多人开始转向使用汽油和可充电电池作为动力的节能混合动力车。

下一个例子比较了汽油车和混合动力车的燃料费用。如果你知道一辆车每年大约行驶多少英里，每加仑汽油可以行驶多少英里，以及每加仑汽油需要多少钱，你就可以估算出一辆车每年的燃料费用。

燃料费用

$$年燃料费用 = \frac{年行驶英里}{每加仑行驶的英里数} \times 每加仑的价格$$

例 3　比较燃料费用

假设你每年驾驶 24 000 英里，每加仑燃料 4 美元。

a. 与拥有一辆每加仑燃料行驶 12 英里的 SUV 相比，每加仑燃料行驶 50 英里的混合动力汽车一年能节省多少钱？

b. 如果你每个月底将节省下来的油钱存入月度复利利率为 7.3% 的账户中，六年后能存多少钱？

解答

a. 我们使用公式计算年燃料费用。

$$年燃料费用 = \frac{年行驶英里}{每加仑行驶的英里数} \times 每加仑的价格$$

$$混合动力车的年燃料费用 = \frac{24\,000}{50} \times 4 美元$$

混合动力车平均每加仑行驶 50 英里

$$= 480 \times 4 美元 = 1920 美元$$

$$\text{SUV的年燃料费用} = \frac{24\,000}{12} \times 4 \text{美元}$$

SUV 平均每加仑行驶
12 英里

$$= 2\,000 \times 4 \text{美元} = 8\,000 \text{美元}$$

混合动力车的年燃料费用为 1 920 美元，SUV 的年燃料费用为 8 000 美元。如果你开混合动力车，一年能省 8 000 美元 − 1 920 美元 = 6 080 美元油钱。

b. 因为你每年能省 6 080 美元，

$$\frac{6\,080 \text{美元}}{12} \approx 507 \text{美元}$$

每个月能省大约 507 美元。现在你每个月底存 507 美元到月度复利利率为 7.3% 的账户中。我们使用下列公式来计算六年后的储蓄。

$$A = \frac{P\left[\left(1+\dfrac{r}{n}\right)^{nt}-1\right]}{\dfrac{r}{n}}$$

使用年金值的公式

$$A = \frac{507\left[\left(1+\dfrac{0.073}{12}\right)^{12 \cdot 6}-1\right]}{\dfrac{0.073}{12}}$$

年金涉及每月底存 507 美元：$P=507$，利率为 7.3%：$r=0.073$，月度复利：$n=12$，年数为 6 年：$t=6$

$$\approx 45\,634$$

在六年后你能存 45 634 美元。这就说明了，开消耗更少燃料的车能为你的未来存下一大笔钱。

☑ **检查点 3** 假设你每年驾驶 36 000 英里，每加仑燃料 3.50 美元。

a. 与拥有一辆每加仑燃料行驶 15 英里的 SUV 相比，每加仑燃料行驶 40 英里的混合动力汽车一年能节省多少钱？

b. 如果你每个月底将节省下来的油钱存入月度复利利率为 7.25% 的账户中，在七年后能存多少钱？保留整数。

8.7

住房的花费

大多数人的一生中最大的单笔支出是购买房屋。如果你在将来的某个时候选择买房，很可能会用分期贷款来购买。了解关于购房的独特方法，以及这些方法是否适合你，它可以在你未来的财务中发挥重要作用。

按揭贷款

按揭贷款是为买房而发放的一种长期分期贷款（可达 30 年、40 年，甚至 50 年），以房屋作为还款抵押。如果贷款未偿还，贷方可以占有该财产。**首付**是房屋销售价格中买方最初支付给卖方的部分。最低要求的首付是按销售价格的一个百分比计算的。例如，假设你决定买一套价值 22 万美元的房子。贷方要求你向卖方支付售价的 10%。你就必须支付 22 万美元的 10%，即 $0.10 \times 220\,000$ 美元 $= 22\,000$ 美元给卖方。因此，22 000 美元是首付。**按揭贷款的金额**是房屋售价与首付之间的差。对于价值 22 万美元的房子，按揭贷款的金额是 $220\,000$ 美元 $- 22\,000$ 美元 $= 198\,000$ 美元。

每月还款额取决于按揭贷款的金额（本金）、利率和按揭贷款的期限。按揭贷款利率可以是固定的，也可以是浮动的。在整个贷款期间，**固定利率按揭贷款**要求每月支付的本金和利息相同。这样的贷款，有一个在每一时期支付固定金额的时间表，称为**固定分期贷款**。**浮动利率按揭贷款**，也被称为**可调利率按揭贷款（ARM）**，它的还款数额随着利率的变化而不断变化。浮动利率按揭贷款比固定利率按揭贷款更难预测。它们的初始利率比固定利率按揭贷款低。贷款的最高限额限制了贷款期限内的高利率。

1 计算按揭贷款的月供与总利息

与买房有关的计算

虽然每月还款额取决于按揭贷款的金额、贷款期限和利率，但利息并不是按揭贷款的唯一成本。大多数贷款机构要求买家在交易结束时，即按揭贷款开始时，支付一个或多个点。一个点是一次费用，相当于贷款金额的 1%。例如，两个点意味着买方必须在交易结束时支付贷款金额的2%。通常情况下，买家可以用更少的点数换取更高的利率，或者用更高的点数换取更低的利率。按揭贷款的年利率考虑到利率和点数。

每月的按揭贷款用来偿还本金和利息。此外，贷款机构可以要求贷款人每月将存款存入第三方托管账户，而第三方托管账户是贷款人用来支付房地产税和保险的账户。这些存款增加了月供的金额。

在上一节中，我们使用了固定分期贷款的还贷公式来求出汽车贷款的支付金额。因为固定利率按揭贷款是固定分期贷款，所以我们使用相同的公式来计算按揭贷款的月供。

固定分期贷款的还贷公式

定期贷款总额 PMT，需要以年利率 r 一年还 n 次金额为 P 的贷款，一直还 t 年。它的公式如下所示：

$$PMT = \frac{P\left(\dfrac{r}{n}\right)}{1-\left(1+\dfrac{r}{n}\right)^{-nt}}$$

例 1　　计算按揭贷款的月供和总利息

一户房屋的价格是 195 000 美元。银行要求交 10% 的首付，在交易结束时再交两个点。房屋价格的其余部分通过分期 30 年、固定利率是 7.5% 的按揭贷款支付。

a. 求出要交的首付。

b. 求出按揭贷款的金额。

c. 交易结束时需要交给银行的两个点是多少？

d. 求出月供（不计算第三方的税和保险）。

e. 求出 30 年的总利息。

解答

a. 要交的首付是 195 000 美元的 10%，即

$$0.10 \times 195\,000 \text{美元} = 19\,500 \text{美元}$$

b. 按揭贷款的金额是房屋价格减去首付，即

按揭贷款的金额 = 195 000美元 − 19 500美元 = 175 500 美元

c. 要想求出按揭贷款需要交的两个点，求出 175 500 美元的 2% 即可。

$$0.02 \times 175\,500 \text{美元} = 3\,510 \text{美元}$$

需要交 19 500 美元的首付给卖方，还需要交两个点（3 510 美元）给放贷机构。

d. 我们需要求出为期 30 年、利率是 7.5% 的 175 500 美元的按揭贷款的月供。我们使用固定分期贷款还贷公式来解决这个问题。

贷款金额 P 为 175 500 美元　　固定利率为 7.5%　　每年支付 12 次

$$PMT = \frac{P\left(\dfrac{r}{n}\right)}{1-\left(1+\dfrac{r}{n}\right)^{-nt}} = \frac{175\,500\left(\dfrac{0.075}{12}\right)}{1-\left(1+\dfrac{0.075}{12}\right)^{-12(30)}} \approx 1\,227$$

按揭贷款时间 t 为 30 年

每个月大约需要还 1 227 美元的本金与利息。（记住，这个金额不包括第三方的税与保险。）

e. 三十年来的总利息等于总月供的金额与按揭贷款金额的差。总月供的金额等于月供乘以还款的总月数。我们从 d 中得到，月供是 1 227 美元。总月数等于一年 12 个月乘以 30 年，即 $12 \times 30 = 360$。因此，总月供等于 $1\,227 \times 360$ 美元。

现在我们可以计算 30 年的总利息了。

总月供　　减　　贷款金额

$$\text{总利息} = 1\,227 \text{美元} \times 360 - 175\,500 \text{美元}$$
$$= 441\,720 \text{美元} - 175\,500 \text{美元} = 266\,220 \text{美元}$$

三十年来的总利息大约等于 266 220 美元。

☑ **检查点 1**　在例 1 中，175 500 美元的按揭贷款分期 30 年，固定利率是 7.5%。三十年来的总利息大约等于 266 220 美元。

a. 如果贷款持续时间缩减到 15 年，使用固定分期贷款还贷公式求出月供。保留整数。

b. 求出 15 年支付的总利息。

c. 如果按揭贷款分期 15 年，比分期 30 年节省多少利息？

2　准备一部分贷款摊销时间表

贷款摊销时间表

当一笔按揭贷款通过一系列定期还款偿清时，它被称为**摊销**。在检查点 1c 中，当按揭贷款按 15 年分期偿还而不是 30 年分期偿还时，有近 15 万美元能节省下来，你会感到惊讶吗？增加利息成本的是较长的贷款时间。虽然每次付款都是一样的，但每次连续付款，利息部分减少，用于偿还本金的部分增加。利息的计算方法为单利公式 $I = Prt$。本金 P 等于贷款余额，余额每月都在减少。利率 r 是按揭贷款的年利率。因为每个月都要付款，时间 t 是

$$\frac{1个月}{12个月} = \frac{1}{12}$$

即一年的 $\frac{1}{12}$。

显示每月如何在利息和本金之间分摊的文件被称为**贷款摊销时间表**。通常，对于每笔付款而言，该文件包括支付次数、偿还的利息、向本金申请的还款金额，以及申请还款后的贷款余额。

例 2　准备贷款摊销时间表

为按揭贷款的头两个月准备如下表所示的贷款摊销时间表。保留两位小数。

贷款摊销时间表

年利率：9.5%

按揭贷款金额：130 000 美元　　　　月供：1 357.50 美元

月供的次数：180　　　　　　　　　分期：15 年 0 月

支付次数	偿还的利息	偿还的本金	剩余待还本金
1			
2			

次贷危机

2006 年，美国房价中位数跃升至 20.6 万美元，仅一年就惊人地上涨了 15%，五年内上涨了 55%。房价的上涨使房地产成为对许多人有吸引力的投资，包括那些信用记录差和收入低的人。因此开始降低按揭贷款的信用标准，向高风险贷款人发放贷款。到了 2008 年，美国喧闹的住房排队结束了。2002 年至 2006 年短暂的宽松借贷，尤其是宽松的按揭贷款操作，最终演变成大萧条以来最严重的金融危机。房价暴跌令数万亿美元的房屋净值化为乌有，引发市场担心，止赎和信贷紧缩可能导致房价下跌至数百万家庭和数千家银行被迫破产的地步。

解答

我们从第一次支付开始。

$$偿还的利息 = Prt = 130\,000 \times 0.095 \times \frac{1}{12} 美元 \approx 1\,029.17 美元$$

$$偿还的本金 = 月供 - 偿还的利息$$

$$= 1\,357.50 美元 - 1\,029.17 美元 = 328.33 美元$$

$$剩余待还本金 = 本金 - 偿还的本金$$

$$= 130\,000 美元 - 328.33 美元 = 129\,671.67 美元$$

现在，我们开始计算第二次支付，重复上述计算。

$$偿还的利息 = Prt = 129\,671.67 \times 0.095 \times \frac{1}{12} 美元 \approx 1\,026.57 美元$$

$$偿还的本金 = 月供 - 偿还的利息$$

$$= 1\,357.50 美元 - 1\,026.57 美元 = 330.93 美元$$

$$剩余待还本金 = 本金 - 偿还的本金$$

$$= 129\,671.67 美元 - 330.93 美元 = 129\,340.74 美元$$

这些计算的结果如表 8.8 部分贷款摊销时间表所示。通过使用单利公式一个月一个月地计算剩余待还本金，我们可以完成所有 180 次支付的贷款摊销时间表。

许多贷方提供一个贷款摊销时间表，就像例 2 中的持续到贷款结束的贷款摊销时间表。这样的时间表显示了在整个贷款周期中，买家如何为每笔付款支付少一点的利息和多一点的本金。

表 8.8　贷款摊销时间表

年利率：9.5%			
按揭贷款金额：130 000 美元		月供：1 357.50 美元	
月供的次数：180		分期：15 年 0 月	
支付次数	偿还的利息	偿还的本金	剩余待还本金
1	1 029.17 美元	328.33 美元	129 671.67 美元
2	1 026.57 美元	330.93 美元	129 340.74 美元
3	1 023.96 美元	333.54 美元	129 007.22 美元
4	1 021.32 美元	336.18 美元	128 671.04 美元

（续）

支付次数	偿还的利息	偿还的本金	剩余待还本金
30	944.82 美元	412.68 美元	118 931.35 美元
31	941.55 美元	415.95 美元	118 515.52 美元
125	484.62 美元	872.88 美元	60 340.84 美元
126	477.71 美元	879.79 美元	59 461.05 美元
179	21.26 美元	1 336.24 美元	1 347.74 美元
180	9.76 美元	1 347.74 美元	

☑ **检查点 2** 为按揭贷款的头两个月准备如下表所示的贷款摊销时间表。保留两位小数。

贷款摊销时间表

年利率：7.0%			
按揭贷款金额：200 000 美元		月供：1 550 美元	
月供的次数：240		分期：20 年 0 月	
支付次数	偿还的利息	偿还的本金	剩余待还本金
1			
2			

布利策补充

苦甜参半的利息

看看摊销表，你可能会感到沮丧，因为你早期的按揭贷款还款中有很多是用于支付利息，而很少是用于支付本金。虽然你在贷款的早期会有大量的利息，但按揭贷款的一个好处是可以减免按揭贷款利息税。为了让买房的成本更容易承受，税法允许你每年扣除所有的按揭贷款利息（但不包括本金）。表 8.9 说明了这个税收漏洞是如何降低按揭贷款成本的。

表 8.9 对于税率等级为 28% 的纳税人，10 万美元按揭贷款的税收扣除为 7%

年	利息（美元）	节税（美元）	按揭贷款净价（美元）
1	6 968	1 951	5 017
2	6 895	1 931	4 964
3	6 816	1 908	4 908
4	6 732	1 885	4 847
5	6 641	1 859	4 782

3　解决涉及你能支付多少按揭贷款的问题

判断你能贷得起多少钱

大部分财务顾问都会给出下面的建议：

● 按揭贷款的支出不要超过你每月总收入的 28%。

● 你每月的总债务不要超过你每月总收入的 36%，包括按揭贷款、汽车贷款、信用卡账单、学生贷款和医疗债务。

根据上述建议，表 8.10 显示了不同收入等级每个月能支付的最大按揭贷款与每月总债务。

表 8.10　能付得起的最大数额

全年总收入	按揭贷款	总债务
20 000 美元	467 美元	600 美元
30 000 美元	700 美元	900 美元
40 000 美元	933 美元	1 200 美元
50 000 美元	1 167 美元	1 500 美元
60 000 美元	1 400 美元	1 800 美元
70 000 美元	1 633 美元	2 100 美元
80 000 美元	1 867 美元	2 400 美元
90 000 美元	2 100 美元	2 700 美元
100 000 美元	2 333 美元	3 000 美元

来源：Fannie Mae

例 3　你能贷得起多少钱？

假设你的全年总收入是 25 000 美元。

a. 你每个月最多能付多少按揭贷款？

b. 你每个月的总债务最多为多少？

c. 如果你每月的按揭贷款是你所能负担的最大数额的 80%，那么你每个月最多能偿还多少其他债务？

计算结果保留整数。

解答

全年总收入是 25 000 美元，你的每月总收入是 $\frac{25\,000}{12}$ 美元，约为 2 083 美元。

三十年的按揭贷款

与过去 30 年的年平均水平相比，2017 年的按揭贷款利率相对较低。下面的表格显示了选定年份的 30 年期固定按揭贷款的平均利率。

年份	平均按揭利率
1981	18.63%
1985	12.43%
1988	10.34%
1991	9.25%
2000	8.05%
2002	5.83%
2006	6.41%
2011	4.45%
2017	4.46%

来源：Freddie Mac

a. 你按揭贷款的支出不要超过每月总收入的 28%，即 2 083 美元的 28%。

$$2\,083\text{美元的}28\% = 0.28 \times 2\,083\text{美元} \approx 583\text{美元}$$

你每个月最多能付 583 美元按揭贷款。

b. 你每月的总债务不要超过你每月总收入的 36%，即 2 083 美元的 36%。

$$2\,083\text{美元的}36\% = 0.28 \times 2\,083\text{美元} \approx 750\text{美元}$$

你每个月的总债务最多为 750 美元。

c. 问题的条件是，你每月的按揭贷款是你所能负担的最大数额的 80%，即 583 美元的 80%。

$$583\text{美元的}80\% = 0.80 \times 583\text{美元} \approx 466\text{美元}$$

在 b 中，我们求出了你每个月的总债务最多为 750 美元。因为你要付 466 美元给按揭贷款，其他债务最多为 750 美元 − 466 美元 =284 美元。除了按揭贷款，你每个月的总债务最多为 284 美元。

☑ **检查点 3**　假设你的全年总收入是 240 000 美元。

a. 你每个月最多能付多少按揭贷款？

b. 你每个月的总债务最多为多少？

c. 如果你每月的按揭贷款是你所能负担的最大数额的 90%，那么你每个月最多能偿还多少其他债务？

计算结果保留整数。

租房与买房

几乎每个人在人生的某个阶段都会面临这样的困境："我应该租房还是买房？"租房还是买房的决定可能非常复杂，通常是根据生活方式而不是财务状况。除了不断变化的经济气候，还有许多因素需要考虑。以下是租房和买房的一些优点，可以帮助你更顺利地走出困境：

4　理解租房的优点与缺点

租房的优点

- 不需要首付或百分点。你通常只需要交一笔押金，会在你的租约结束时返还。

- 来去自由：在租约允许的情况下，你可以轻易搬家，想怎么搬家就怎么搬家。
- 不会束缚数十万美元的资金，而这些资金本可以更安全、更有利可图地投资于其他地方。大多数理财顾问都同意，买房是因为你想住在里面，而不是为了养老。
- 不会把你所能支付的每月总债务与按揭贷款混为一谈。
- 可能会减少每月的开支。你只需要支付租金，而房主支付按揭贷款、税收、保险和维修费用。
- 可以享受游泳池、网球场和健身俱乐部等设施。
- 避免房价暴跌的风险。
- 不需要维修、维护和做园艺。
- 不需要交财产税。
- 一般来说，租住三年以内房子比买一套房子要便宜。

买房的优点

- 内心平静，精神稳定。
- 提供显著的税收优惠，包括扣除抵押贷款利息和财产税。
- 不会面临租金上涨的风险。
- 允许自由改造、布置和重新装修。
- 你可以建立**资产净值**，即当按揭贷款被还清时房屋价值和你欠按揭贷款之间的差。房屋增值的可能性是一个潜在的现金来源，以房屋净值贷款的形式出现。
- 以 7 年的时间来看，总租金（月租金、租房者的保险、保证金的潜在利息损失）是详细列出减税项目的房主购房总成本的两倍多。

来源：Arthur J. Keown, *Personal Finance*, Fourth Edition, Pearson, 2007.

布利策补充

降低租房成本

让我们假设你的长期财务目标之一是拥有住房。在完成学业、开始第一份工作后，你仍有可能会租一段时间房子。除了住在帐篷，下面有一些实用的建议，可以帮助你在第一次租房时降低成本：

- 选择一个低成本的租赁。谁说你应该在设施豪华、拥有私人停车位和湖滨美景的大公寓里开始你的职业生涯？你花在租房上的钱越少，你就能存更多的钱来支付买房的首付。

你最终将有资格获得最优惠的按揭贷款条件，只需支付至少20%的首付。

- 和租金上涨谈判。房东不想失去尊重他们的财产并按时支付租金的好房客。填补空缺既费时又费钱。

- 和室友合租一间更大的房子。通过合租，你将减少租金成本，用你的租金获得更大的住房。

8.8 信用卡

你想用信用卡购物吗？虽然信用卡可以让你在付款时进行透支，但与这类卡相关的成本（包括高利率、费用和罚金）会更容易造成你的损失。2016 年，美国家庭平均信用卡债务为 16 748 美元，其中每年利息为 1 292 美元（来源：nerdwallet.com）。使用信用卡购物的一个优点在于，消费者可以立即使用产品。在本节中，我们将学习信用卡的一个显著缺点，它会增加大量的购买成本。当你在使用信用卡购物时，一定要小心谨慎！

开放式分期贷款

信用卡是开放式分期贷款的一个例子，通常称为**循环贷款**。开放式贷款不同于固定的分期贷款，如汽车贷款和按揭贷款，没有为每个时期支付一个固定数额的还贷时间表。信用卡贷款要求用户每月只支付最低还款额，额度取决于未付余额和利率。与其他种类的贷款相比，信用卡的利率很高。信用卡的利息是用单利公式 $I = Prt$ 计算的。然而，r 代表月利率，t 是以月为单位而不是以年为单位的时间。典型的月利率是1.57%。这相当于12×1.57%，即18.84%的年利率。在如此高的年利率的情况下，你应该尽快付清信用卡余额。

大多数信用卡客户是按月还贷的。典型的计费周期是 5 月 1 日到 5 月 31 日，但也可以从 5 月 5 日到 6 月 4 日。客户会收到一份称为**分项账单**的声明，包括账单结算期第一天的未还余额、结算期最后一天待还的总余额、账单期内的购物与预付现金清单、其他财务收费或杂费、结算期最后一天的日期、结算到期日期和所需最低还款。

在结算期内购买商品并在付款截止日期前付清全部货款的消费者不用交利息。相比之下，使用信用卡预支现金的客户必须支付利息，利息从预支款项的那一天起一直算到还款的那一天为止。

1 求出信用卡贷款的利息、未还余额和最低月还款

信用卡的利息：平均日余额法

计算信用卡利息或财务费用的方法可能有所不同，而显示相同年利率的信用卡的利息也有可能不同，用于计算大多数信用卡利息的方法称为**平均日余额法**。

布利策补充

债台高筑

在 2016 年，美国的总债务大于 2007 年经济大衰退开始时的总债务。

欠债种类	美国平均每户欠债金额
信用卡	16 748 美元
按揭贷款	176 222 美元
汽车贷款	28 948 美元
助学贷款	49 905 美元

平均日余额法

我们用单利公式 $I = Prt$ 计算利息，其中，r 代表月利率，t 以月为单位。本金 P 是平均日余额。平均日余额是结算期内每天未还余额的和除以结算期天数得到的商。

$$平均日余额 = \frac{结算期内每天未还余额的和}{结算期天数}$$

在例 1 中，我们将说明如何计算平均日余额。在例子的结论处，我们将总结计算步骤。

例 1 信用卡的未还余额

一张特别的 VISA 信用卡的发行商使用平均日余额法收取利息。平均日余额的月利率是 1.3%。下面的表格记录了结算期 5 月 1 日至 5 月 31 日的交易记录。

a. 求出结算期内的平均日余额。保留两位小数。

b. 求出下一个结算期 6 月 1 日要交的利息。保留两位小数。

c. 求出 6 月 1 日的未还余额。

d. 如果结算期结束时未还余额小于 360 美元，信用卡要求最低还款 10 美元。如果大于或等于 360 美元，每月最低还款额为结算期结束时未还余额的 $\frac{1}{36}$，向上保留整数。6 月 9 日前每月最低还款为多少?

交易记录	交易金额
上期未付余额，1 350.00 美元	
5 月 1 日　结算期开始	
5 月 8 日　还款	250.00 美元
5 月 10 日　付款：机票	375.00 美元
5 月 20 日　付款：书籍	57.50 美元
5 月 28 日　付款：餐馆	65.30 美元
5 月 31 日　结算期结束	
还款截止日期：6 月 9 日	

解答

a. 我们从求出结算期的平均日余额开始。首先列出一张包含结算期起始日、每个交易日期和每个日期的未付余额的表格。

日期	未付余额	
5 月 1 日	1 350.00 美元	上期未付余额
5 月 8 日	1 350.00−250.00=1 100.00 美元	还款 250.00 美元
5 月 10 日	1 100.00+375.00=1 475.00 美元	花费 375.00 美元
5 月 20 日	1 475.00+57.50=1 532.50 美元	花费 57.50 美元
5 月 28 日	1 532.50+65.30=1 597.80 美元	花费 65.30 美元

日期	未付余额	每个未付余额的天数	（未付余额）·（天数）
5 月 1 日	1 350.00 美元	7	(1 350.00 美元)(7)=9 450.00 美元
5 月 8 日	1 100.00 美元	2	(1 100.00 美元)(2)=2 200.00 美元
5 月 10 日	1 475.00 美元	10	(1 475.00 美元)(10)=14 750.00 美元
5 月 20 日	1 532.50 美元	8	(1 532.50 美元)(8)=12 260.00 美元
5 月 28 日	1 597.80 美元	4	(1 597.80 美元)(4)=6 391.20 美元

共计：31　　　　共计：45 051.20 美元

在下一个结算期（6 月 1 日）开始之前，未付的余额有 4 天，5 月 28 日，29 日，30 日和 31 日

这是结算期内的天数

这是结算期内每天未付余额的总和

现在，我们加上两列，扩展表格。其中一列显示每个未付余额的天数，另一列表格显示每个未付金额乘以天数得到的惊人金额。

注意，我们可以根据表格求出最后一列的总金额。结算期内每天未还余额的和是 45 051.20 美元。

现在，我们将结算期内每天未还余额的和除以结算期的天数，即 45 051.20 美元除以 31 天。这样就求出了平均日余额。

$$平均日余额 = \frac{结算期内每天未还余额的和}{结算期天数}$$

$$= \frac{45\,051.20美元}{31} \approx 1\,453.26美元$$

平均日余额大约是 1 453.26 美元。

b. 现在我们求下一个结算期 6 月 1 日需要交的利息。我们用单利公式 $I = Prt$ 计算利息，其中，月利率 r 等于 1.3%。

$$I = Prt = \left(1\,453.26美元\right)\left(0.013\right)\left(1\right) \approx 18.89 \text{ 美元}$$

> 平均日余额作为本金   时间 t 以月为单位，$t=1$

下一个结算期 6 月 1 日需要交的利息约为 18.89 美元。

c. 下一个结算期 6 月 1 日的未还余额是 5 月 31 日的未还余额加上利息。

$$未还余额 = 1\,597.80美元 + 18.89美元 = 1\,616.69美元$$

> 5 月 31 日的未付余额，从前面表中得知   从 b 中得到的利息

6 月 1 日的未还余额是 1 616.69 美元。

d. 因为未还余额是 1 616.69 美元，超过了 360 美元，所以消费者必须最少支付未还余额的 $\frac{1}{36}$。

$$最低月还款 = \frac{未还余额}{36} = \frac{1\,616.69美元}{36} \approx 45美元。$$

我们向上保留整数，得到 6 月 9 日的最低月还款额是 45 美元。

下面总结例 1 中计算平均日余额的步骤。当结算期内有很多次交易时，计算平均日余额会非常乏味。

求出平均日余额

步骤 1　列出一张包含结算期起始日、每个交易日期和每个日期的未付余额的表格。

步骤 2　加上一列扩展表格，显示每个未付余额的天数。

步骤 3　加上一列扩展表格，显示每个未付金额乘以天数得到的惊人金额。

步骤 4　根据表格求出最后一列的总金额。这个总金额是结算期内每天未还余额的和。

步骤 5　计算平均日余额。

$$平均日余额 = \frac{结算期内每天未还余额的和}{结算期天数}$$

☑ **检查点 1**

　　一家信用卡公司使用平均日余额法收取利息。平均日余额的月利率是 1.6%。下面的表格记录了结算期 5 月 1 日至 5 月 31 日的交易记录。

交易记录	交易金额
上期未付余额，8 240.00 美元	
5 月 1 日　结算期开始	
5 月 7 日　还款	350.00 美元
5 月 15 日　付款：计算机	1 405.00 美元
5 月 17 日　付款：餐馆	45.20 美元
5 月 30 日　付款：衣服	180.72 美元
5 月 31 日　结算期结束	
还款截止日期：6 月 9 日	

使用上面的信息回答例 1 中的 a 至 d 小题。

2　理解使用信用卡的利与弊

信用卡：是美妙的工具还是钱包里的毒蛇？

　　信用卡十分便利。在每个月结算期到期之前付完全部待还余额，你就不用交利息了。余额的利息会越欠越多。记住这一点之后，我们来讨论一下使用信用卡的优点与缺点。

使用信用卡的优点

- 在实际支付之前就能使用产品。
- 在每个月结算期到期之前付完全部待还余额就不用交利息。
- 负责任地使用信用卡能够有效提升你的信用评分。（见有关信用评分的讨论。）
- 不需要随身带大量现金。
- 比支票使用方便。
- 保护消费者：如果你的信用卡清单里有争议或不当收费，告知信用卡公司，一般会移除该收费。
- 提供暂时性的紧急资金来源。
- 通过手机或网络购物，拓展购物机会。
- 没有信用卡的话，租车或订宾馆这样的简单事情会变得非常复杂甚至不可能。
- 月度账单能帮助你追踪花销。有些信用卡公司还提供年度账单，协助税务筹划。
- 可能会提供福利，如免费飞行里程。
- 当你需要多个身份证明时，可作为身份证明。

使用信用卡的缺点

- 未还余额的利率十分高昂。在 2009 年，利率高达 30%。
- 利率没有封顶。在 2009 年，美国参议院否决了一项将利率封顶为 15% 的修正案。（2009 年美国国会通过的《信用卡法案》确实限制了发卡机构何时可以提高现有未付余额的利率。）你的信用卡初始利率不会下降，甚至还会上升。
- 没有费用上限。Consumer Reports（2008 年 10 月）提到了一种年利率高达 9.9% 的信用卡。但细则显示，开户费为 29 美元，程序费为 95 美元，年费为 48 美元，服务费为每月 7 美元。2008 年，美国发卡机构 400 亿美元的利润中，40% 来自这些费用。此外，发行机构可以在任何时候以任何理由提高费用。在你签署信用卡协议前，仔细阅读这些细则。

- 很容易过度消费。使用信用卡付款会产生一种错觉，让你误以为自己并没有花多少钱。
- 可能会造成财务危机。当你使用信用卡购买超出支付能力的东西时，如果每月未能还清待还余额，就会造成严重的债务。费用和利息加到待还余额中，即使你不再买新的东西，待还余额也会继续增长。
- 最低还款额陷阱：因为只支付最低还款额，信用卡债务会变得更糟，11% 的信用卡债务人犯了这个错误，大部分支付最低还款额的费用是用于支付利息的。

信用卡清单现在包含最低还款警示："如果你每个结算期只还最低金额，你就会付更多利息，还清款的时间也越长。"

3 理解信用卡与借记卡的不同之处

借记卡

信用卡诞生于 20 世纪 50 年代。而与它相像的借记卡诞生于 20 世纪 70 年代中期。尽管借记卡长得和信用卡很像，但借记卡与信用卡最大的区别在于借记卡与你的银行账户绑定。当你使用借记卡时，你花的钱会自动从你的银行账户里扣。这和写电子支票很像，但是不需要纸张，而且可以立刻得到"现金"。

借记卡为你提供便利，买东西只要用一张塑料卡片就行了，不会增加信用卡的债务。因为如果你银行账户里的钱不够用，借记卡就不能用了，所以你没办法花自己没有的钱。

借记卡也有缺点。它们可能不像信用卡为有争议的购买提供保护。如果你的银行让你参加一个"透支保护"计划，你很容易被收取透支费用。这意味着，如果你的账户里没有足够的资金来支付购买费用，你的借记卡将不会拒绝支付。虽然你不会因为支付被拒绝而产生尴尬，但是每次透支你就要支付大约 27 美元的费用。

你应该像使用支票一样使用借记卡购物。在你的支票簿上记录所有的交易和金额，包括从自动取款机支取的现金。要时刻注意你的账户上还有多少钱。你可以在自动取款机或网上查询你的余额。

4 了解信用卡报告中的内容

信用报告

作为一个大学生，你可能没有信用记录。一旦你开始使用第一张信用卡，你的个人**信用报告**就开始记录了。信用报告包含下列信息：

- **识别信息**：包括你的姓名、社保号、当前住址和曾住址。
- **信用账户记录**：包括所有开启或关闭的信用账户的细节信息，例如每个账户的开户日期、最新的待还余额和还款历史。
- **公共记录信息**：你的所有公共记录，例如破产信息，会出现在这个部分。
- **收款代理账户信息**：未还的余额会转到收款代理账户。这种转移会出现在信用报告的这个部分。
- **问询**：这个部分列出了由于你应用自身信用而查看你信用信息的公司。

名为**信用机构**的组织收集个人消费者的信用信息，并根据要求向潜在的贷款人、雇主和其他人提供信用报告。三大信用机构分别是 Equifax、Experian 和 TransUnion。

5 理解信用评分是衡量信誉高低的指标

信用评分

信用机构使用你信用报告中的数据来创建一个信用评分，用来衡量你的信誉。**信用评分**或 FICO 评分，范围从 300 到 850，分数越高表示信用越好。表 8.11 列出了信用评分的范围及其对信誉的衡量。

表 8.11　信用评分及其含义

信用评分	信誉度
720～850	非常好；贷款享受最低利率
650～719	很好；可能借到贷款，但是利率不一定最低
630～649	不错；可能借到贷款，但是利率只会较高
580～629	不好；可能会借不到贷款，借到了利率也会很高
300～579	很差；可能借不到贷款

你的信用评分将对你的财务生活产生巨大的影响。信用评分越高的个人贷款利率越低，因为他们的违约风险更低。良好的信用记录可以在你的一生中为你节省数千美元的利息费用。

布利策补充

大学生与信用卡

如果你没有信用记录，但至少满 18 岁而且有工作，你可以获得一张有额度限制的信用卡，通常是 500 到 1 000 美元。如果你通过有账户的银行申请，你获得信用卡的机会就会增加。

在 2010 年之前，大学生没有必要通过工作来获得信用卡。信用卡公司认为大学生是不错的、负责任的客户，他们将终生需要信用卡。发行者希望在这些学生毕业后、他们的账户变得更有价值时，能够留住他们。许多公司采取了激进的营销策略，向注册的学生提供从 T 恤衫到 iPod 等各种产品。

时代已经变了。2009 年 5 月，美国总统奥巴马签署了一项法案，禁止向 21 岁以下的大学生发放信用卡，除非他们能证明自己有能力还款，或者有父母或监护人共同签署。因为大学生没有很多钱，没有他们父母的许可的话，大多数人将不能得到信用卡。该法案还要求贷款人在提高信用卡信用额度之前必须得到共同签署人的许可。

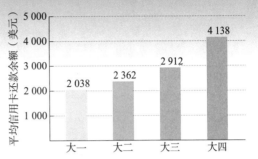

2008 年美国大学生的平均信用卡债务

来源：Nellie Mae

在信用卡改革之前，大学生容易刷信用卡，那些拖欠信用卡账单的人在离开学校时，往往有不良的信用报告。这使得他们租房子、申请汽车贷款，甚至找工作都变得更加困难。"很多孩子让自己陷入了麻烦，"Credit.com 网站的创始人 Adam Levin 说，"就像大学生沉迷于刷 GPA 一样，他们的信用评分是他们毕业后必须处理的最重要的数字。"

好问题！

负责任地使用信用卡的底线是什么?

理财成功的一个重要组成部分是证明你可以承担使用信用卡的责任。负责任的信用卡使用方式意味着：

- 你在每个月的结算期结束时付完所有待还余额。
- 你只用信用卡购买你能够负担得起的东西。
- 你保留所有信用卡购买的收据，并仔细检查分项账单有没有出现错误。
- 你有时会使用信用卡，但也会使用现金、支票或借记卡。

当你决定申请自己的第一张信用卡时，你应该找一张没有年费而且利率较低的信用卡。

第 9 章

测量

　　你觉得很拥挤，也许现在是搬到美国一个活动空间更大的州的好时机。但是搬到哪个州去呢？你可以查每个州的人口，但这并没有考虑人口占的土地大小。如何测量这片土地的大小？你怎样才能使用这种测量方法来选择一个野生动物数量比人类数量多的地方？

　　在本章中，我们将探讨在英制和公制中测量事物的方法。了解如何使用度量单位来描述你的世界，可以帮助你在从住在哪里到酒精消耗再到确定适当的药物剂量等问题上做出决定。

相关应用所在位置

- 求哪一个州地广人稀的应用见 9.2 节中的例 2。
- 测量酒精摄入量的应用见 9.3 节例 4 后面的"布利策补充"。
- 药物剂量问题见 9.2 节中的例 8 和 9.3 节中的例 4。

9.1

学习目标

学完本节之后，你应该能够：

1. 使用量纲分析法改变测量单位。
2. 理解并使用公制前缀。
3. 公制单位的内部转换。
4. 使用量纲分析法互相转换公制和英制单位。

线性测量单位最初是根据身体各部分的长度得出来的。埃及人使用手掌（相当于四根手指）、一掌（一只手掌宽度）和肘（前臂的长度）来测量。

1　使用量纲分析法改变测量单位

长度测量与公制

你看过电影《侏罗纪公园》吗？这些流行的电影反映了我们对恐龙及其惊人体型的迷恋。侏罗纪时期（2.08 亿至 1.46 亿年前）最大的恐龙从头到尾大约有 88 英尺长。**测量**一个物体（例如恐龙）就是给它的大小指定一个数字。表示一个物体从一端到另一端的度量的数字称为它的**长度**。测量用来描述长度、面积、体积、重量和温度的特性。几个世纪以来，人们发展出了现在世界上大多数地方都通用的测量制度。

长度

每一个测量都由两个部分组成：一个数字和一个测量单位。例如，如果一只恐龙的长度是 88 英尺，这个数字就是 88，测量单位是英尺。测量长度通常使用许多不同的单位。英尺来自一种被称为**英制**的测量系统，这种系统通常在美国使用。在这种测量系统中，长度用英寸、英尺、码和英里等单位表示。

测量长度所得的结果称为**线性测量**，用**线性单位**表示。

线性测量单位：英制

12 英寸（in）=1 英尺（ft）

3 英尺（ft）=1 码（yd）

36 英寸 =1 码

5 280 英尺 =1 英里（mile）

从一种测量单位换成另一种测量单位很简单，比如从英尺换成英寸。我们知道一英尺有 12 英寸。要把 5 英尺换算成英寸，我们需要乘以 12 。因此，5 英尺 =5×12 英寸 =60 英寸。

另一个用来从一个测量单位转换到另一个测量单位的过程叫作**量纲分析法**。量纲分析使用单位分数。单位分数有两个性质：分子和分母包含不同的单位，单位分数的值为 1。下面有一些单位分数的例子：

in= 英寸
ft= 英尺
yd= 码
mile= 英里

$$\frac{12\,\text{in}}{1\,\text{ft}}, \quad \frac{1\,\text{ft}}{12\,\text{in}}, \quad \frac{3\,\text{ft}}{1\,\text{yd}}, \quad \frac{1\,\text{yd}}{3\,\text{ft}}, \quad \frac{5\,280\,\text{ft}}{1\,\text{mile}}, \quad \frac{1\,\text{mile}}{5\,280\,\text{ft}}$$

在每一个单位分数中，分子和分母都是相等的度量单位，因此分数的值都是 1。

我们来学习如何使用量纲分析法将 5 英尺换算成英寸。

$$5\text{ft}=?\ \ \text{in}$$

我们要消去英尺，加上英寸。我们需要引入的单位英寸，必须出现在分数的分子上。我们需要消除的单位英尺，必须出现在分母中。因此，我们选择分子为英寸，分母为英尺的单位分数。该单位分数如下所示：

$$5\,\text{ft}=\frac{5\,\text{ft}}{1}\cdot\frac{12\,\text{in}}{1\,\text{ft}}=5\cdot12\,\text{in}=60\,\text{in}$$

量纲分析法

要想将一个测量单位转换成另一个单位，需要乘以一个（或多个）单位分数。给定的测量单位应该出现在单位分数的分母上，这样相乘时这个单位就被消掉了。需要引入的测量单位应该出现在分数的分子上，这样在相乘时就可以保留这个单位。

例 1   使用量纲分析法转换测量单位

进行下列转换：

a. 40 英寸转换成英尺

b. 13 200 英尺转换成英里

c. 9 英寸转换成码

解答

a. 因为我们需要将 40 英寸转换成英尺，英尺应该出现在单位分数的分子部分，英寸应该出现在分母部分。我们使用单位分数 $\dfrac{1\,\text{ft}}{12\,\text{in}}$ 并进行下列运算：

$$40\,\text{in}=\frac{40\,\text{in}}{1}\cdot\frac{1\,\text{ft}}{12\,\text{in}}=\frac{40}{12}\,\text{ft}=3\frac{1}{3}\,\text{ft}\ \text{或}\ 3.\dot{3}\,\text{ft}$$

b. 要想将 13 200 英尺转换成英里，英里应该出现在单位分

数的分子部分，英尺应该出现在分母部分。我们使用单位分数

$\dfrac{1\,\text{mile}}{5280\,\text{ft}}$ 并进行下列运算：

$$13\,200\,\text{ft} = \dfrac{13\,200\,\text{ft}}{1} \cdot \dfrac{1\,\text{mile}}{5\,280\,\text{ft}} = \dfrac{13\,200}{5\,280}\,\text{mile} = 2\dfrac{1}{2}\,\text{ft 或 } 2.5\,\text{ft}$$

c. 要想将 9 英寸转换成码，码应该出现在单位分数的分子部分，英寸应该出现在分母部分。我们使用单位分数 $\dfrac{1\,\text{yd}}{36\,\text{in}}$ 并进行下列运算：

$$9\,\text{in} = \dfrac{9\,\text{in}}{1} \cdot \dfrac{1\,\text{yd}}{36\,\text{in}} = \dfrac{9}{36}\,\text{yd} = \dfrac{1}{4}\,\text{yd 或 } 0.25\,\text{yd}$$

在例 1 的每一个小题，我们都将较小的单位转换成较大的单位。你注意到单位转换之后的结果出现较小的数了吗？**较小的单位转换成较大的单位总是得到一个较小的数。较大的单位转换成较小的单位总是得到一个较大的数。**

☑ **检查点 1** 进行下列转换：

a. 78 英寸转换成英尺

b. 17 160 英尺转换成英里

c. 3 英寸转换成码

2 理解并使用公制前缀

表 9.1 常用公制前缀

前缀	符号	含义
千	k	$1\,000 \times$ 基本单位
百	h	$100 \times$ 基本单位
十	da	$10 \times$ 基本单位
分	d	$\dfrac{1}{10} \times$ 基本单位
厘	c	$\dfrac{1}{100} \times$ 基本单位
毫	m	$\dfrac{1}{1\,000} \times$ 基本单位

长度与公制

虽然英制测量制度在美国最常用，但是大多数工业化国家都使用公制测量制度。公制的优点之一是单位是以十的幂为基的，因此它比英制更容易从一个测量单位转换为另一个测量单位。

公制线性测量的基本单位是米（m）。一米要比一码稍微长一点，大约是 39 英寸。我们用前缀来表示多倍一米或一米的部分。表 9.1 总结了更多常用的公制前缀及其含义。

前缀千、厘和毫比前缀百、十和分更加常用。表 9.2 将这六个前缀应用到了米上。符号的第一部分是前缀，第二部分是米（m）。

表 9.2　公制中常用的线性测量
单位

符号	单位	含义
km	千米	1 000 米
hm	百米	100 米
dam	十米	10 米
m	米	1 米
dm	分米	0.1 米
cm	厘米	0.01 米
mm	毫米	0.001 米

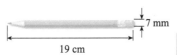

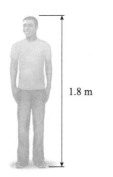

在公制中，千米是用来测量距离的，而在英制中，英里是用来测量距离的。1 千米约等于 0.6 英里，1 英里约等于 1.6 千米。

公制单位厘米和毫米用来测量英制单位英寸测量的物体。图 9.1 显示一厘米小于半英寸、一英寸约等于 2.54 厘米。底部刻度上较小的标记是毫米。蜜蜂或苍蝇的长度可以用毫米来测量。

图 9.1

在美国出生的人很清楚在英制中一个物体的长度是多少。一只 88 英尺长的恐龙非常巨大，大约是一个 6 英尺高的人的 15 倍。但是我们不知道鲸鱼有 25 米长表示什么意义。下面的长度和给定的近似值可以帮助你了解线性测量的公制单位。

（1 米 ≈ 39 英寸　　1 千米 ≈ 0.6 英里）

条目	近似长度
铅笔尖的宽度	2 mm 或 0.08 in
成年人大拇指的宽度	2 cm 或 0.8 in
成年男子的身高	1.8 m 或 6 ft
典型房屋的高度	2.5 m 或 8.3 ft
中型车的长度	5 m 或 16.7 ft
帝国大厦的高度	381m 或 1270 ft
海洋的平均深度	4 km 或 2.5 mile
曼哈顿岛的长度	18 km 或 11.25 mile
从纽约到洛杉矶的距离	4 800 km 或 3 000 mile
地球的半径	6 378 km 或 3 986 mile
地球与月球之间的距离	384 401 km 或 240 251 mile

3　公制单位的内部转换

虽然量纲分析法可以用于在公制中从一个单位转换为另一个单位，但是有一种更简单、更快速的方法来完成这种转换。这个过程是基于这样的观察：较小的单位是较大的单位依次除以 10 得到的，较大的单位是较小的单位依次乘以 10 得到的。

公制中的单位转换

我们可以使用下列图表来求出长度测量的等价表示：

1. 要从一个较大的单位转换成一个较小的单位（在图中向右移动），每向右走一步都要乘以 10。因此，对于每个较小的单位，需要将给定量的小数点向右移动一位，直到达到所需的单位。

2. 要从一个较小的单位转换成一个较大的单位（在图中向左移动），每向左移动一步都要除以 10。因此，对于每个较大的单位，需要将给定量的小数点向左移动一位，直到达到所需的单位。

例2 公制中的单位转换

a. 将 504.7 米转换成千米。

b. 将 27 米转换成厘米。

c. 将 704 毫米转换成百米。

d. 将 9.71 十米转换成分米。

解答

a. 要想将 504.7 米转换成千米，我们从米开始，向左移动三步，就到达了千米：

$$km \quad hm \quad dam \quad m \quad dm \quad cm \quad mm$$

因此，我们将小数点向左移动三位：

$$504.7 \, m = 0.504\,7 \, km$$

因此，504.7 米转换成了 0.504 7 千米。较小的单位（米）转换成较大的单位（千米）总是得到一个较小的数。

b. 要想将 27 米转换成厘米，我们从米开始，向右移动两步，就到达了厘米：

第一个米

法国人在 1791 年第一次定义了米，将米的长度计算为从赤道穿过巴黎到北极线路的一千万分之一。今天的"米"是 1983 年官方认可的，它等于光在真空中在 1/299 794 458 秒的时间间隔内所走路径的长度。

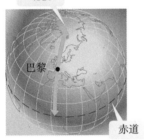

1 米 = 从赤道穿过巴黎到北极线路的 1/10 000 000

km　hm　dam　m　dm　cm　mm

因此，我们将小数点向右移动两位：

$$27 \text{ m} = 2\,700 \text{ cm}$$

因此，27 米转换成了 2 700 厘米。较大的单位（米）转换成较小的单位（厘米）总是得到一个较大的数。

c. 要想将 704 毫米转换成百米，我们从厘米开始，向左移动五步，就到达了百米：

km　hm　dam　m　dm　cm　mm

因此，我们将小数点向左移动五位：

$$704 \text{ mm} = 0.007\,04 \text{ hm}$$

d. 要想将 9.71 十米转换成分米，我们从十米开始，向右移动两步，就到达了分米：

km　hm　dam　m　dm　cm　mm

因此，我们将小数点向右移动两位：

$$9.71 \text{ dam} = 971 \text{ dm}$$

在例 2b 中，我们计算出来 27 米转换成了 2 700 厘米。这是世界上最长的鲸鱼，加州蓝鲸的平均长度。蓝鲸的长度能超过 30 米，也就是 100 英尺。

☑ 检查点 2

a. 将 8 000 米转换成千米。

b. 将 53 米转换成毫米。

c. 将 604 厘米转换成百米。

d. 将 6.72 十米转换成厘米。

病毒和公制前缀

病毒是用 attometer 单位测量的。一个 attometer 是一米的十八次方分之一，即 10^{-18} m，用 am 表示。如果一个病毒的长度是 1am，你可以在一个 1mm 的铅笔点上画出 10^{15} 个病毒。如果你把这些病毒都放大到圆点那么大，它们会延伸到太空中，几乎到达土星。

下面是所有 20 个公制前缀的表格。当应用到米上时，它们的范围从 yottameter（10^{-24} m）到 yoctometer（10^{-24} m）。

比基本单位更大的单位					比基本单位更小的单位			
前缀	符号	十的多少次幂	英文名		前缀	符号	十的多少次幂	英文名
yotta-	Y	24	septillion		deci-	d	−1	tenth
zetta-	Z	21	sextillion		centi-	c	−2	hundredth
exa-	E	18	quintillion		milli-	m	−3	thousandth
peta-	P	15	quadrillion		micro-	μ	−6	millionth
tera-	T	12	trillion		nano-	n	−9	billionth
giga-	G	9	billion		pico-	p	−12	trillionth
mega-	M	6	million		femto-	f	−15	quadrillionth
kilo-	k	3	thousand		atto-	a	−18	quintillionth
hecto-	h	2	hundred		zepto-	z	−21	sextillionth
deca-	da	1	ten		yocto-	y	−24	septillionth

4 使用量纲分析法互相转换公制和英制单位

虽然量纲分析法在公制单位内部的转换中是不必要的，但是在英制与公制单位的转换中，它还是一个有用的工具。表 9.3 给出了一些转换。

表 9.3　相等的英制与公制单位

1英寸(in) = 2.54厘米(cm)
1英尺(ft) = 30.48厘米(cm)
1码(yd) ≈ 0.9米(m)
1英里(mile) ≈ 1.6千米(km)

精确转换

近似转换

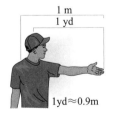

1yd≈0.9m

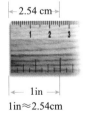

1in≈2.54cm

1mile≈1.6km

例 3　使用量纲分析法互相转换公制和英制单位

a. 将 8 英寸转换成厘米。

b. 将 125 英里转换成千米。

c. 将 26 800 毫米转换成英寸。

解答

a. 要想将 8 英寸转换成厘米，我们需要使用单位分数，其中厘米位于分子而英寸位于分母：

$$\frac{2.54 \text{ cm}}{1 \text{ in}}$$

表 9.3 显示 1 in=2.54 cm

我们继续转换。

$$8 \text{ in} = \frac{8 \text{ in}}{1} \cdot \frac{2.54 \text{ cm}}{1 \text{ in}} = 8(2.54) \text{cm} = 20.32 \text{ cm}$$

b. 要想将 125 英里转换成千米，我们需要使用单位分数，其中千米位于分子而英里位于分母：

$$\frac{1.6 \text{ km}}{1 \text{ mile}}$$

表 9.3 显示 1 mile ≈ 1.6 km

我们继续转换。

$$125 \text{ mile} = \frac{125 \text{ mile}}{1} \cdot \frac{1.6 \text{ km}}{1 \text{ mile}} = 125(1.6) \text{ km} = 200 \text{ km}$$

c. 要想将 26 800 毫米转换成英寸，我们首先观察到表 9.3 中只有英寸与厘米之间的转换。我们先将毫米转换成厘米。

$$26\ 800 \text{ mm} = 2\ 680.0 \text{ cm}$$

现在我们来将 2 680 厘米转换成英寸，需要使用单位分数，其中英寸位于分子而厘米位于分母：

$$\frac{1 \text{ in}}{2.54 \text{ cm}}$$

因此，

$$26\ 800 \text{ mm} = 2\ 680 \text{ cm} = \frac{2\ 680 \text{ cm}}{1} \cdot \frac{1 \text{ in}}{2.54 \text{ cm}} = \frac{2\ 680}{2.54} \text{ in} \approx 1\ 055 \text{ in}$$

这个测量近似等价于 88 英尺，侏罗纪时期最大的恐龙的长度。梁龙是一种食草的恐龙，大约有 26.8 米长，大约是 88 英尺。

好问题！

b 中的转换是约等于还是等于？

是约等于。更准确地说，是 1 mile ≈ 1.6 km。

因此，125 mile

$$\approx (125)1.6 \text{ km}$$

$$\approx 201.25 \text{ km}$$

☑ **检查点 3**

a. 将 8 英尺转换成厘米。

b. 将 20 米转换成码。

c. 将 30 米转换成英寸。

迄今为止，我们使用了量纲分析法来改变长度单位。量纲分析法同样可以用于改变其他单位，例如速度。

例 4　　使用量纲分析法

a. 美国大部分公路的限速是 55 英里每小时（mile/h）。这相当于多少千米每小时（km/h）？

b. 如果日本的高速列车能够以 200 千米每小时的速度行驶，那么这相当于多少英里每小时？

解答

a. 要想将英里每小时转换成千米每小时，我们需要将英里转换成千米，因此我们需要千米在分子处英里在分母处的单位分数：

$$\frac{1.6 \text{ km}}{1 \text{ mile}}$$ 　　　　表 9.3 显示 1 mile ≈ 1.6 km

因此，

$$\frac{55 \text{ mile}}{h} \approx \frac{55 \text{ mile}}{h} \cdot \frac{1.6 \text{ km}}{1 \text{ mile}} = 55(1.6)\frac{\text{km}}{h} = 88 \text{ km / h}$$

55 英里每小时相当于 88 千米每小时。

b. 要想将 200 千米每小时转换成英里每小时，我们需要将千米转换成英里。因此我们需要英里在分子处千米在分母处的单位分数：

$$\frac{1 \text{ mile}}{1.6 \text{ km}}$$ 　　　　表 9.3 显示 1 mile ≈ 1.6 km

因此，

$$\frac{200 \text{ km}}{h} \approx \frac{200 \text{ km}}{h} \cdot \frac{1 \text{ mile}}{1.6 \text{ km}} = \frac{200 \text{ mile}}{1.6 \text{ h}} = 125 \text{ mile / h}$$

每小时行驶 200 千米的列车每小时能行驶 125 英里。

☑ **检查点 4**　一条欧洲的道路限速 60 千米每小时，这大约相当于多少英里每小时？

布利策补充

三个奇怪的测量单位

- 谢佩：1谢佩 = $\frac{7}{8}$英里

从远处看，一群羊可能很吸引人，但当你走近时，羊毛看起来又脏又粘。幽默作家道格拉斯·亚当斯和约翰·劳埃德（《生命的意义》的作者）将谢佩定义为与一群羊之间的最小距离，这样它们就像一团可爱的绒毛球，约为$\frac{7}{8}$英里或一谢佩。

- 惠顿：1惠顿 = 500 000推特粉丝

这个单位由演员威尔·惠顿而得名，他是最先使用推特的名人之一，也是吸引了最多粉丝的用户之一。有 50 万人关注了他的推特，这个数字就被戏称为 1 惠顿。

- 斯穆特：1斯穆特 = 5英尺7英寸

一斯穆特就等于 5 英尺7英寸，这是麻省理工学院新生奥利弗·斯穆特的身高，他的兄弟会的成员用他来测量哈佛大桥的长度。兄弟会计算出来，哈佛大桥的长度约为 364.4斯穆特，外加奥利弗一只耳朵的长度。

来源：*Mental_Floss: The Book*, First Edition, Harper Collins, 2011.

9.2

学习目标

学完本节之后，你应该能够：

1. 使用平方单位测量面积。
2. 使用量纲分析法转换面积单位。
3. 使用立方单位测量体积。
4. 使用英制和公制单位测量容积。

1 使用平方单位测量面积

面积和体积测量

你觉得有点拥挤吗？虽然美国东海岸的人比熊多，但在西北部的一些地方，熊的数量超过了人类。人口最密集的州是新泽西州，平均每平方英里 1 218.1 人。人口密度最低的州是阿拉斯加州，平均每平方英里 1.3 人。美国的平均人口密度是每平方英里 91.5 人。

平方英里是衡量一个州**面积**的一种方法。一个州的面积是指其边界内的区域。**人口密度**是人口除以面积。在本节中，我们将讨论测量面积和体积的方法。

测量面积

要想测量边界内部的面积，我们从选择平方单位开始。一个**平方单位**是一个正方形，每一条边的长度都是一个单位，如图 9.2 所示。图 9.2 中的区域就有一平方单位的面积。正方形的边长可以是 1 英寸、1 厘米、1 米、1 英尺或任何线性测量

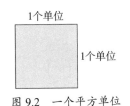

图 9.2 一个平方单位

单位。相应的面积单位是平方英寸（in^2）、平方厘米（cm^2）、平方米（m^2）和平方英尺（ft^2），等等。图 9.3 显示了 1 平方英寸和 1 平方厘米的实际大小。

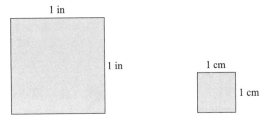

图 9.3 常用测量面积的单位

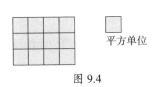

图 9.4

例 1 测量面积

图 9.4 中的区域面积是多少？

解答

我们可以通过计算区域内有多少个平方单位来计算区域的面积。区域内有 12 个这样的单位。因此，区域的面积是 12 平方单位。

☑ **检查点 1** 图 9.4 中区域的前两行的面积是多少？

尽管 1 英尺有 12 英寸，1 码有 3 英尺，但这些数值之间的关系在平方单位中会发生变化。

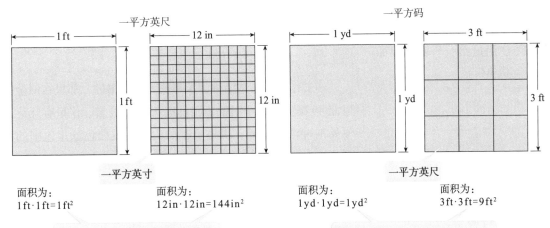

测量的平方单位：英制

$$1平方英尺\left(ft^2\right)=144平方英寸\left(in^2\right)$$
$$1平方码\left(yd^2\right)=9平方英尺\left(ft^2\right)$$
$$1英亩\left(a\right)=43\,560\ ft^2或4\,840\ yd^2$$
$$1平方英里\left(mile^2\right)=640英亩$$

好问题！

在日常生活中，哪一个平方单位最常用?

一小块土地的面积通常使用平方英尺来测量，而不使用一英亩的分数形式。奇妙的是，虽然很少使用平方码这个单位，但是平方码经常用于地毯和地板的测量。

例 2   使用平方单位来计算人口密度

怀俄明州的人口密度仅次于阿拉斯加州，是第二低的。怀俄明州的人口是 568 158 人，面积是 97 814 平方英里。怀俄明州的人口密度是多少?

解答

我们通过将怀俄明州的人口除以面积计算出它的人口密度。

$$人口密度 = \frac{人口}{面积} = \frac{568\,158人}{97\,814平方英里}$$

我们使用计算器并保留一位小数，得到怀俄明州的人口密度是 5.8 人每平方英里。这就意味着，平均一平方英里内只有 5.8 个人。

☑ **检查点 2**   加州的人口是 39 144 818 人，它的面积是 163 695 平方英里。加州的人口密度是多少? 保留一位小数。

2   使用量纲分析法转换面积单位

例 3   使用量纲分析法转换面积单位

本书作者是在雷斯岬国家海滨编写本书的，那里在旧金山以北 40 英里。这个国家公园占地 75 000 英亩，这里有几英里原始的冲浪式海滩、森林覆盖的山脊和被白色悬崖包围的海湾。这个国家公园有多少平方英里?

解答

我们使用 1 平方英里 = 640 英亩 的公式来得到单位分数：

$$\frac{1平方英里}{640英亩}$$

因此，

$$75\,000\text{英亩} = \frac{75\,000\text{英亩}}{1} \cdot \frac{1\text{平方英里}}{640\text{英亩}} = \frac{75\,000}{640}\text{平方英里}$$

$$\approx 117\text{平方英里}$$

雷斯岬国家海滨的面积大约是 117 平方英里。

☑ **检查点 3** 美国国家公园管理局管理着约 84 000 000 英亩的国家公园。换算成平方英里有多大？

在 9.1 节中，我们学到了大部分的国家使用的都是公制测量制度。在公制中，使用的是平方厘米而不是平方英寸。平方米也取代了平方英尺与平方码。

英制使用英亩和平方英里来测量较大的土地面积，其中 1平方英里 = 640英亩。公制则使用公顷（符号是 hm^2）。一公顷大约有两个足球场并排放在一起那么大，大约是 2.5 英亩。一平方英里大约是 260 公顷。就和公顷取代了英亩一样，平方千米也取代了平方英里。一平方千米大约是 0.38 平方英里。

一些基本的面积单位换算如表 9.4 所示。

表 9.4　英制与公制面积单位的换算

1平方英寸$\left(in^2\right) \approx 6.5$平方厘米$\left(cm^2\right)$
1平方英尺$\left(ft^2\right) \approx 0.09$平方米$\left(m^2\right)$
1平方码$\left(yd^2\right) \approx 0.8$平方米$\left(m^2\right)$
1平方英里$\left(mile^2\right) \approx 2.6$平方千米$\left(km^2\right)$
1英亩 ≈ 0.4公顷$\left(hm^2\right)$

例 4　使用量纲分析法转换面积单位

意大利的一块地产占地 6.8 公顷，售价 545 000 美元。

a. 这块地占地多少英亩？

b. 这块地每英亩多少美元？

解答

a. 根据表 9.4，我们能看出，1英亩 ≈ 0.4公顷。要想将 6.8

公顷转换成英亩，我们使用分子是英亩分母是公顷的单位分数。

$$6.8公顷 \approx \frac{6.8公顷}{1} \cdot \frac{1英亩}{0.4公顷} = \frac{6.8}{0.4}英亩 = 17英亩$$

这块地大约占地 17 英亩。

b. 这块地的售价是 545 000 美元，除以面积 17 英亩。

$$每英亩价格 = \frac{545\,000美元}{17英亩} \approx 32\,059美元/英亩$$

这块地大约每英亩 32 059 美元。

☑ **检查点 4**　加州北部的一块地产占地 1.8 英亩，售价 415 000 美元。

a. 这块地占地多少公顷？

b. 这块地每公顷多少美元？

3　使用立方单位测量体积　测量体积

鞋盒和篮球是三维物体的例子。**体积**表示的是这些物体占据的空间大小。要想测量体积，我们从选择立方单位开始。图 9.5 显示了两种立方单位。

立方体的边长都相等。其他用于测量体积的立方单位包括 1 立方英尺（ft³）和 1 立方米（m³）。计算体积的其中一个方法是计算物体内部的立方单位的数量。

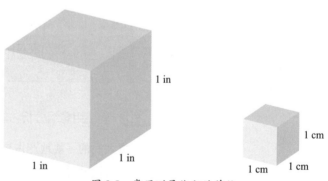

图 9.5　常用测量体积的单位

例 5　测量体积

图 9.6 中的物体的体积是多少？

立方单位　　　体积=?

图 9.6

解答

我们可以通过计算物体内部的立方单位数量来计算它的体积。因为我们是在平整的二维平面上画出这个三维物体，有些右后方的立方单位被隐藏了。下方的图像显示了立方单位是如何填满这个物体的。

上面的图像能帮助你看出来这个物体里有 18 个立方单位吗？这个物体的体积是 18 立方单位。

☑ **检查点 5**　图 9.6 中的物体的底面一行方块的体积是多少？

好问题！

我很难看出来图 9.7 中的细节部分。你能不能帮帮我？

数字立方会有所帮助：

$3 \text{ ft} = 1 \text{ yd}$

$(3 \text{ ft})^3 = (1 \text{ yd})^3$

$3 \cdot 3 \cdot 3 \text{ ft}^3 = 1 \cdot 1 \cdot 1 \text{ yd}^3$

结论： $27 \text{ ft}^3 = 1 \text{ yd}^3$

$12 \text{ in} = 1 \text{ ft}$

$(12 \text{ in})^3 = (1 \text{ ft})^3$

$12 \cdot 12 \cdot 12 \text{ in}^3 = 1 \cdot 1 \cdot 1 \text{ ft}^3$

结论： $1\,728 \text{ in}^3 = 1 \text{ ft}^3$

我们已经学到，虽然 1 码等于 3 英尺，但是 1 平方码等于 9 平方英尺。这些关系对于立方单位都是不成立的。图 9.7 显示了 1 立方码等于 27 立方英尺。此外，1 立方英尺等于 1 728 立方英寸。

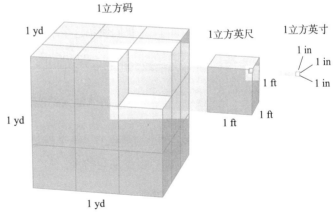

图 9.7　$27 \text{ ft}^3 = 1 \text{ yd}^3$，$1\,728 \text{ in}^3 = 1 \text{ ft}^3$

测量体积也包括测量三维物体能容纳的液体的量，一般称为物体的**容积**。例如，我们经常使用加仑这个单位表示油箱里汽油的含量。1 立方码大约等于 200 加仑，1 立方英尺大约等于 7.48 加仑。

4 使用英制和公制单位测量容积

表 9.5 包含了一些英制中的标准容积单位。

表 9.5　容积的英制单位

2 品脱[①](pt)=1 夸脱 (qt)	
4 夸脱 (qt)=1 加仑 (gal)	
1 加仑 (gal)=128 液体盎司 128(floz)	
1 杯 (c)=8 液体盎司 128(floz)	
立方单位的体积	容积
1 立方码	约 200 加仑
1 立方英尺	约 7.48 加仑
231 立方英寸	约 1 加仑

① 1 品脱 =0.568 261 立方分米——编辑注

例 6 英制的体积与容积

一个游泳池的体积是 22 500 立方英尺。它能装多少加仑的水？

解答

我们使用 1 立方英尺大约等于 7.48 加仑来设单位分数：

$$\frac{7.48 \text{ gal}}{1 \text{ ft}^3}$$

我们使用这个单位分数来求出 22500 立方英尺的容积。

$$22500 \text{ ft}^3 \approx \frac{22500 \text{ ft}^3}{1} \cdot \frac{7.48 \text{ gal}}{1 \text{ ft}^3} = 22500(7.48) \text{gal} = 168300 \text{ gal}$$

这个游泳池大约能装 168 300 加仑的水。

☑ **检查点 6**　一个游泳池的体积是 10 000 立方英尺。它能装多少加仑的水？

我们已经猜到了，公制的体积单位换算会更加容易。基本单位是升，符号是 L。一升要比一夸脱稍微大一点。

$$1升 \approx 1.0567夸脱$$

标准的公制前缀用来表示一升的倍数或部分，如表 9.6 所示。

1 升　　1 夸脱

表 9.6　容积的公制单位

符号	单位	含义
kL	千升	1 000 升
hL	百升	100 升
daL	十升	10 升
L	升	1 升
dL	分升	0.1 升
cL	厘升	0.01 升
mL	毫升	0.001 升

下面的列表应该能帮助你对公制的容积有所了解。

条目	容积
平均一杯咖啡	250 mL
12 盎司的一罐汽水	355 mL
一夸脱的果汁	0.95 L
一加仑的牛奶	3.78 L
平均一辆车的汽油容量（大约 18.5 加仑）	70 L

图 9.8 展示了一个装满水的 1 升容器。1 升容器里的水能刚好倒入右边的立方体中。这个立方体的体积是 1 000 立方厘米，等于 1 立方分米。因此

$$1\,000\ \text{cm}^3 = 1\text{dm}^3 = 1\ \text{L}$$

表 9.7 扩展了公制内体积与容积之间的关系。

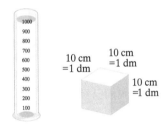

1 L=1 000 mL　1 000 cm³ =1 dm³

图 9.8

表 9.7　公制中体积与容积的换算

立方单位的体积	容积
1 cm³	1mL
1 dm³ =1 000 cm³	1 L
1 m³	1 kL

1 毫升是边长为 1 厘米的立方体的容积

1 升是边长为 10 厘米的立方体的容积

例 7　公制的体积与容积

一个鱼缸的体积是 36 000 立方厘米，它能容纳多少升的水？

解答

我们使用 1 000 立方厘米等于 1 升来构造单位分数：

$$\frac{1\ \text{L}}{1\,000\ \text{cm}^3}$$

我们使用这个单位分数来求出 36 000 立方厘米能容纳多少升水。

$$36\,000\ \text{cm}^3 = \frac{36\,000\ \text{cm}^3}{1} \cdot \frac{1\ \text{L}}{1\,000\ \text{cm}^3} = \frac{36\,000}{1\,000}\text{L} = 36\ \text{L}$$

这个鱼缸能装 36L 水。

1 tsp ≈ 5 mL

☑ **检查点 7**　一个鱼塘的体积是 220 000 立方厘米，它能容纳多少升的水？

表 9.8 显示了能用来互相转换的英制与公制容积单位。

表 9.8　英制与公制容积转换

1勺(tsp)≈5毫升(mL)
1大勺(tbsp)≈15毫升(mL)
1液体盎司(floz)≈30毫升(mL)
1杯(c)≈0.24升(L)
1品脱(pt)≈0.47升(L)
1夸脱(qt)≈0.95升(L)
1加仑(gal)≈3.8升(L)

下一个例子涉及测量液体药剂的剂量。我们已经知道

$$1\ \text{cm}^3 = 1\ \text{mL}$$

液体药剂的剂量使用立方厘米或毫升来测量。在美国，立方厘米的缩写是 cc 而不是 cm^3。

例 8　　测量液体药剂的剂量

一名医师开了 10 cc 的依地普仑（用于治疗抑郁和焦虑）给一名病人。

a. 应该开多少毫升的药物？

b. 应该开多少液体盎司的药物？

解答

a. 我们使用公制中体积与容积之间的关系来解决这个问题：1立方厘米（cc）=1毫升（mL）。因为要开 10 立方厘米（cc）的药物，所以这等于 10 mL 的依地普仑。

b. 我们现在需要将毫升转换成液体盎司。根据表 9.8，我们知道 1液体盎司(floz) ≈ 30毫升(mL)。我们使用单位分数 $\dfrac{1\,\text{floz}}{30\,\text{mL}}$ 来换算。

$$10\,\text{mL} \approx \frac{10\,\text{mL}}{1}\cdot\frac{1\,\text{floz}}{30\,\text{mL}} = \frac{10}{30}\,\text{floz} \approx 0.33\,\text{floz}$$

大约需要开 0.33 floz 的依地普仑。

☑ **检查点 8**　一名医师开了 20 cc 的抗生素头孢地尼。
　　a. 应该开多少毫升的药物？
　　b. 应该开多少液体盎司的药物？保留两位小数。

9.3

学习目标

学完本节之后，你应该能够：

1. 将公制前缀应用到重量单位。
2. 在公制内转换重量单位。
3. 在公制内使用体积与重量之间的关系。
4. 使用量纲分析法互相转换英制和公制重量单位。
5. 理解气温的表示方法。

1　将公制前缀应用到重量单位

重量和温度测量

你正在收看有线电视上的 CNN 国际频道。据报道，夏威夷的火奴鲁鲁的气温为 30 ℃。火奴鲁鲁的游客都穿着冬季夹克到处跑吗？在本节中，我们将了解摄氏温度读数，我们将讨论测量温度和重量的方法。

测量重量

你站在医生办公室的秤上检查体重，发现你有 150 磅。相比之下，你在月球上的体重是 25 磅。为什么会有这样的差异呢？**重量**是对物体引力的度量。月球对你的引力大约只有地球对你的引力的六分之一。尽管你的重量取决于重力，但你的质量在所有地方都是一样的。**质量**是一个物体中物质数量的度量单位，由其分子结构决定。在地球上，随着你的重量增加，你的质量也在增加。在本节中，假定测量的是地球表面的日常情况。因此，我们将重量和质量等同看待，并严格地称之为重量。

重量单位：英制

$$16盎司(oz) = 1磅(lb)$$
$$2000磅(lb) = 1短吨(sh\ ton)$$

最基本的公制重量单位是**克**（g），用来表示小东西的重量，如一枚硬币、一块糖果或一勺盐。一枚五美分硬币的重量大约是 5g。

和米一样，我们在克前面加上前缀来表示克的倍数或部分。表 9.9 显示了克的常见前缀。符号的第一部分是前缀，第二部分是克（g）。

菠萝的重量是1千克或 1 000克

表 9.9 公制中常用重量单位

符号	单位	含义
kg	千克	1 000 克
hg	百克	100 克
dag	十克	10 克
g	克	1 克
dg	分克	0.1 克
cg	厘克	0.01 克
mg	毫克	0.001 克

回形针重量是1g

1mm细

1cm宽

在公制中，千克是与英制中的磅相对应的单位。**1 千克的重量大约是** 2.2 **磅**。因此，一个人的平均体重约为 75 千克。对于我们用磅来计量的物体，大多数国家都用千克来计量。

1 毫克相当于 0.001 克，是一个极小的重量单位，在制药工业中广泛使用。如果你看一下药片瓶子上的标签，你会看到每个药片中不同物质的含量是用毫克来表示的。

一个非常重的物体的重量以吨（t）表示，这相当于 1 000 千克，或大约 2 200 磅。这比英制的 2 000 磅的 1 短吨（sh ton）多 10%。

我们在公制中改变重量单位的方法与改变长度单位的方法是完全一样的。

2 在公制内转换重量单位

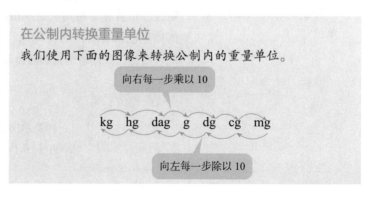

在公制内转换重量单位

我们使用下面的图像来转换公制内的重量单位。

向右每一步乘以 10

kg　hg　dag　g　dg　cg　mg

向左每一步除以 10

> **例 1**　转换公制内的重量单位
>
> a. 将 8.7 dg 转换成 mg。
>
> b. 将 950 mg 转换成 g。
>
> 解答
>
> a. 要想将 dg（分克）转换成 mg（毫克），我们从 dg 开始向右移动两步。
>
> $$kg \quad hg \quad dag \quad g \quad dg \quad cg \quad mg$$
>
> 因此，我们将小数点向右移动两位：
>
> $$8.7\ dg = 870 mg$$
>
> b. 要想将 950 mg 转换成 g，我们从 mg 开始向左移动三步。
>
> $$kg \quad hg \quad dag \quad g \quad dg \quad cg \quad mg$$
>
> 因此，我们将小数点向左移动三位：
>
> $$950\ mg = 0.950\ g$$

☑ **检查点 1**

a. 将 4.2 dg 转换成 mg。

b. 将 620 cg 转换成 g。

3　在公制内使用体积与重量之间的关系

我们已经学过了公制内体积和容积之间方便的转换关系：

$$1\,000\ cm^3 = 1\,dm^3 = 1L$$

这个关系可以根据下面的关系拓展到重量：

1 千克水的体积是 1 升。

因此，

$$1\,000\ cm^3 = 1\,dm^3 = 1L = 1\,kg$$

表 9.10 显示了公制内水的体积与重量的关系。

表 9.10　公制内水的体积与重量的关系

体积	容积	重量
$1\ cm^3$	1 mL	1 g
$1\ dm^3$	1 L	1 kg
$1\ m^3$	1 kL	$1\,000\ kg = 1\ t$

例 2 公制内的体积与重量

一个鱼缸里有 0.25 m³ 的水。这么多水有多重?

解答

我们使用 1 m³ = 1 000 kg 来构造单位分数：

$$\frac{1\,000\text{ kg}}{1\text{ m}^3}$$

因此，

$$0.25\text{ m}^3 = \frac{0.25\text{ m}^3}{1} \cdot \frac{1\,000\text{ kg}}{1\text{ m}^3} = 250\text{ kg}$$

这么多水重 250 kg。

☑ **检查点 2** 一个鱼缸里有 0.145 m³ 的水。这么多水有多重?

4 使用量纲分析法互相转换英制和公制重量单位

像例 2 这样的问题在英制中需要更多笨拙的计算。例如，如果你知道水族馆的体积单位是立方英尺，那么你还必须知道 1 立方英尺的水的重量是 62.5 磅才能确定水的重量。

量纲分析法是在英制和公制之间转换重量单位的有用工具。表 9.11 给出了一些基本的近似转换。

表 9.11 英制与公制重量转换

1盎司(oz) ≈ 28克(g)
1磅(lb) ≈ 0.45千克(kg)
1短吨(sh ton) ≈ 0.9吨(t)

1盎司硬币≈28克 1磅龙虾≈0.45千克

1短吨牛≈0.9吨

例 3 使用量纲分析法

a. 将 160 磅转换成千克。

b. 将 300 克转换成盎司。

解答

a. 要想将 160 磅转换成千克，我们使用分子是千克分母是磅的单位分数：

$$\frac{0.45\text{ kg}}{1\text{ lb}}$$

表 9.11 显示 1 lb≈0.45kg

因此，

$$160\ lb \approx \frac{160\ lb}{1}\cdot\frac{0.45\ kg}{1\ lb}=160(0.45)\ kg=72\ kg$$

b. 要想将 300 克转换成盎司，我们使用分子是盎司分母是克的单位分数：

$$\frac{1\ oz}{28\ g}$$ 表 9.11 显示 1 oz ≈ 28 g

因此，

$$300\ g \approx \frac{300\ g}{1}\cdot\frac{1\ oz}{28\ g}=\frac{300}{28}\ oz \approx 10.7\ oz$$

☑ 检查点 3

a. 将 120 磅转换成千克。

b. 将 500 克转换成盎司。

例 4　用公制的药物剂量和重量

药物剂量通常以病人的体重（以千克为单位）为依据。例如，每天应按病人体重每千克给予 20 毫克药物依替膦酸钠（治疗不规则骨形成）。这可以表示为 20 毫克 / 千克。对于一个体重 180 磅的病人，每天应该服用多少片 400 毫克的药片？

解答

● 我们先将 180 磅转换成千克，使用 1 磅（lb）≈ 0.45 千克(kg) 来构造单位分数。

$$180\ lb \approx \frac{180\ lb}{1}\cdot\frac{0.45\ kg}{1\ lb}=180(0.45)\ kg=81\ kg$$

● 然后计算剂量。题目条件是 20 毫克 / 千克，也就是说应根据病人体重，每公斤给予 20 毫克药量。我们将病人的体重 81 千克乘以 20，从而得到剂量。

$$剂量 = \frac{81\ kg}{1}\cdot\frac{20\ mg}{1\ kg}=81(20)\ mg=1620\ mg$$

● 求出每天应该服用多少片药片。病人每天应该摄入 1 620 毫克的依替膦酸钠。我们知道一片药片含有 400

毫克的依替膦酸钠。

$$药片数量 = \frac{1620 \text{ mg}}{400 \text{ mg}} = 4.05$$

病人应该每天服用 4 片依替膦酸钠药片。

☑ **检查点 4** 一种药物的推荐剂量是每天 6 毫克 / 千克。一名体重 200 磅的病人应该服用多少片 200 毫克的药片？

布利策补充

用公制来测量血液中的酒精浓度

在第 6 章中，我们提出了一个测定血液酒精浓度的公式。血液酒精浓度（BAC）的测量单位是每 100 毫升血液中含有多少克酒精。一个 175 磅重的人大约有 5 升（5 000 毫升）的血液，一罐 12 盎司的酒精浓度为 6% 的啤酒大约含有 15 克酒精。根据酒精被血液吸收所需的时间，以及以每小时 10～15 克的速度消除酒精，图 9.9 显示了饮酒量对不同体重级别的人的血液酒精浓度的影响。

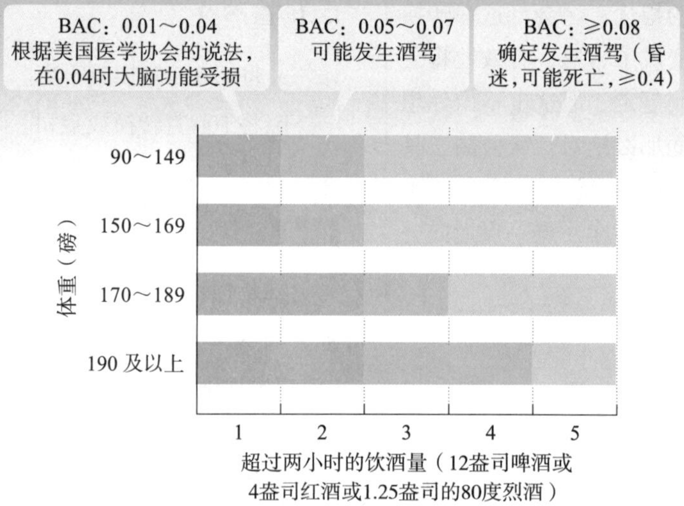

图 9.9 按饮酒量和体重划分血液酒精浓度

来源：Patrick McSharry, *Everyday Numbers*, Random House, 2002.

当你的血液酒精浓度为 0.08 克 / 100 毫升（即每 100 毫升血液中酒精浓度为 0.08 克）或更高时驾车是违法的。

---

5 理解气温的表示方法

测量温度

你就要离开本地寒冷的冬天去夏威夷度假了。CNN 国际报道夏威夷的温度是 30 ℃。你应该带一件冬衣吗？

将摄氏读数改为美国人熟悉的华氏温度会让人迷失方向。新闻报告的摄氏温度相当于 86 华氏度（不需要带冬衣）。

图 9.10　左边是摄氏度，右边是华氏度

美国人用惯的华氏温标，是由德国物理学家加布里埃尔·丹尼尔·法伦海特于 1714 年建立的。他拿出了一种盐和冰的混合物，然后认为这是可能的最冷的温度，并称之为 0 °F。他称人体温度为 96 °F，将 0 到 96 °F 之间的空间分为 96 个部分。华氏温度的人体温度并不正确，后来发现它的温度其实是 98.6 °F。在他的温度范围内，水在 32 °F 结冰（不含盐），在 212 °F 沸腾。符号 ° 用来代替度这个词。

20 年后，瑞典科学家安德斯·摄尔修斯引入了另一种温标。他把水的冰点设为 0 ℃，沸点设为 100 ℃，把温度范围分成 100 个部分。

图 9.10 展示了一种温度计，它可以同时测量摄氏（左边的刻度）和华氏（右边的刻度）的温度。如果你需要知道摄氏温度是什么意思，温度计可以帮助你确定方向。例如，如果温度是 40 ℃，找到表示左边这个温度的水平线，然后读一下右边的华氏温度。读数在 100 以上，表明是热浪天气。

我们可以用下列公式将一种温标转换成另一种温标：

摄氏度转换成华氏度

$$F = \frac{9}{5}C + 32$$

华氏度转换成摄氏度

$$C = \frac{5}{9}(F - 32)$$

好问题！

因为 $\frac{9}{5} = 1.8$，我可以将公式 $F = \frac{9}{5}C + 32$ 中的 $\frac{9}{5}$ 替换成 1.8 吗？

可以。摄氏度转换成华氏度的公式可以写成下列形式：

$$F = 1.8C + 32$$

有些学生觉得这个公式更好记忆。

例 5　摄氏度转换成华氏度

你在欧洲度假的账单让你觉得有点发烧，所以你决定量一下体温。温度计的读数是 37℃。你应该去看医生吗？

解答

使用公式

$$F = \frac{9}{5}C + 32$$

来将 37 ℃ 转换成 °F。我们将 37 代入公式中的 C，求出 F 的值。

$$F = \frac{9}{5}(37) + 32 = 66.6 + 32 = 98.6$$

你不用去看医生！你的体温是 98.6°F，很正常。

☑ **检查点 5**　将 50 ℃ 转换成 °F。

例 6　华氏度转换成摄氏度

一个暖春之日的气温是 77°F。将这个华氏度转换成摄氏度。

解答

我们使用公式

$$C = \frac{5}{9}(F - 32)$$

来将 77 °F 转换成 ℃。我们将 77 代入公式中的 F，求出 C 的值。

$$C = \frac{5}{9}(77 - 32) = \frac{5}{9}(45) = 25$$

因此，77°F 等于 25℃。

☑ **检查点 6**　将 59°F 转换成 ℃。

由于温度是热量的一种量度，科学家认为负温度没有意义。1948 年，英国物理学家开尔文勋爵引入了第三种温标。他把 0 度设为绝对零度，也就是可能的最低温度，在这个温度下没有热量，分子停止运动。图 9.11 说明了三个温标。

西伯利亚的贝加尔湖是地球上最冷的地方之一，冬天达到 −76 °F（−60℃）。最低温度可能是绝对零度。科学家已经将原子冷却到绝对零度以上百万分之一度。

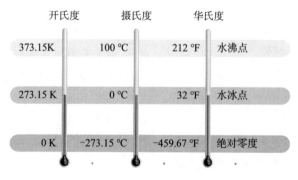

图 9.11　三个温标

5K 赛跑?

5K 赛跑的意思是 5 开氏度下的赛跑。这场赛跑太冷了，以至于大家都冻得跑不动了！5 千米赛跑的正确符号是 5 km 赛跑。

图 9.11 显示，水在 273.15 K 结冰，在 373.15 K 沸腾。开氏温标与摄氏温标相同，不同之处在于起始点（零点）。因此，摄氏度与开氏度之间的转换很容易。

摄氏度转换成开氏度

$$K = C + 273.15$$

开氏度转换成摄氏度

$$C = K - 273.15$$

开氏温标被科学界接受。今天，它是最终的权威，就像科学家用开氏温标来定义摄氏度和华氏度一样。

第 10 章

几何

几何学是对你生活的空间及其周围形状的研究。你甚至是由几何组成的！人类的肺由近 300 个球形气囊组成，气囊在几何学上的设计是为了在我们有限的身体体积内提供最大的表面积。从这个角度来看，我们与几何关系密切。

几千年来，人们以某种形式学习几何，以便更好地了解他们生活的世界。研究世界的形状将为你提供许多实际的应用，还可能有助于提高你对它的美丽的欣赏能力。

相关应用所在位置

- 几何与视觉艺术之间的关系，见 10.3 节（棋盘花纹）。

- 使用几何来描述自然的复杂性，见 10.7 节（分形学）。

10.1

学习目标

学完本节之后，你应该能够：

1. 理解几何的基础，即点、线、面的概念。
2. 解决有关角度测量的问题。
3. 解决由平行线与截线形成的角度的问题。

点、线、面和角

旧金山现代艺术博物馆建于 1995 年，博物馆的外观设计旨在说明艺术和建筑是如何相互丰富的。博物馆的外部涉及几何形状、对称性和非常规的立面。虽然博物馆没有窗户，但自然光通过屋顶上的截断圆柱形天窗射入建筑。建筑师在现场使用博物馆的比例模型，观察光线在一天的不同时间如何照射进博物馆的内部。这些观测数据用于切割圆柱形天窗，从而最大化射入室内的阳光。

角度不仅在现代建筑创作中起着至关重要的作用，还是学习几何的基础。"几何（geometry）"这个词的希腊语本意是"土地测量"。因为几何学是有关形状的数学，所以它将数学与艺术和建筑联系起来。几何学也有许多实际应用。当你为家里买地毯、建栅栏、铺地板或者判断一件家具是否可以通过你家门口时，就可以使用几何学。在本章中，我们将着眼于我们身边的图形及其应用。

1 理解几何的基础，即点、线、面的概念

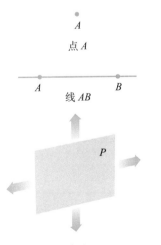

A

点 A

A B

线 AB

P

平面 P

图 10.1 点、线、面的形式

点、线和面

点、线和面构成了所有几何学的基础。夜空中的星星看起来像一个个光点。长长的架空电线看起来就像直线一样无止境地延伸。平整桌子的顶部类似于平面的一部分。然而，星星、电线和桌面只是近似的点、线和面。点、线、面在物理世界中并不存在。这三种形式的表示见图 10.1。一个**点**表示为一个小圆点，没有长度、宽度或厚度。在现实世界中，没有物体的大小为零。一条**直线**以最短路径连接两点，它没有厚度，而且在两个方向上无限延伸。然而，我们所熟悉的日常物体并没有无限的长度。平面是没有厚度和边界的平面。一张纸面类似于一个平面，尽管它不是无限延伸的，而且确实有厚度。

我们可以用线上的两点来命名一条直线。在图 10.2a 中，直线 AB 的符号是 $\overleftrightarrow{AB}$ 或 $\overleftrightarrow{BA}$。一条直线上的任意一个点将直线分成三个部分，一个任意点以及两条**半直线**。图 10.2b 显示了半直线 AB，它的符号是 $\overset{\circ}{\rightarrow}AB$。符号中 A 上方的空心圆点表示点 A 不属于这条半直线。一条**射线**是一条半直线加上它的端点。

图 10.2c 表示了一条射线，它的符号是 $\overrightarrow{AB}$。符号 A 上面的实心圆点表示点 A 属于这条半直线。由两个端点分割出来的直线的一部分加上这两个端点，表示**线段**。**图** 10.2d 表示线段 AB，符号是 $\overline{AB}$ 或 $\overline{BA}$。

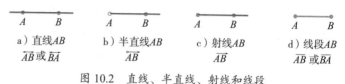

a）直线AB 　　b）半直线AB 　　c）射线AB 　　d）线段AB
$\overleftrightarrow{AB}$ 或 $\overleftrightarrow{BA}$ 　　$\overrightarrow{AB}$ 　　　$\overrightarrow{AB}$ 　　　$\overline{AB}$ 或 $\overline{BA}$

图 10.2 　直线、半直线、射线和线段

角

一个角由两条端点相同的射线组成。一条射线称为**始边**，另一条射线称为**终边**。

我们可以想象一条旋转的射线，有助于理解角的概念。图 10.3 中的射线从 12 点旋转到 2 点。指向 12 点的射线是始边，指向 2 点的射线是终边。始边和终边的共同端点是这个角的**顶点**。

图 10.4 显示了一个角。两条射线的共同端点 B 是顶点。形成这个角的两条射线 $\overrightarrow{BA}$ 和 $\overrightarrow{BC}$ 是两条边。角的四种表示方式如图 10.4 所示。

图 10.3 　指针形成一个角度的时钟

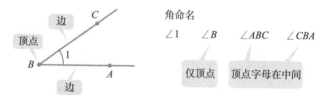

图 10.4 　一个角：两条射线加一个共同端点

2 　解决有关角度测量的问题

利用角度测量角的大小

我们可以通过判断始边旋转到终边的量来测量角的大小。其中一种测量角的大小的方式是角度，它的符号是一个位于上方的小圆圈 "°"。请思考我们时钟的时针。从中午 12 点到晚上 12 点，时针完整地转了一个圈。根据定义，射线旋转了 360 度，或 360°，见图 10.5。我们将 360° 用作一条射线旋转

图 10.5　一个完整的 360° 旋转

一周的量，而 1 度，即 1°，就是一个完整旋转的 $\dfrac{1}{360}$ 。

例 1　使用角度测量法

时钟的时针从 12 点转动到 2 点，如图 10.3 所示。它转动了多少度？

解答

我们知道完整旋转一圈是 360°。从 12 点转动到 2 点是一个完整旋转的 $\dfrac{2}{12}$ 或 $\dfrac{1}{6}$ 。因此，

$$\dfrac{1}{6} \times 360° = \dfrac{360°}{6} = 60°$$

时针从 12 点转动到 2 点转动的角度是 60°。

☑ **检查点 1**　时钟的时针从 12 点转动到 1 点，它转动了多少度？

图 10.6 显示了根据角度大小定义的各个角。一个**锐角**的角度小于 90°，如图 10.6a 所示。一个**直角**是一个完整旋转的四分之一，是 90°，如图 10.6b 所示。观察直角，你是不是看到了顶点旁边的小正方形？那个符号就是用来表示直角的。一个**钝角**的角度大于 90° 但小于 180°，如图 10.6c 所示。最后，一个**平角**是一个完整旋转的一半，即 180°，如图 10.6d 所示。平角中的两条射线组成了一条直线。

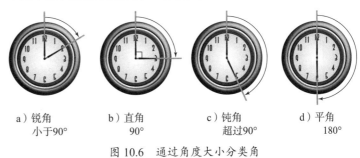

a）锐角　　　b）直角　　　c）钝角　　　d）平角
　小于90°　　　90°　　　超过90°　　　180°

图 10.6　通过角度大小分类角

一个**量角器**如图 10.7 所示，它用来测量角的大小。如图

所示，我们可以通过将量角器的中点与角的顶点重合、并将量角器的直边与角的一边重合来测量这个角。测量结果 ∠ABC 读作 50°。我们可以观察出来，这个锐角显然不会是 130°。我们将这个角的测量结果写作 ∠ABC = 50°，读作"角 ABC 的大小是 50 度。"

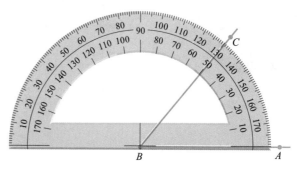

图 10.7 使用量角器测量角：∠ABC=50°

加起来等于 90° 的两个角互为**余角**。例如，因为 70° + 20° = 90°，所以 70° 和 20° 的角互为余角。对于 70° 和 20° 的角来说，每一个角都是另一个角的余角：70° 是 20° 的余角，而 20° 又是 70° 的余角。**我们可以通过余角的概念用 90° 减去一个角来求出另一个角的大小**。例如，我们可以通过 90° 减去 25° 来求出 25° 角的余角大小：90° − 25° = 65°。因此，65° 的角是 25° 角的余角。

例 2 余角的测量

求出图 10.8 中的 ∠DBC。

解答

∠DBC 未知，它在图 10.8 中用 ?° 表示。锐角 ∠ABD 的角度是 62°，从顶点处的正方形可知，∠ABC 是一个直角。这就意味着，两个角加起来是 90°。因此，∠DBC 是 62° 的 ∠ABD 的余角。∠DBC 的角度可以通过 90° 减去 62° 得到：

$$\angle DBC = 90° - 62° = 28°$$

我们也可以用代数的方法求出 ∠DBC 的角度。

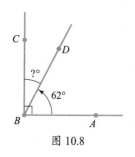

图 10.8

$$\angle ABD + \angle DBC = 90°$$ 余角的度数和为 90°

$$62° + \angle DBC = 90°$$ 给定 $\angle ABD = 62°$

$$\angle DBC = 90° - 62° = 28°$$ 等式两边同时减 62°

☑ **检查点 2**　在图 10.8 中，令 $\angle DBC = 19°$，求出 $\angle DBA$。

加起来等于 180° 的两个角互为**补角**。例如，因为 $110° + 70° = 180°$，所以 110° 和 70° 的角互为补角。对于 110° 和 70° 的角来说，每一个角都是另一个角的补角：110° 是 70° 的补角，而 70° 又是 110° 的补角。**我们可以通过补角的概念用 180° 减去一个角来求出另一个角的大小**。例如，我们可以通过 180° 减去 25° 来求出 25° 角的补角大小：$180° - 25° = 155°$。因此，155° 的角是 25° 角的补角。

例 3　补角的测量

图 10.9 显示了 $\angle ABD$ 和 $\angle DBC$ 互为补角。如果 $\angle ABD$ 比 $\angle DBC$ 大 66°，求出这两个角的大小。

解答

令 $\angle DBC = x$。因为 $\angle ABD$ 比 $\angle DBC$ 大 66°，所以 $\angle ABD = x + 66°$。我们还知道，这两个角互为补角。

$$\angle DBC + \angle ABD = 180°$$ 补角的度数和为 180°

$$x + (x + 66°) = 180°$$ 用变量表达式代替度数

$$2x + 66° = 180°$$ 合并同类项：$x + x = 2x$

$$2x = 114°$$ 两边同时减 66°

$$x = 57°$$ 两边同时除以 2

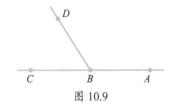

图 10.9

因此，$\angle DBC = 57°$，$\angle ABD = 57° + 66° = 123°$。

☑ **检查点 3**　在图 10.9 中，如果 $\angle ABD$ 比 $\angle DBC$ 大 88°，求出这两个角的大小。

图 10.10

图 10.10 是一幅警告铁路经过的公路标识。当两条直线相交时，形成的相对的角称为**对顶角**。

在图 10.11 中，有两对对顶角。∠1 和 ∠3 互为对顶角。而 ∠2 和 ∠4 也互为对顶角。

我们可以利用图 10.11 来证明对顶角的角度相同。我们先研究 ∠1 和 ∠3，它们的角度符号上标了一道杠。你能看出它们的补角都是 ∠2 吗？

$$\angle 1 + \angle 2 = 180°$$ 补角的度数和为 180°

$$\angle 2 + \angle 3 = 180°$$

$$\angle 1 + \angle 2 = \angle 2 + \angle 3$$ 在第一个等式中，用 ∠2+∠3 代替 180°

$$\angle 1 = \angle 3$$ 两边同时减 ∠2

我们使用相同的方法能证明 ∠2 = ∠4，在图 10.11 中，它们的角度符号上有两道杠。

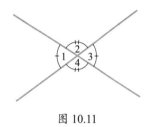

图 10.11

> 对顶角相等。

例 4 使用对顶角

图 10.12 显示了左边的角是 68°，求出剩下的三个角。

解答

∠1 和左边 68° 的角互为对顶角。因为对顶角相等，故

$$\angle 1 = 68°$$

∠2 和 68° 的角构成了平角，且互为补角。因为它们的角度之和是 180°，

$$\angle 2 = 180° - 68° = 112°$$

∠2 和 ∠3 也互为对顶角，所以它们相等。因为 ∠2 是 112°，

$$\angle 3 = 112°$$

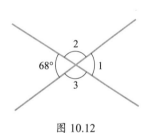

图 10.12

☑ **检查点 4** 在图 10.12 中，假设左边的角是 57°。求出剩下的三个角。

平行线

平行线是位于同一个平面且没有交点的直线。如果两条不

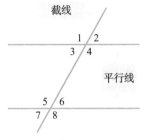

截线

平行线

图 10.13

同的直线位于同一个平面且互不平行，那么它们有一个交点，这两条直线称为**相交线**。如果两条直线以 90° 的角度相交，那么它们称为**垂线**。

如果我们将一对平行线与第三条直线相交，即**截线**，就形成了八个角，如图 10.13 所示。这些特定的角有特殊的名称以及性质。这些名称和性质如表 10.1 所示。

表 10.1 截线与平行线相交形成的角对应的名称

名称	描述	简图	所描述的角对	性质
内错角	在截线的不同侧且无共同顶点的内角		∠3 和 ∠6 ∠4 和 ∠5	内错角相等 ∠3=∠6 ∠4=∠5
外错角	在截线的不同侧且无共同顶点的外角		∠1 和 ∠8 ∠2 和 ∠7	外错角相等 ∠1=∠8 ∠2=∠7
同位角	在截线的同侧，且一个是内角，一个是外角		∠1 和 ∠5 ∠2 和 ∠6 ∠3 和 ∠7 ∠4 和 ∠8	同位角相等 ∠1=∠5 ∠2=∠6 ∠3=∠7 ∠4=∠8

3 解决由平行线与截线形成的角度的问题

当一条截线与两条平行线相交时，下列关系成立。

平行线与角对

如果一条截线与两条平行线相交，
·内错角相等；

·外错角相等；

·同位角相等。

相反地，如果一条截线与两条直线相交，一对内错角相等或一对外错角相等或一对同位角相等，那么这两条直线就是平行的。

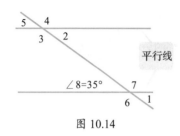

图 10.14

例 5　求一条截线与两条平行线相交形成的角

在图 10.14 中，一条截线与两条平行线相交。其中一个角（∠8）是 35°。求出剩下的 7 个角。

解答

仔细观察图 10.14，分别求出剩下的 7 个角。

$\angle 1 = 35°$	∠8 和 ∠1 互为对顶角，有相等的角度
$\angle 6 = 180° - 35° = 145°$	∠8 和 ∠6 互为补角
$\angle 7 = 145°$	∠6 和 ∠7 互为对顶角，有相等的角度
$\angle 2 = 35°$	∠8 和 ∠2 是内错角，有相等的角度
$\angle 3 = 145°$	∠7 和 ∠3 是内错角，有相等的角度
$\angle 5 = 35°$	∠8 和 ∠5 是同位角，有相等的角度
$\angle 4 = 180° - 35° = 145°$	∠4 和 ∠5 互为补角

☑ **检查点 5**　在图 10.14 中，假设 ∠8 = 29°。求出剩下的 7 个角。

好问题！

例 5 的解法是不是不止一种？

没错。例如，一旦你知道 ∠2 = 35°，因为 ∠2 和 ∠5 互为对顶角，所以 ∠5 也是 35°。

10.2

学习目标

学完本节之后，你应该能够：

1. 解决有关三角形内角关系的问题。
2. 解决相似三角形的问题。
3. 使用勾股定理解决问题。

三角形

在第 1 章中，我们将演绎推理定义为从一个或多个一般命题中证明一个特定结论的过程。通过演绎推理被证明为真的结论叫作定理。生活在 2000 多年前的希腊数学家欧几里得使用的就是演绎推理。欧几里得在其共 13 卷的《几何原本》一书中，证明了 465 个几何图形的定理。欧几里得的工作将演绎推理确立为数学的基本工具。这就是欧几里得地位崇高的原因！

三角形是一种有三条边的几何图形，三条边都在一个平面上。如果你从三角形上的任意一点开始，沿着整个图形精确地描一遍，你将会在你开始的同一点结束。由于起点和终点相同，三角形称为**封闭**几何图形。欧几里得使用平行线来证明三角形最重要的一个特性：任意一个三角形的三个内角的和是 180°。下面是他的证明过程。他首先作了下列一般性的命题。

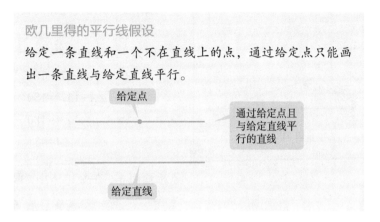

欧几里得的平行线假设

给定一条直线和一个不在直线上的点，通过给定点只能画出一条直线与给定直线平行。

给定点

通过给定点且与给定直线平行的直线

给定直线

在图 10.15 中，三角形 *ABC* 表示任意一个三角形。根据上述一般性假设，我们可以画一条经过点 *B* 平行于直线 *AC* 的直线。

画一条过点 *B* 且平行于直线 *AC* 的直线

平行线

图 10.15

因为这两条直线是平行的，所以内错角相等。

$$\angle 1 = \angle 2 \text{ 且 } \angle 3 = \angle 4$$

同样，我们观察到 ∠2、∠5 和 ∠4 形成一个平角。

$$\angle 2 + \angle 5 + \angle 4 = 180°$$

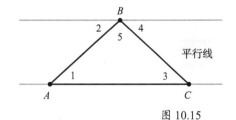

因为 ∠1=∠2，用 ∠1 替换 ∠2　　因为 ∠3=∠4，用 ∠3 替换 ∠4

$$\angle 1 + \angle 5 + \angle 3 = 180°$$

因为 ∠1、∠5 和 ∠3 是三角形的三个内角，最后一个等式证明三角形的内角和是 180°。

三角形的内角
三角形的内角和是 180°。

1　解决有关三角形内角关系的问题

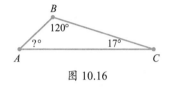

图 10.16

例 1　使用三角形的内角关系

求出图 10.16 中 $\angle A$ 的大小。

解答

因为 $\angle A + \angle B + \angle C = 180°$，因此

$\angle A + 120° + 17° = 180°$　　　三角形的内角和是 180°

$\angle A + 137° = 180°$　　　化简

$\angle A = 180° - 137°$　　　等式两边同时减 137°，求出 $\angle A$

$\angle A = 43°$　　　化简

☑ **检查点 1**　在图 10.16 中，假设 $\angle B = 116°$ 且 $\angle C = 15°$，求出 $\angle A$。

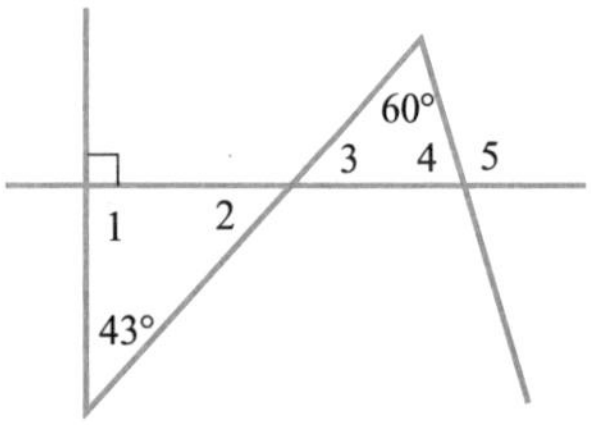

例 2　使用三角形的内角关系

求出图 10.17 中 $\angle 1$ 至 $\angle 5$ 的大小。

解答

因为 $\angle 1$ 是直角的补角，所以 $\angle 1 = 90°$。

我们可以通过三角形的内角和是 180° 来求出 $\angle 2$。

$\angle 1 + \angle 2 + 43° = 180°$　　　三角形的内角和是 180°

$90° + \angle 2 + 43° = 180°$　　　我们已知 $\angle 1 = 90°$

$\angle 2 + 133° = 180°$　　　化简

$\angle 2 = 180° - 133°$　　　两边同时减 133°

$\angle 2 = 47°$　　　化简

我们可以通过对顶角相等求出 $\angle 3$：$\angle 3 = \angle 2$。因此，$\angle 3 = 47°$。

我们可以通过三角形的内角和是 180° 来求出 $\angle 4$。观察图 10.17 中最上面的三角形。

$\angle 3 + \angle 4 + 60° = 180°$　　　三角形内角和为 180°

$47° + \angle 4 + 60° = 180°$　　　我们已知 $\angle 3 = 47°$

$\angle 4 + 107° = 180°$　　　化简

$\angle 4 = 180° - 107°$　　　两边同时减 107°

$\angle 4 = 73°$　　　化简

图 10.17

最后，我们可以通过观察 ∠4 和 ∠5 构成一个平角来求出 ∠5。

∠4+∠5=180°	平角的度数为 180°
73°+∠5=180°	我们已知 ∠4=73°
∠5=180°−73°	两边同时减 73°
∠5=107°	化简

☑ **检查点 2** 假设图 10.17 中 43° 角变为 36° 角，60° 角变为 58° 角。在这样的条件下，求出图中 ∠1 至 ∠5 的大小。

我们可以通过三角形的角与边的特征来描述三角形。

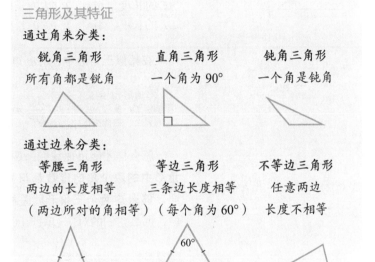

三角形及其特征

通过角来分类：

锐角三角形
所有角都是锐角

直角三角形
一个角为 90°

钝角三角形
一个角是钝角

通过边来分类：

等腰三角形
两边的长度相等
（两边所对的角相等）

等边三角形
三条边长度相等
（每个角为 60°）

不等边三角形
任意两边
长度不相等

2 解决相似三角形的问题

行人通行

相似三角形

在左边显示的是一个国际路标。这个标志的形状和实际的标志一样，尽管它的大小要小一些。在**比例图**中，图形具有相同的形状但是大小不同。比例图可以描绘所画对象的确切形状。建筑师、工程师、景观师和室内装饰师在规划他们的工作时都使用比例图。

形状相同但是大小不一定相同的图形称为相似图形。在图 10.18 中，三角形 *ABC* 和 *DEF* 就是相似图形。∠*A* 和 ∠*D* 的度数相同，称为对应角。∠*C* 和 ∠*F* 也是对应角，∠*B* 和

∠E 也是如此。图 10.18 中角度标记的线段数量相同的角互为对应角。

对应角的对边称为**对应边**。因此，$\overline{CB}$ 和 $\overline{FE}$ 是对应边。$\overline{AB}$ 和 $\overline{DE}$ 也是对应边，$\overline{AC}$ 和 $\overline{DF}$ 也是如此。对应角的角度相等，但是对应边的长度不一定相等。对于图 10.18 中的三角形来说，较小三角形中的每一条边的长度都是较大三角形对应边的一半。

图 10.18 中的两个三角形表示了**相似三角形**的含义。**对应角相等并且对应边的比例相等的两个三角形是相似三角形。**

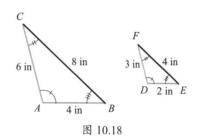

图 10.18

$$\frac{\overline{AC}\text{的长度}}{\overline{DF}\text{的长度}} = \frac{6\,\text{in}}{3\,\text{in}} = \frac{2}{1}, \frac{\overline{CB}\text{的长度}}{\overline{FE}\text{的长度}} = \frac{8\,\text{in}}{4\,\text{in}} = \frac{2}{1}, \frac{\overline{AB}\text{的长度}}{\overline{DE}\text{的长度}} = \frac{4\,\text{in}}{2\,\text{in}} = \frac{2}{1}$$

在相似三角形中，对应边的长度成比例。因此，

> AC 表示 $\overline{AC}$ 的长度，DF 表示 $\overline{DF}$ 的长度，以此类推

$$\frac{AC}{DF} = \frac{CB}{FE} = \frac{AB}{DE}$$

怎么样才能迅速地判断两个三角形是否相似？**如果一个三角形中的两个角的度数都与另一个三角形的两个角的度数相同，那么这两个三角形就是相似的。**如果两个三角形是相似的，那么它们的对应边的长度就成比例。

例 3 使用相似三角形

解释为什么图 10.19 中的两个三角形是相似的。然后求出 x 的长度。

解答

如图 10.20 所示，小三角形中的两个角的度数都与大三角形中的两个角的度数相等。一对角的度数相等。另一对角是对顶角，也是相等的。因此，这两个三角形相似，对应边的长度成比例。

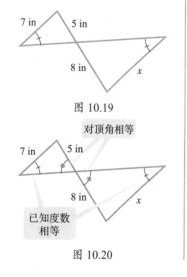

图 10.19

对顶角相等

已知度数相等

图 10.20

> 小三角形中带有一个横杠的角的对边
>
> 小三角形中带有两个横杠的角的对边
>
> $$\frac{5}{8} = \frac{7}{x}$$
>
> 大三角形中带有一个横杠的角的对边
>
> 大三角形中带有两个横杠的角的对边

我们通过 6.2 节中讨论过的比例的交叉相乘原则来解 $\frac{5}{8} = \frac{7}{x}$：如果 $\frac{a}{b} = \frac{c}{d}$，那么 $ad = bc$。

$$5x = 8 \cdot 7 \qquad \text{应用交叉相乘原则}$$

$$5x = 56 \qquad \text{乘法}$$

$$\frac{5x}{5} = \frac{56}{5} \qquad \text{两边同时除以 5}$$

$$x = 11.2 \qquad \text{化简}$$

因此，x 的长度是 11.2 英寸。

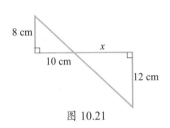

图 10.21

☑ **检查点 3** 解释为什么图 10.21 中的两个三角形是相似的。然后求出 x 的长度。

例 4 使用相似三角形解决问题

一个身高 6 英尺的男人站在离一个路灯底座 10 英尺的地方（见图 10.22）。这个男人的影子长度是 4 英尺。这个路灯的高度是多少？

解答

根据图 10.23 中的图形很容易看出来是相似三角形。左边是路灯的大三角形和左边是这个男人的小三角形都有一个角是 90°。这两个三角形还共用一个角。因此，大三角形中的两个角的度数等于小三角形中两个角的度数。这就意味着，这两个三角形是相似的，因此对应边成比例。我们先令路灯的高度是 x，单位是英尺。因为相似三角形的对应边成比例，

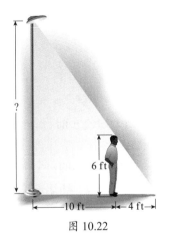

图 10.22

大三角形中带有一个横杠的角的对边		大三角形中未标记的角的对边
	$\dfrac{x}{6} = \dfrac{14}{4}$	
小三角形中带有一个横杠的角的对边		小三角形中未标记的角的对边

我们使用交叉相乘原则解出 x。

$$4x = 6 \cdot 14 \qquad \text{应用交叉相乘原则}$$

$$4x = 84 \qquad \text{乘法}$$

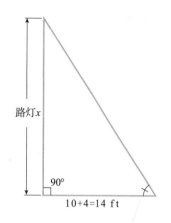

路灯 x

90°

10+4=14 ft

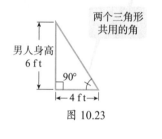

男人身高
6 ft

90°

4 ft

两个三角形
共用的角

图 10.23

$$\frac{4x}{4} = \frac{84}{4}$$ 两边同时除以 4

$$x = 21$$ 化简

路灯的高度是 21 英尺。

☑ **检查点 4** 求出图 10.24 中灯塔的高度。图中立了一根高 2 码的棒子，棒子的影子长度是 3.5 码，灯塔的影子长度是 56 码。

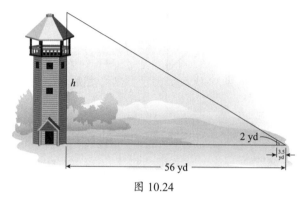

h

2 yd

3.5 yd

56 yd

图 10.24

3 使用勾股定理解决问题

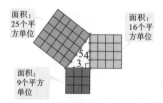

面积：
25 个平
方单位

面积：
16 个平
方单位

面积：
9 个平方
单位

图 10.25 较大正方形的面积等
于较小正方形的面积之和

勾股定理

古希腊哲学家和数学家毕达哥拉斯（约公元前 582—前 500 年）创立了一个主张为"万物皆数"的学派。毕达哥拉斯最为人知的是他对直角三角形的研究，直角三角形的一个角是 90°。90° 角的对边称为**斜边**，其他边称为**直角边**。毕达哥拉斯发现，如果他在每条直角边上构造一个正方形，在斜边上构造一个较大的正方形，那么两个较小正方形的面积之和等于较大正方形的面积，如图 10.25 所示。

这种关系通常用直角三角形的三个边的长度关系表示，称为**勾股定理**。

勾股定理

直角三角形两条直角边长度的平方和
等于斜边长度的平方。

如果两条直角边的长度分别是 a 和 b，
斜边的长度是 c，那么 $a^2 + b^2 = c^2$。

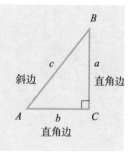

B

c 斜边

a 直角边

A b C

直角边

数学究竟是发现的还是发明的？早在毕达哥拉斯出生之前，"毕达哥拉斯"定理就已在中国为人所知，埃及建造金字塔的过程中也发现了这个定理。不同时代、地点、文化背景的独立研究者常常会发现或发明相同的数学。

这幅图是三国时期赵爽给《周髀算经》作注给出的勾股圆方图。

好问题！

为什么例 6 中电视的宽度是 15.7？求 15.7 的平方不太好算。为什么不干脆说宽度是 16 英寸？

我们想要知道 32 英寸电视的真实尺寸。在下面的检查点中，我们将求一台老电视的真实尺寸。在计算中，计算器会帮上忙的。

例 5 使用勾股定理

求出图 10.26 中的斜边的长度。

图 10.26

解答

令 $a = 9$ 且 $b = 12$。再将这两个值代入公式 $c^2 = a^2 + b^2$ 中求出 c 的值。

$$c^2 = a^2 + b^2$$ 使用勾股定理的符号表示

$$c^2 = 9^2 + 12^2$$ 令 $a=9$, $b=12$

$$c^2 = 81 + 144$$ $9^2=81$, $12^2=144$

$$c^2 = 225$$ 加法

$$c = \sqrt{225} = 15$$ 225 的正平方根为 c

斜边的长度是 15 英尺。

☑ **检查点 5** 求出直角边的长度分别是 7 英尺和 24 英尺的直角三角形的斜边长度。

例 6 使用勾股定理：屏幕尺寸的数学

你知道电视屏幕的尺寸指的是对角线的长度吗？如果图 10.27 中的高清电视的长度是 28 英寸，宽度是 15.7 英寸，那么该电视屏幕的尺寸是多少？保留整数。

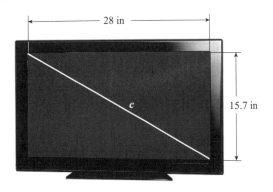
图 10.27

解答

如图 10.27 所示，电视屏幕的长、宽和对角线构成了一个直角三角形。对角线就是直角三角形的斜边。我们可以使用勾股定理，令 $a = 28$ 且 $b = 15.7$，求出屏幕尺寸 c 的值。

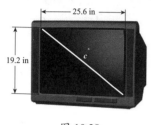

$$c^2 = a^2 + b^2 \qquad \text{使用勾股定理的符号表示}$$

$$c^2 = 28^2 + 15.7^2 \qquad \text{令 } a=28,\ b=15.7$$

$$c^2 = 784 + 246.49 \qquad 28^2=784,\ 15.7^2=246.49$$

$$c^2 = 1\,030.49 \qquad \text{加法}$$

$$c = \sqrt{1\,030.49} \qquad 1\,030.49 \text{ 的正平方根为 } c$$

$$c \approx 32 \qquad \text{保留整数}$$

该高清电视的尺寸是 32 英寸。

图 10.28

☑ **检查点 6** 图 10.28 显示了一台老电视的大小。求出它的屏幕尺寸。

布利策补充

屏幕尺寸的数学

你想要的那台 32 英寸的高清电视要比老电视大多少？其实，根据例 6 和检查点 6 的计算结果，高清电视居然更小！图 10.29 比较了这两台电视的屏幕面积。

32 英寸的老电视　　　　　　32 英寸的高清电视

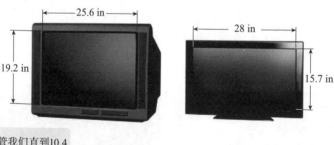

尽管我们直到10.4 节才讨论面积，但矩形的面积公式你可能很熟悉

面积=长·宽
=25.6·19.2
=491.52平方英寸

面积=长·宽
=28·15.7
=439.6平方英寸

图 10.29

为了确保你的高清电视的屏幕面积等于老电视的，它的对角线长度或屏幕尺寸应该扩大 6%。也就是说，将老电视的屏幕尺寸乘以 1.06。如果你有一台 32 英寸的老电视，那么高清电视的屏幕应该是 34 英寸的（32×1.06=33.92≈34），这样这两台电视的屏幕尺寸是相同的。

例 7 使用勾股定理

a. 长度为 122 英寸的轮椅坡道，它的水平距离是 120 英寸。斜坡的垂直距离是多少？

b. 建筑法对残疾人坡道的规定非常具体。每垂直上升 1 英寸，就需要水平移动 12 英寸。这个斜坡满足要求吗？

解答

a. 根据题目的条件，轮椅坡道的长度是 122 英寸，水平距离是 120 英寸。图 10.30 显示了轮椅坡道、墙壁和地面构成的直角三角形。我们可以使用勾股定理求出轮椅坡道的垂直高度 x。

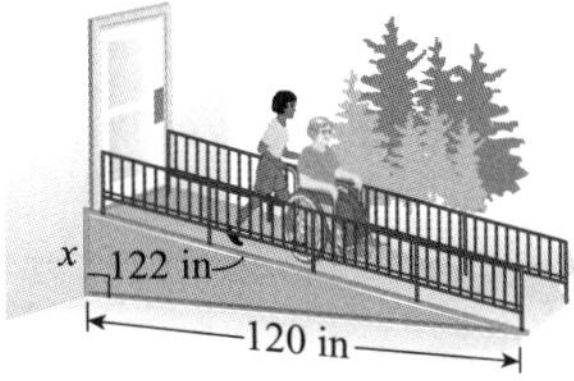

图 10.30

$$x^2 + 120^2 = 122^2 \qquad \text{使用勾股定理的符号表示}$$

$$x^2 + 14\,400 = 14\,884 \qquad \text{将 120 和 122 平方}$$

$$x^2 = 484 \qquad \text{两边同时减 14 400，分离 } x$$

$$x = \sqrt{484} = 22 \qquad \text{484 的正平方根是 22}$$

轮椅坡道的垂直距离是 22 英寸。

b. 每垂直上升 1 英寸，就需要水平移动 12 英寸。因为坡道的垂直距离是 22 英寸，所以它需要 22×12 英寸 =264 英寸的水平距离。水平距离只有 120 英寸，所以这个坡道不符合建筑法规定的残疾人坡道。

☑ **检查点 7** 无线电塔由两根电线支撑，每根电线有 130 码长，连接在离塔底座 50 码的地面上。塔上的电线离地面有多远？

10.3

学习目标

学完本节之后，你应该能够：

1. 根据多边形的边数命名特定的多边形。
2. 认识特定四边形的性质。

多边形、周长以及棋盘花纹

你刚刚在乡下购买了一块美丽的土地，如图 10.31 所示。为了有更多的隐私，你决定在它的四周围上栅栏。栅栏的成本取决于土地边缘的长度，称为**周长**，以及每英尺栅栏的成本。

你的土地是一个几何图形：它由四条线段围成。这块土地在平地上，四条边都在一个平面上。上图是一个多边形的例子。平面上任何由三条或三条以上仅在端点相交的线段形成的

3. 解决求多边形周长的问题。

4. 求出多边形的内角和。

5. 理解棋盘花纹及其角度要求。

封闭形状称为**多边形**。

多边形是根据它的边数来命名的。我们知道一个三条边的多边形叫作**三角形**。四条边的多边形叫作**四边形**。

一个边长全部相等且内角也全部相等的多边形称为**正多边形**。表 10.2 给出了六种多边形的名称，也给出了相应的正多边形的图像。

1　根据多边形的边数命名特定的多边形

图 10.31

表 10.2　正多边形的图像

名称	图像	名称	图像
三角形 （三条边）	△	六边形 （六条边）	⬡
四边形 （四条边）	□	七边形 （七条边）	⬠
五边形 （五条边）	⬠	八边形 （八条边）	⯃

2　认识特定四边形的性质

四边形

图 10.31 中的土地是一块四条边的多边形，即四边形。然而，当你第一眼看到这个图像的时候，或许会觉得这块土地是一个长方形。**长方形**是一种特殊的四边形，它的两对对边不但长度相等而且相互平行，内角都是直角。表 10.3 给出了一些特殊的四边形及其性质。

表 10.3　四边形的种类

名称	性质	图示
平行四边形	有两对相互平行并且长度相等的对边的四边形。对角的角度相等	

（续）

名称	性质	图示
菱形	所有边长都相等的平行四边形	
长方形	四个内角都是直角的平行四边形。因为长方形是平行四边形，所以它的对边不但长度相等而且相互平行	
正方形	所有边长都相等的长方形，而且每个内角都是90°，正方形是正四边形	
梯形	只有一对边相互平行的四边形	

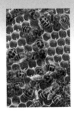

布利策补充

蜜蜂和正六边形

蜜蜂使用蜂巢储存蜂蜜并饲养幼虫。它们使用蜂蜡建造蜂蜜储存室。每个储存室都是正六边形。这些储存室完美地结合在一起，防止灰尘或捕食者进入。虽然正方形或等边三角形也同样适合，但正六边形能够最大地存储蜂蜡。

3 解决求多边形周长的问题

周长

多边形的**周长** P 是所有边的长度之和。周长的单位是线性单位，例如英寸、英尺、码、米或千米。

例 1 是关于求一个长方形的周长。因为周长是所有边长之和，所以图 10.32 中的长方形的边长是 $l+w+l+w$，可以写成：

$$P = 2l + 2w$$

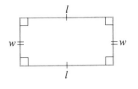

图 10.32 一个长为 l，宽为 w 的长方形

例 1 周长的应用

在本节开头讨论过的长方形土地（如图 10.31 所示）的长是 42 码，宽是 28 码。如果每英尺栅栏的价格是 5.25 美元，那么围一圈栅栏需要花多少钱？

解答

我们先从求出长方形的周长入手，单位是码。使用 3 ft=1 yd 和量纲分析法，我们可以将周长换算成英尺。最后，再将以英尺为单位的周长乘以 5.25 美元，这是因为每英尺栅栏的价格是 5.25 美元。

长方形的长 l 是 42 码，宽 w 是 28 码。我们可以使用公式 $P = 2l + 2w$ 计算长方形的周长。

$$P = 2l + 2w = 2 \cdot 42 \text{ yd} + 2 \cdot 28 \text{ yd}$$
$$= 84 \text{ yd} + 56 \text{ yd} = 140 \text{ yd}$$

因为 $3 \text{ ft} = 1 \text{ yd}$，我们使用单位分数 $\dfrac{3 \text{ ft}}{1 \text{ yd}}$ 来将码换算成英尺。

$$140 \text{ yd} = \frac{140 \text{ yd}}{1} \cdot \frac{3 \text{ ft}}{1 \text{ yd}} = 140 \cdot 3 \text{ ft} = 420 \text{ ft}$$

长方形的周长是 420 ft。现在我们可以求出围栅栏需要花多少钱。我们将 420 ft 乘以 5.25 美元。

$$\text{花费} = \frac{420 \text{ ft}}{1} \cdot \frac{5.25 \text{美元}}{\text{ft}} = 420 \times (5.25\text{美元}) = 2\,205\text{美元}$$

围一圈栅栏需要花 2 205 美元。

☑ **检查点 1**　一块长方形土地的长是 50 码，宽是 30 码。如果每英尺栅栏的价格是 6.50 美元，那么围一圈栅栏需要花多少钱?

4　求出多边形的内角和

多边形的内角和

我们知道任何三角形的内角和都是 180°。我们可以使用归纳推理法求出任何多边形的内角和。我们从多边形的一个顶点出发到其他顶点所画的线段，构成不重合的三角形，如图 10.33 所示。

4 条边
2 个三角形
角度之和：2 (180°)=360°

5 条边
3 个三角形
角度之和：3 (180°)=540°

6 条边
4 个三角形
角度之和：4 (180°)=720°

图 10.33

在每一种情况中，构成的三角形的数量都比多边形的边数少 2。因此，任意 n 条边的多边形内部均有 $n-2$ 个三角形。因为每一个三角形的内角和是 180°，所以 $n-2$ 个三角形的内角和是 $(n-2)180°$。因此，任意 n 条边的多边形的内角和是 $(n-2)180°$。

多边形的内角和

任意 n 条边的多边形的内角和是

$$(n-2)180°$$

例 2　使用多边形的内角和公式

a.　求出八边形的内角和。

b.　图 10.34 显示了一个正八边形。求出 $\angle A$ 的大小。

c.　求出 $\angle B$ 的大小。

解答

a.　一个八边形有八条边。我们使用公式 $(n-2)180°$，其中 $n=8$，我们可以求出八个角的度数和。

八边形的内角和是

$$(n-2)180°$$
$$=(8-2)180°$$
$$=6 \cdot 180°$$
$$=1\,080°$$

b.　我们仔细观察图 10.34 中的正八边形。我们注意到所有八条边的长度都是相等的。同样地，所有八个内角的度数也是相等的。$\angle A$ 是其中一个内角。我们将八边形的内角和 $1\,080°$ 除以 8 就能得到一个内角的度数。

$$\angle A = \frac{1080°}{8} = 135°$$

c.　因为 $\angle B$ 是 $\angle A$ 的补角，所以

$$\angle B = 180° - 135° = 45°$$

图 10.34　正八边形

☑ **检查点 2**

a. 求出十二边形的内角和。

b. 求出正十二边形的内角的度数。

5 理解棋盘花纹及其角度要求

棋盘花纹

几何学和视觉艺术之间的关系可以在一种叫作棋盘花纹的艺术形式中找到。**棋盘花纹**或**拼砖艺术**,是一种图案,由重复使用相同的几何图形来完全覆盖一个平面,不留空隙,并且不重叠。图 10.35 显示了八种棋盘花纹,每一个都是由重复使用两个或更多正多边形组成的。

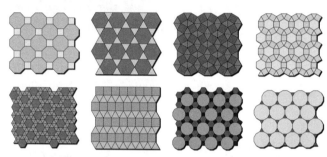

图 10.35 由两个或更多正多边形组成的八种棋盘花纹

在图 10.35 的每一个棋盘花纹中,每一个顶点(交点)都由同一种正多边形包围。此外,每一个顶点处的角度之和是360°,这是构成棋盘花纹的条件,如图 10.36 中放大的棋盘花纹所示。如果你选择任意顶点并计数与顶点接触的多边形的边,你就会发现顶点由两个正八边形与一个正方形包围。你能发现为什么每一个顶点的角度之和是 360° 吗?

$$135° + 135° + 90° = 360°$$

在例 2 中,我们发现正八边形的每个角为 135°

正方形的每个角为 90°

创造棋盘花纹的最严格限制条件是只能使用一种正多边形。受到这种条件的限制,只有三种可能的棋盘花纹,分别由等边三角形、正方形和正六边形组成,如图 10.37 所示。

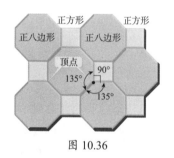

图 10.36

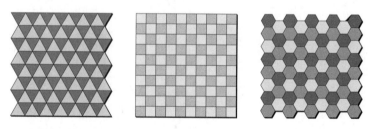

图 10.37 用同一种正多边形组成的三种棋盘花纹

每一种可能的棋盘花纹顶点的内角和都是360°。

在每个顶点处有
6 个等边三角形

$$60° + 60° + 60° + 60° + 60° + 60° = 360°$$

在每个顶点处
有 4 个正方形

$$90° + 90° + 90° + 90° = 360°$$

在每个顶点处有
3 个正六边形

$$120° + 120° + 120° = 360°$$

每个角的度数为

$$\frac{(n-2)180°}{n} = \frac{(6-2)180°}{6} = 120°$$

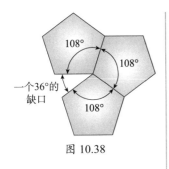

一个36°的
缺口

图 10.38

例 3　棋盘花纹的角度要求

解释为什么不能只用正五边形组成棋盘花纹。

解答

我们先使用公式 $(n-2)180°$ 计算正五边形的内角大小。每一个内角的角度等于

$$\frac{(5-2)180°}{5} = \frac{(3)180°}{5} = 108°$$

组成棋盘花纹需要同一个顶点的内角和是360°。正五边形的内角是108°，如图 10.38 所示，三个正五边形围成了 $3 \cdot 108° = 324°$，留下了 $360° - 324° = 36°$ 的缺口。因为正五边形没有满足内角和是360°的条件，所有不能只用正五边形组成棋盘花纹。

☑ 检查点 3　解释为什么不能只用正八边形组成棋盘花纹。

将平面规则地划分成一致的图形，唤起观察者与熟悉的自然物体的联系，这是这些爱好或问题之一……这些年来，我一次又一次地研究这个几何问题，每次都试图阐明不同的方面。我无法想象如果我从来没有遇到过这个问题，我的生活会是什么样的；有人可能会说我爱它爱得神魂颠倒，可我还是不知道为什么。

——M. C. Escher

不受正多边形重复使用限制的棋盘花纹在数量上是无穷无尽的。它们在艺术、意大利马赛克、棉被和陶瓷中表现突出。荷兰艺术家 M. C. Escher（1898—1972）创作了一系列令人眼花缭乱的版画、素描和绘画作品，这些作品使用的棋盘花纹是由有特色的连锁动物组成的。Escher 的艺术反映了构成所有事物基础的数学，同时创造了对空间和视角的超现实主义操纵，温和地调侃了共识现实。

10.4

学习目标

学习目标

学完本节之后，你应该能够：

1. 使用面积公式计算平面区域的面积，并解决应用问题。

2. 使用圆的周长与面积公式。

1 使用面积公式计算平面区域的面积，并解决应用问题

图 10.39 左图的面积是 12 个平方单位

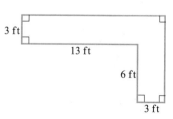

图 10.40

面积与周长

美国房子的大小是以平方英尺来描述的。但是，你怎么能从房地产广告中知道，这个 1 200 平方英尺、后院带游泳池的房子是否足够大、值得一看呢？面对数以百计的广告，你需要一些方法来找出最好的房产。1 200 平方英尺是什么意思？这个面积是怎么算出来的？在本节中，我们将讨论如何计算平面区域的面积。

面积公式

在 9.2 节中，我们学过一个二维图形的面积是平方单位（例如平方英尺或平方英里），需要填满图形的内部空间。例如，如图 10.39 所示，一个长方形区域内有 12 个平方单位。这个区域的面积是 12 平方单位。注意，这个区域的面积可以这样求出来：

横向距离   纵向距离

$$4 \text{ 个单位} \times 3 \text{ 个单位} = 4 \times 3 \times \text{单位} \times \text{单位}$$
$$= 12 \text{ 平方单位}$$

长方形区域的面积通常指长方形的面积，是横向距离（长）与纵向距离（宽）的积。

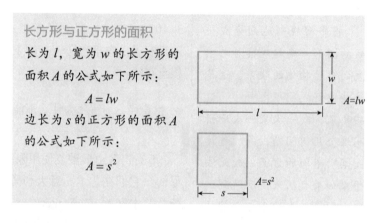

长方形与正方形的面积

长为 l，宽为 w 的长方形的面积 A 的公式如下所示：

$$A = lw$$

边长为 s 的正方形的面积 A 的公式如下所示：

$$A = s^2$$

例 1   解决面积问题

你决定在图 10.40 中的道路中铺上地砖。

a. 求出道路的面积。

b. 如果每平方英尺需要四块地砖，一共需要多少块地砖?

解答

　　a. 因为我们已经有了长方形的面积公式，所以我们画一条辅助线，将道路分成两个长方形。其中一种分割方法如图所示。然后我们使用每一个长方形的长和宽分别求出每一个长方形的面积。面积的计算如图中文本框所示。

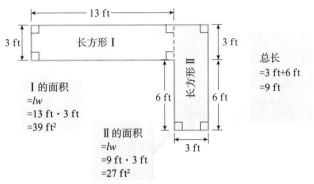

道路的面积等于两个长方形的面积之和。

$$道路的面积 = 39\,\text{ft}^2 + 27\,\text{ft}^2 = 66\,\text{ft}^2$$

　　b. 每平方英尺需要四块地砖。需要的地砖数量等于道路的面积乘以 4。

$$需要的地砖数量 = 66\,\text{ft}^2 \cdot \frac{4\text{块}}{\text{ft}^2} = 66 \cdot 4\text{块} = 264\text{块}$$

因此，一共需要 264 块地砖。

☑ **检查点 1**　换一种方法求例 1 中道路的面积。我们将图形扩展成一个大的长方形。道路的面积等于大长方形的面积减去小长方形的面积。你能得到和例 1a 中一样的答案吗?

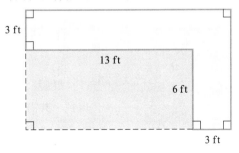

布利策补充

房屋的估价

　　房屋由银行雇用的估价师来测量，以帮助消费者确定其价值。估价师从外部测量一个长方形大小。然后，估价师将长方形外的居住空间加上，再减去长方形内的空白区域。最后得到的数字，包括房子里所有已完工的占地面积，以平方英尺为单位。不包括车库、外面的门廊、露台或未完工的地下室。

　　估价师认为面积 1 000 平方英尺的房子是小房子，平均 2 000 平方英尺的房子，以及 2 500 平方英尺以上的房屋大得令人愉快。如果一套 1 200 平方英尺的房子有三个卧室，那么每个卧室可能都非常舒适。如果只有一个卧室，可能会感觉空间十分宽广！

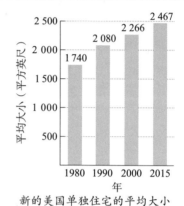

新的美国单独住宅的平均大小

来源：U.S.Census Bureau

例 2　解决面积问题

　　如果一块长方形地板长 15 英尺，宽 12 英尺，一平方码地毯的价格是 18.50 美元，用地毯完全覆盖这块地板需要花多少钱？

解答

我们从将英尺转换成码入手。

$$15\,ft = \frac{15\,ft}{1} \cdot \frac{1\,yd}{3\,ft} = \frac{15}{3}\,yd = 5\,yd$$

$$12\,ft = \frac{12\,ft}{1} \cdot \frac{1\,yd}{3\,ft} = \frac{12}{3}\,yd = 4\,yd$$

下一步，我们求出长方形地板的面积，以平方码为单位。

$$A = lw = 5\,yd \cdot 4\,yd = 20\,yd^2$$

最后，我们通过将地板的面积乘以每平方码地毯的售价，得到一共需要花多少钱。

$$地毯的花费 = \frac{20\,yd^2}{1} \cdot \frac{18.50美元}{yd^2} = 18.50(20)美元 = 370美元$$

一共需要花 370 美元。

☑ **检查点 2**　如果一块长方形地板长 21 英尺，宽 18 英尺，一平方码地毯的价格是 16 美元，用地毯完全覆盖这块地板需要花多少钱？

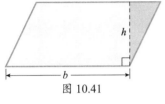

图 10.41

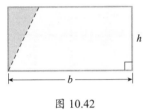

图 10.42

我们可以将长方形的面积公式拓展到其他多边形的面积上。我们从平行四边形开始，它是对边相等且平行的四边形。平行四边形的**高**是两条平行的边之间的垂直距离。图 10.41 中的高用 h 表示。**底**用 b 表示，是两条平行的边的长度。

在图 10.42 中，在平行四边形的右侧剪了一个三角形，拼接到左侧。我们得到了一个高是 h、底是 b 的长方形。因为长方形的面积是 bh，所以它也表示平行四边形的面积。

> **平行四边形的面积**
>
> 高是 h、底是 b 的平行四边形的面积 A 的公式如下所示：
>
> $$A = bh$$

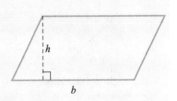

好问题！

平行四边形的高是不是它的其中一条边的长度?

不是。平行四边形的高是两条平行的边之间的垂直距离，并不是某一条边的长度。

例 3　使用平行四边形的面积公式

求出图 10.43 中平行四边形的面积。

解答

由图可知，平行四边形的底是 8 cm，高是 4 cm。因此，$b = 8$，$h = 4$。

$$A = bh$$

$$A = 8 \text{ cm} \cdot 4 \text{ cm} = 32 \text{ cm}^2$$

平行四边形的面积是 32 cm^2。

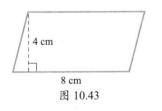

图 10.43

☑ **检查点 3**　求出底是 10 英寸、高是 6 英寸的平行四边形的面积。

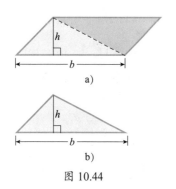

a)

b)

图 10.44

图 10.44 显示了我们应该如何将平行四边形的面积公式应用到三角形的面积公式上。图 10.44a 中的平行四边形的面积是 $A = bh$。平行四边形内的对角线将它分成两个相同的三角形。这就意味着，每一个三角形的面积是平行四边形面积的一半。

因此，图 10.44b 中的三角形的面积是 $A = \frac{1}{2}bh$。

三角形的面积

高是 h、底是 b 的三角形的面积 A 的公式如下所示：

$$A = \frac{1}{2}bh$$

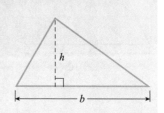

例 4　使用三角形的面积公式

求出图 10.45 中两个三角形的面积。

解答

a. 图 10.45a 中三角形，底是 16 m，高是 10 m，所以 $b = 16$，$h = 10$。求三角形的面积，我们不需要 11.8 m 和 14 m 这两个条件。三角形的面积是

$$A = \frac{1}{2}bh = \frac{1}{2} \cdot 16 \text{ m} \cdot 10 \text{ m} = 80 \text{ m}^2$$

三角形的面积是 80 m^2。

b. 在图 10.45b 中，我们需要延长底才能画出高。底是 12 in，高是 9 in，所以 $b = 12$，$h = 9$。三角形的面积是

$$A = \frac{1}{2}bh = \frac{1}{2} \cdot 12 \text{ in} \cdot 9 \text{ in} = 54 \text{ in}^2$$

三角形的面积是 54 in^2。

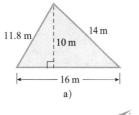

a)

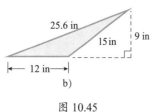

b)

图 10.45

☑ **检查点 4**　一只三角形的船帆底是 12 英尺，高是 5 英尺。求出船帆的面积。

三角形的面积公式可以拓展到梯形的面积公式。思考图 10.46 中的梯形。两条平行的边称为**底**，分别用 a（下底）

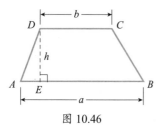

图 10.46

和 b（上底）表示。梯形的高由 h 表示，是两条平行边之间的垂直距离。

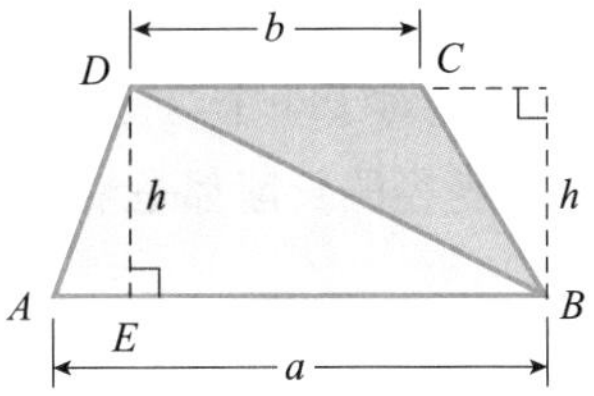

在图 10.47 中，我们画出了一条线段 BD，将梯形分割成两个三角形。梯形的面积是这两个三角形的面积之和。

$$A = \frac{1}{2}ah + \frac{1}{2}bh$$

$$= \frac{1}{2}h(a+b) \qquad \text{提取因数} \frac{1}{2}h$$

图 10.47

梯形的面积公式

高是 h，底分别是 a 和 b 的梯形的面积
A 的公式如下所示：

$$A = \frac{1}{2}h(a+b)$$

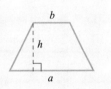

例 5 求出梯形的面积

求出图 10.48 中的梯形的面积。

解答

高 h 是 13 ft。下底 a 是 46 ft，上底 b 是 32 ft。我们求梯形的面积不需要 17 ft 和 13.4 ft 这两个数据。

$$A = \frac{1}{2}h(a+b) = \frac{1}{2}13\,\text{ft}\left(46\,\text{ft} + 32\,\text{ft}\right)$$

$$= \frac{1}{2}13\,\text{ft} \cdot 78\,\text{ft} = 507\,\text{ft}^2$$

梯形的面积是 507 ft²。

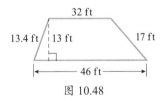

图 10.48

☑ **检查点 5** 计算底分别是 20 英尺和 10 英尺，高是 7 英尺的梯形面积。

---

2 使用圆的周长与面积公式

你熟悉身边的圆吗？钟表、角、地图和指南针都是以圆为基础的。圆在自然界中随处可见：水面上的涟漪、蝴蝶翅膀上的图案，以及树木的横截面。有些人认为圆是所有形状中最令人愉快的。

卵石撞击平坦水面时，撞击点就会成为形成许多圆形波纹的中心。

圆是平面上到指定点（圆心）距离相等的点的集合。图 10.49 显示了两个圆。**半径 *r*** 是从圆心到圆上任何一点的线段。对于一个给定的圆，所有半径的长度都相等。**直径 *d*** 是一条通过圆心的线段，它的端点都在圆上。对于一个给定的圆，所有直径的长度都相等。在任何圆中，**直径的长度都是半径的两倍**。

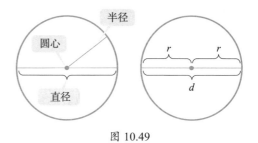

图 10.49

半径和直径既指图 10.49 中的线段，也指它们的线性测量。围绕圆的一周的长度叫作**周长 *C***。对于所有的圆，如果你用周长除以直径，或者用周长除以半径的两倍，都会得到相同的数。这个比值是无理数 π，近似等于 3.14：

$$\frac{C}{d} = \pi \text{ 或 } \frac{C}{2r} = \pi$$

因此，

$$C = \pi d \text{ 或 } C = 2\pi r$$

求出圆周的长度

一个直径是 *d*、半径是 *r* 的圆的周长 *C* 是

$$C = \pi d \text{ 或 } C = 2\pi r$$

当你使用纸笔计算圆的周长时，将 π 四舍五入为 3.14。当你使用计算器计算时，点击 π 键，大约将 π 四舍五入到小数点后 11 位。在这两种情况下，得到的都是近似值。根据 π 四舍五入的情况，答案也略有不同。我们会在计算中使用近似符号 "≈"。

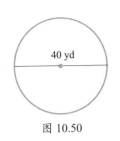

图 10.50

例6 求圆的周长

求出图 10.50 中圆的周长。

解答

直径是 40 yd，所以我们使用含有 d 的周长公式。

$$C = \pi d = \pi(40 \text{ yd}) = 40\pi \text{ yd} \approx 125.7 \text{ yd}$$

围绕这个圆一圈的长度大约是 125.7 yd。

☑ **检查点6** 求出直径是 10 英寸的圆的周长。先用 π 表示答案，然后保留一位小数。

例7 使用圆周公式

图 10.51 中的窗户的周长是多少？

解答

窗户的底的长度是 6 英尺，两边是 8 英尺，上面还有一个半圆。我们需要的长度是

$$6 \text{ ft} + 8 \text{ ft} + 8 \text{ ft} + \text{半圆的周长}$$

半圆的周长是直径是 6 英尺的圆的周长的一半。

$$\text{半圆的周长} = \frac{1}{2}\pi d = \frac{1}{2}\pi(6 \text{ ft}) = 3\pi \text{ ft} \approx 9.4 \text{ ft}$$

8 ft

6 ft

图 10.51

半圆的周长

d=6 ft

保留一位小数，我们得到半圆的周长是 9.4 英尺。窗户的周长近似等于

$$6 \text{ ft} + 8 \text{ ft} + 8 \text{ ft} + 9.4 \text{ ft} = 31.4 \text{ ft}$$

☑ **检查点7** 在图 10.51 中，假设窗户的底和两边的长度分别是 10 英尺和 12 英尺。窗户的周长是多少？保留一位小数。

无理数 π 也用于计算圆的面积。这是因为圆的面积比其半径的平方等于 π：

$$\frac{A}{r^2} = \pi$$

我们在等式两边同时乘以 r^2，就得到了圆的面积。

> **求出圆的面积**
>
> 半径为 r 的圆的面积是
>
> $$A = \pi r^2$$

例 8　　使用圆的面积公式解决问题

下列两种比萨，哪一种更划算？较大比萨，直径 16 英寸，售价 15.00 美元。中等比萨，直径 8 英寸，售价 7.50 美元。

解答

最划算的比萨是每平方英寸比萨售价最低的那一种。较大比萨的半径等于 $\dfrac{1}{2} \cdot 16$ 英寸 $= 8$ 英寸，中等比萨的半径等于 $\dfrac{1}{2} \cdot 8$ 英寸 $= 4$ 英寸。我们使用圆的面积公式计算每一种比萨的面积。

较大比萨：$A = \pi r^2 = \pi (8\,\text{in})^2 = 64\pi\,\text{in}^2 \approx 201\,\text{in}^2$

中等比萨：$A = \pi r^2 = \pi (4\,\text{in})^2 = 16\pi\,\text{in}^2 \approx 50\,\text{in}^2$

对于每一种比萨来说，每平方英寸比萨的售价等于比萨的售价除以比萨的面积。

较大比萨的每平方英寸比萨的售价：

$$\frac{15.00\,\text{美元}}{64\pi\,\text{in}^2} \approx \frac{15.00\,\text{美元}}{201\,\text{in}^2} \approx \frac{0.07\,\text{美元}}{\text{in}^2}$$

中等比萨的每平方英寸比萨的售价：

$$\frac{7.50\,\text{美元}}{16\pi\,\text{in}^2} \approx \frac{7.50\,\text{美元}}{50\,\text{in}^2} = \frac{0.15\,\text{美元}}{\text{in}^2}$$

较大比萨的每平方英寸售价约为 0.07 美元，而中等比萨的每平方英寸售价约为 0.15 美元。因此，较大比萨更划算。

在例 8 中，你是不是以为较大比萨和中等比萨的每平方英寸售价一样？毕竟较大比萨的半径是中等比萨的两倍，价格也是中等比萨的两倍。然而，较大比萨的面积是 64π 平方英寸，是中等比萨面积 16π 的四倍。半径加倍，得到的圆的面积扩大 2^2 倍，即 4 倍。总之，如果一个圆的半径扩大了 k 倍，它的面积扩大 k^2 倍。这个原则对于任何二维图形都是成立的：如果一个图形的形状保持不变，线性测量扩大 k 倍，它的面积会扩大 k^2 倍。

☑ **检查点 8** 下列哪一种比萨更划算？较大比萨，直径 18 英寸，售价 20 美元。中等比萨，直径 14 英寸，售价 14 美元。

体积与表面积

在朱迪法官退休之前，你想要去朱迪法官的网站，填写一份案件提交表格，然后上她的电视节目。这个案子和你的承包商有关，他答应安装一个能装 500 加仑水的水箱。在交付时，你注意到水箱的任何地方都没有标上容量，因此你决定自己测量它的体积。这个水箱的形状就像一个巨大的金枪鱼罐头，顶部和底部都是圆形。你测量的每个圆的半径都是 3 英尺，测量的水箱的高度是 2 英尺 4 英寸。你知道 500 加仑是体积为 67 立方英尺的实心物体的容积。现在你需要一些方法来计算水箱的体积。在本节中，我们将讨论如何计算各种立体、三维图形的体积。使用你在本节学到的公式，可以判断如果你出庭受审，是否有证据表明你能赢得对承包商的诉讼。或者你会冒着加入一群笨蛋的风险，被法官大声训斥，以娱乐电视观众？（在你听到一句刺耳的"胡扯，先生，你这个几何白痴！"之前，我们建议你先做一下练习集 10.5 的练习 45。）

10.5

学习目标

学完本节之后，你应该能够：

1. 使用体积公式计算三维图形的体积，并解决应用问题。
2. 计算三维图形的表面积。

1 使用体积公式计算三维图形的体积，并解决应用问题

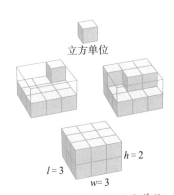

图 10.52 体积 =18 立方单位

体积公式

在 9.2 节中，我们学过**体积**指的是一个实心物体占据的空间大小，这个大小由填满物体内部所需要的立方单位的数量决定。例如，如图 10.52 所示，箱子里有 18 个立方单位。这个箱子的体积，即**长方体**的体积，等于 18 立方单位。这个箱子的长是 3 个单位，宽 3 个单位，高 2 个单位。体积 18 立方单位可能是通过求长、宽和高的乘积得到的：

体积 =3 个单位 · 3 个单位 · 2 个单位 =18 立方单位

一般来说，长方体的体积 V 等于它的长 l、宽 w 和高 h 的乘积：

$$V=lwh$$

如果长方体的长、宽和高都相等，那么这个长方体就是一个**正方体**。这两个像箱子一样的物体的体积公式如下所示。

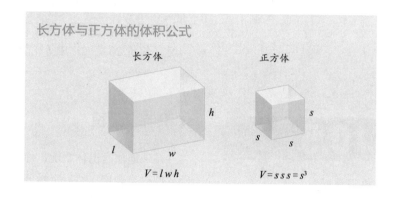

长方体与正方体的体积公式

例1 求出长方体的体积

求出图 10.53 中长方体的体积。

解答

如图所示，长方体的长是 6 m，宽是 2 m，高是 4 m。因此，$l=6$，$w=2$，$h=4$。

$$V=lwh=6 \text{ m} \cdot 2 \text{ m} \cdot 4 \text{ m}=48 \text{ m}^3$$

长方体的体积是 48 m³。

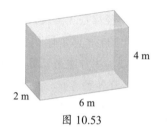

图 10.53

☑ **检查点1** 求出长 5 英尺、宽 3 英尺、高 7 英尺的长方体的体积。

在 9.2 节中，我们学过 1 码等于 3 英尺，而 1 立方码等于 27 立方英尺。如果一个问题需要你求出以立方码为单位的体积，而给出的长度单位是英尺，为了避免发生错误，首先将英尺转换成码。然后再使用体积公式。这个理念如例 2 所示。

例2 解决体积问题

你想要在自家院子里挖一个游泳池。首先你需要挖一个长 90 英尺、宽 60 英尺而且深 6 英尺的坑。你将使用一辆能装 10 立方码的卡车运走泥土，每一趟需要 35 美元。将所有挖出来的泥土运走需要花多少钱?

解答

我们从将英尺转换成码开始:

$$90 \text{ ft} = \frac{90 \text{ ft}}{1} \cdot \frac{1 \text{ yd}}{3 \text{ ft}} = \frac{90}{3} \text{ yd} = 30 \text{ yd}$$

同样地，我们可以换算出 60 ft = 20 yd，6 ft = 2 yd。下一步，我们来求需要挖出来并且运走的泥土的体积。

$$V = lwh = 30 \text{ yd} \cdot 20 \text{ yd} \cdot 2 \text{ yd} = 1\,200 \text{ yd}^3$$

现在，我们求出了需要用卡车运走的泥土体积。因为卡车一趟可以运 10 立方码的泥土，所以将泥土的体积除以 10。

$$需要运的趟数 = \frac{1\,200 \text{ yd}^3}{\dfrac{10 \text{ yd}^3}{趟}} = \frac{1\,200 \text{ yd}^3}{1} \cdot \frac{趟}{10 \text{ yd}^3} = \frac{1\,200}{10}趟 = 120趟$$

因为卡车每一趟要收 35 美元，所以将所有挖出来的泥土运走需要花的钱等于趟数乘以 35 美元。

$$泥土运走需要花的钱 = \frac{120趟}{1} \cdot \frac{35美元}{趟} = 120\left(35美元\right) = 4\,200美元$$

将所有挖出来的泥土运走需要花 4 200 美元。

☑ **检查点 2**　求出边长是 6 英尺的正方体的体积，以立方码为单位。

长方体是**多面体**的一个例子，多面体是由多边形构成的立体图形。一个长方体由六个长方形构成，这六个长方形称为面。相比之下，一个**棱锥**是底面为多边形，侧面是三角形的多面体。图 10.54 显示了一个在长方体内部、以长方形为底的棱锥。以长方形为底的棱锥完全处于同底同高的长方体内部。因此，棱锥的体积公式是长方体体积公式的 1/3。

图 10.54　棱锥的体积是相同底和高的长方体的三分之一

棱锥的体积公式

棱锥的体积 V 可由下列公式求出：

$$V = \frac{1}{3}Bh$$

其中，B 是底面的面积，h 是高（从顶点到底面的垂直距离）。

例3 使用棱锥的体积公式

位于旧金山的泛美大厦有 48 层，顶部有一个尖顶，是一个以正方形为底的棱锥。棱锥高 256 米（853 英尺），正方形底面的每条边的长度为 52 米。尽管在 1972 年泛美大厦开放时，旧金山人并不喜欢它，但是他们已经接受了它作为天际线的一部分存在。求出该建筑物的体积。

解答

我们首先求出棱锥体积公式中的底面积，用 B 表示。因为底面的每条边都是 52 米，所以底面积等于

$$B = 52 \text{ m} \cdot 52 \text{ m} = 2\,704 \text{ m}^2$$

底面积是 2 704 m²。因为棱锥的高度是 256 米，所以它的高 $h = 256$ m。现在，我们可以使用棱锥的体积公式计算它的体积：

$$V = \frac{1}{3} Bh = \frac{1}{3} \cdot \frac{2\,704\,\text{m}^2}{1} \cdot \frac{256\,\text{m}}{1} = \frac{2\,704 \cdot 256}{3}\,\text{m}^3 \approx 230\,741\,\text{m}^3$$

泛美大厦的体积大约是 230 741 m³。

和埃及开罗的金字塔相比，旧金山的泛美大厦小得可怜。在公元前 2550 年，十万劳工建造了大金字塔，大约是旧金山棱锥的 11 倍。

☑ **检查点 3** 一个棱锥的高是 4 英尺，底面的每条边的长度都是 6 英尺。求出棱锥的体积。

不是所有的三维图形都是多面体。例如，图 10.55 中的正圆柱体。这个形状应该会让你想到罐头或者一叠硬币。正圆柱体的顶面与底面都是圆形，而且侧面与顶面和底面都成直角。正圆柱体的体积公式如下所示：

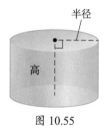

半径

高

图 10.55

正圆柱体的体积公式

正圆柱体的体积 V 可由下列公式求出：

$$V = \pi r^2 h$$

其中 r 是底面和顶面的圆的半径，h 是高。

正圆柱体

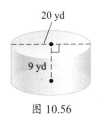

图 10.56

例 4　求出正圆柱体的体积

求出图 10.56 中正圆柱体的体积。

解答

要想求出圆柱的体积，我们需要求出它的半径和高。因为直径是 20 码，半径是直径的一半，即 10 码。圆柱的高是 9 码。因此，$r=10$ 且 $h=9$。现在我们使用圆柱的体积公式求出它的体积。

$$V = \pi r^2 h = \pi \left(10 \text{ yd}\right)^2 \cdot 9 \text{ yd} = 900\pi \text{ yd}^3 \approx 2\,827 \text{ yd}^3$$

圆柱的体积大约是 2 827 立方码。

☑ **检查点 4**　求出直径是 8 英寸、高是 6 英寸的圆柱的体积，保留整数。

图 10.57

图 10.57 显示了一个圆柱内部的**正圆锥**，它和圆柱共用一个底面。圆锥的高是顶点到底面的垂直距离，和圆柱的高相等。三个这样的圆锥能够填满这个圆柱所占据的空间。因此，圆锥的体积公式是圆柱的体积公式的 1/3。

圆锥的体积公式　　　　　　　　　　　　　圆锥

正圆锥的体积 V 可由下列公式求出：

$$V = \frac{1}{3}\pi r^2 h$$

其中 r 是底面圆的半径，h 是高。

例 5　求出圆锥的体积

求出图 10.58 中圆锥的体积。

解答

圆锥的半径是 7 m，高是 10 m。因此，$r=7$ 且 $h=10$。现在我们使用圆锥的体积公式求出它的体积。

$$V = \frac{1}{3}\pi r^2 h = \frac{1}{3}\pi \left(7 \text{ m}\right)^2 \cdot 10 \text{ m} = \frac{490\pi \text{ m}^3}{3} \approx 513 \text{ m}^3$$

圆锥的体积是 513 m³。

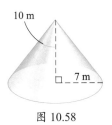

图 10.58

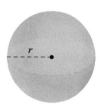

图 10.59

☑ **检查点 5**　求出半径是 4 英寸、高是 6 英寸的圆锥的体积，保留整数。

图 10.59 显示了一个球体。它的形状可能会让你想起篮球。虽然地球不是一个完美的球体，但是也很接近了。一个**球体**是离一个点（**球心**）的距离相等的所有点的集合。任何从球心出发到球体表面的点的线段都是球体的**半径**。半径这个词同样表示这段线段的长度。我们可以使用 π 和球体的半径来求出它的体积。

球体的体积

球体的体积 V 可由下列公式求出：

$$V = \frac{4}{3}\pi r^3$$

其中 r 是它的半径。

球体

例 6　使用体积公式

图 10.60

一个冰淇淋甜筒的深度是 5 in，半径是 1 in。甜筒上的冰淇淋球的半径也是 1 in。（如图 10.60 所示。）如果这个冰淇淋球融化到甜筒里，它会不会溢出来？

解答

如果冰淇淋球的体积大于甜筒的体积，它就会溢出来。我们需要求出这两个体积。

$$V_{甜筒} = \frac{1}{3}\pi r^2 h = \frac{1}{3}\pi(1\,\text{in})^2 \cdot 5\,\text{in} = \frac{5\pi}{3}\text{in}^3 \approx 5\,\text{in}^3$$

$$V_{球} = \frac{4}{3}\pi r^3 = \frac{4}{3}\pi(1\,\text{in})^3 = \frac{4\pi}{3}\text{in}^3 \approx 4\,\text{in}^3$$

冰淇淋球的体积小于甜筒的体积，所以它不会溢出来。

☑ **检查点 6**　一个篮球的半径为 4.5 英寸，如果球内充 350 立方英寸的气体，能够完全充满吗？

2　计算三维图形的表面积

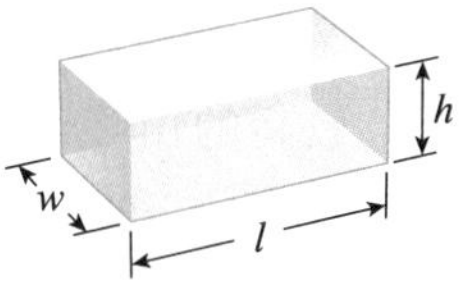

图 10.61

表面积

除了体积，我们还可以测量三维物体外侧表面的面积，称为它的**表面积**。和面积一样，表面积的单位是平方单位。例如，图 10.61 中的长方体的表面积是它外侧六个表面的面积之和。

$$表面积 = lw + lw + lh + lh + wh + wh$$

长方体的顶侧和底侧的面积　　长方体的前侧和后侧的面积　　长方体的左侧和右侧的面积

$$= 2lw + 2lh + 2wh$$

三维图形的表面积公式如表 10.4 所示，表面积简称为 SA。

表 10.4　常用表面积公式

正方体	长方体	正圆柱体
$SA=6s^2$	$SA=2lw+2lh+2wh$	$SA=2\pi r^2+2\pi rh$
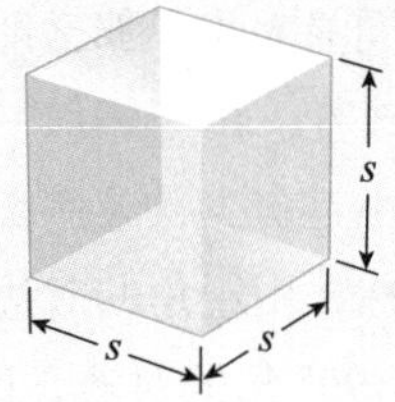	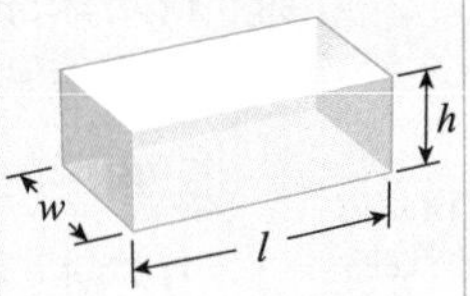	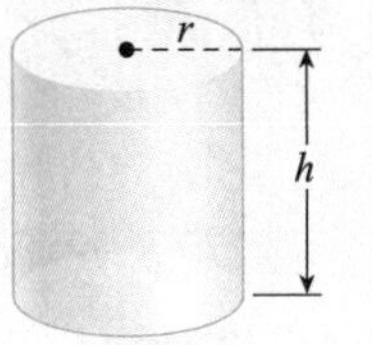

例 7　求出三维图形的表面积

求出图 10.62 中长方体的表面积。

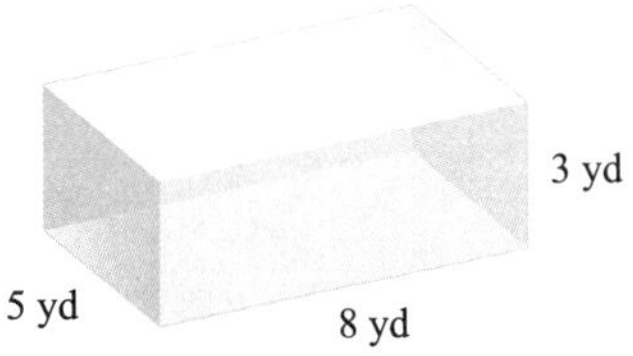

图 10.62

解答

如图所示，长方体的长是 8 yd，宽是 5 yd，高是 3 yd。因此，$l=8$，$w=5$，$h=3$。

$$\begin{aligned} SA &= 2lw + 2lh + 2wh \\ &= 2 \cdot 8\text{ yd} \cdot 5\text{ yd} + 2 \cdot 8\text{ yd} \cdot 3\text{ yd} + 2 \cdot 5\text{ yd} \cdot 3\text{ yd} \\ &= 80\text{ yd}^2 + 48\text{ yd}^2 + 30\text{ yd}^2 = 158\text{ yd}^2 \end{aligned}$$

长方体的表面积是 158 yd^2。

☑ **检查点 7**　如果图 10.62 中长方体的长、宽和高都扩大一倍，求出新长方体的表面积。

10.6

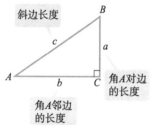

图 10.63　根据角 A 命名三角形各边

直角三角形的三角学

登山者总是对登上珠穆朗玛峰的顶峰着迷，即使有时会带来悲惨的结果。珠穆朗玛峰是地球上最高的山峰，高达 29 031.7 英尺（8 848.86 米），令人难以置信。我们可以用**三角学**求出山的高度。**三角学**这个词的意思是测量三角形。**三角学**可以用于导航、建筑和工程。几个世纪以来，古人使用三角学和星象导航穿越阿拉伯沙漠，到达麦加。古希腊人用三角学来记录成千上万颗恒星的位置，并计算出月球相对于地球的运动。如今，三角学被用于研究 DNA 的结构，DNA 是决定我们如何从单个细胞成长为复杂的、发育完全的成年人的主要分子。

直角三角形的三角比

直角三角形是三角学的基础。如果直角三角形的任意一个锐角保持相同的大小，那么即使这个三角形变大或变小，它的形状也不会改变。由于相似三角形的性质，这意味着无论直角三角形的大小是多少，某些长度的比值都保持不变。这些比值有特殊的名称，用锐角的**对边**、锐角的**邻边**和斜边来定义。在图 10.63 中，90° 角的对边，即斜边的长度用 c 来表示。$\angle A$ 的对边的长度用 a 来表示。$\angle A$ 的邻边的长度用 b 来表示。

三个基本三角比，正弦（sin）、余弦（cos）和正切（tan），定义为直角三角形各边长度的比。在下面的方框中，当提到三角形的一条边时，我们指的是这条边的长度。

1　利用直角三角形的边长求出三角比

三角比

令 A 表示直角三角形的一个锐角，C 表示直角，如图 10.63 所示。对于 $\angle A$ 来说，三角比的定义如下所示：

$$\sin A = \frac{\angle A \text{的对边}}{\text{斜边}} = \frac{a}{c}$$

$$\cos A = \frac{\angle A \text{的邻边}}{\text{斜边}} = \frac{b}{c}$$

$$\tan A = \frac{\angle A \text{的对边}}{\angle A \text{的邻边}} = \frac{a}{b}$$

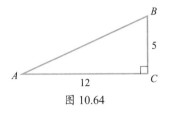
图 10.64

例 1 熟悉三角比

求出图 10.64 中 $\angle A$ 的正弦、余弦和正切。

解答

我们首先使用勾股定理求出斜边 c 的长度。

$$c^2 = a^2 + b^2 = 5^2 + 12^2 = 25 + 144 = 169$$

$$c = \sqrt{169} = 13$$

现在,我们使用三角比的定义。

$$\sin A = \frac{\angle A\text{的对边}}{\text{斜边}} = \frac{5}{13}$$

$$\cos A = \frac{\angle A\text{的邻边}}{\text{斜边}} = \frac{12}{13}$$

$$\tan A = \frac{\angle A\text{的对边}}{\angle A\text{的邻边}} = \frac{5}{12}$$

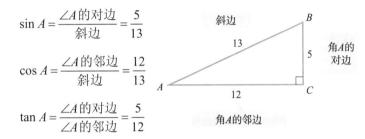

☑ **检查点 1** 求出下列图像中的 $\angle A$ 的正弦、余弦和正切。

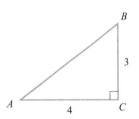

简单复习

有分数的等式

求出直角三角形中的未知条件涉及解分数的等式。

• 变量可能出现在分数的分子部分。

例

解等式中的 a: $0.3 = \dfrac{a}{150}$

$$150(0.3) = 150\left(\frac{a}{150}\right) \quad \text{两边同时乘以 150 消去分数}$$

$$45 = a \qquad \text{化简}$$

• 变量可能出现在分数的分母部分。

例

解等式中的 c：$0.8 = \dfrac{150}{c}$

$0.8c = \left(\dfrac{150}{c}\right)c$ 两边同时乘以 c 消去分数

$0.8c = 150$ 化简

$\dfrac{0.8c}{0.8} = \dfrac{150}{0.8}$ 两边同时除以 0.8

$c = 187.5$ 化简

2 使用三角比求出直角三角形中的未知条件

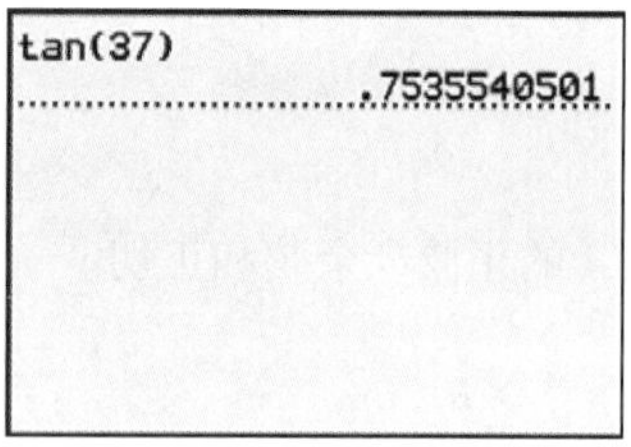

tan(37)
                    .7535540501

在科学或图形计算器的角度模式下，可以计算出任何角的三角比的十进制近似值。例如，要计算出 tan 37° 的近似值，即一个 37° 的角的正切值，计算器的按键顺序如下所示：

科学计算器： 37 |TAN|

图形计算器： |TAN| 37 |ENTER|

tan37° 保留四位小数的近似值是 0.753 6。

如果我们知道直角三角形其中一条边的长度和一个锐角的角度，我们就可以使用三角比求出剩下两条边的长度。例 2 展示了具体步骤。

技术

使用计算器求出 150tan 40° 的按键顺序如下所示。

科学计算器：

150 |×| 40 |TAN| |=|

图形计算器：

150 |TAN| 40 |ENTER|

例 2   求出直角三角形的未知条件

求出图 10.65 中直角三角形中 a 的长度。

解答

我们需要找到能够求出 a 的三角比。因为我们有一个已知角（40°）、一条未知的对边 a 和一条已知的邻边（150 cm），我们可以使用正切。

$\tan 40° = \dfrac{a}{150}$ 40° 角的对边

40° 角的邻边

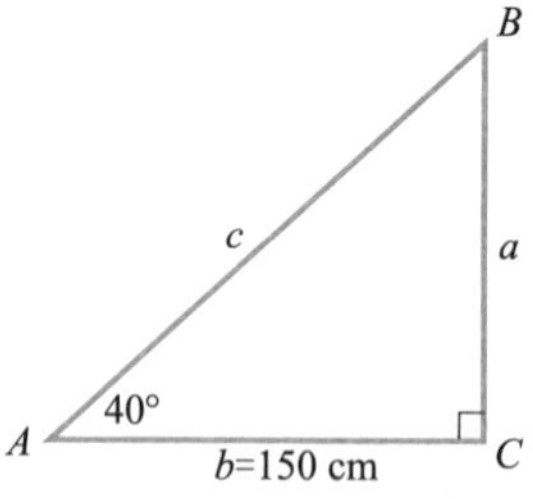

图 10.65

现在，我们可以在等式两边同时乘以 150 求出 a。

$$a = 150\tan 40° \approx 126$$

根据 $\angle A$ 的正切，我们得知 a 的长度是 126 cm。

☑ **检查点 2** 在图 10.65 中，令 ∠A=62°，b=140 cm。求出 a 的长度，保留整数。

例 3 求出直角三角形的斜边

求出图 10.65 中直角三角形的斜边 c。

解答

在例 2 中，我们求出 a≈126。因为我们知道 b=150，所以可以使用勾股定理 $c^2=a^2+b^2$ 来求出 c 的长度。但是，如果我们在计算 a 的时候犯了错误，我们求出来的 c 也会是错误的。

除此之外，我们也可以使用三角比来求出 c 的长度。观察图 10.65。因为我们有一个已知角（40°），一条已知的邻边（150 cm），一条未知的斜边 c，我们可以使用余弦。

> **技术**
>
> 使用计算器求出 $\dfrac{150}{\cos 40°}$ 的按键顺序如下所示。
>
> **科学计算器：**
>
> 150 ÷ 40 COS =
>
> **图形计算器：**
>
> 150 ÷ COS 40 ENTER

$$\cos 40° = \frac{150}{c}$$ 40° 角的邻边

斜边

$c \cos 40°=150$ 两边同时乘以 c

$$c = \frac{150}{\cos 40°}$$ 两边同时除以 cos 40°

$$c \approx 196$$

根据 ∠A 的余弦，我们得知斜边的长度大约是 196 cm。

☑ **检查点 3** 在图 10.65 中，令 ∠A=62°，b=140 cm。求出 c 的长度，保留整数。

---

3 使用三角比解决应用问题

三角比的应用

三角法最初是用来确定不方便或不可能测量的高度和距离的。这些应用通常包括使用假想的水平线作角度。如图 10.66 所示，水平线与与水平线以上物体的视线所形成的角度称为**仰角**。水平线与水平线以下物体的视线夹角称为**俯角**。经纬仪和六分仪是用来测量这种角度的仪器。

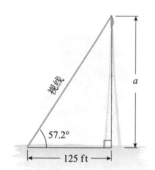

图 10.66

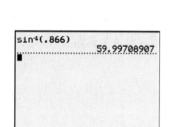

例 4 使用仰角解决问题

在距离一座塔的底部 125 英尺的地方，塔顶的仰角是 57.2°。求出这座塔的高度，保留整数。

解答

这个问题的简图如图 10.67 所示，其中 a 表示这座塔的高度。在直角三角形中，我们有一个已知角、一条未知的对边以及一条已知的邻边。因此，我们可以使用正切。

$$\tan 57.2° = \frac{a}{125}$$

57.2° 角的对边

57.2° 角的邻边

我们可以通过在等式两边同时乘以 125 求出 a 的长度。

$$a = 125\tan 57.2° \approx 194$$

这座塔的高度大约是 194 英尺。

☑ 检查点 4 在距离埃菲尔铁塔底部 80 英尺的地方，塔顶的仰角是 85.4°。求出埃菲尔铁塔的高度，保留整数。

图 10.67 不使用直接测量确定高度

如果我们知道直角三角形的两条边，就可以使用计算器上的反三角键来求出两个锐角的角度。例如，假设 $\sin A = 0.866$。我们可以使用计算器上的反正弦键，通常它的标识是 $\boxed{\text{SIN}^{-1}}$。按键 $\boxed{\text{SIN}^{-1}}$ 其实并不是一个实际存在的按键，而是按键 $\boxed{\text{SIN}}$ 的第二种功能。

$$按 \boxed{2nd} \boxed{SIN} 进入$$

科学计算器

.866 $\boxed{2nd}$ $\boxed{SIN}$

反正弦键 $\boxed{SIN^{-1}}$

图形计算器

$\boxed{2nd}$ $\boxed{SIN}$ .866 $\boxed{ENTER}$

计算器屏幕显示的答案近似等于 59.99°，可以四舍五入到 60°。因此，如果 sin A=0.866，那么 ∠A≈60°。

例 5 求出仰角的角度

一座建筑有 21 米高，它的影子有 25 米长。求出太阳的仰角，保留整数。

解答

题目的条件如图 10.68 所示。我们需要求出 ∠A 的角度。我们从正切开始入手。

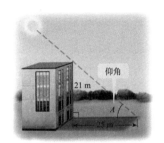

图 10.68

$$\tan A = \frac{\angle A的对边}{\angle A的邻边} = \frac{21}{25}$$

因为 $\tan A = \dfrac{21}{25}$，所以我们可以使用**反正切键** $\boxed{TAN^{-1}}$ 来求

出 ∠A 的角度。

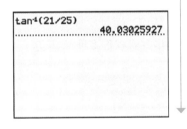

$按 \boxed{2nd} \boxed{TAN} 进入反$

正切键 $\boxed{TAN^{-1}}$

科学计算器

$\boxed{(}$ 21 $\boxed{\div}$ 25 $\boxed{)}$ $\boxed{2nd}$ $\boxed{TAN}$

图形计算器

$\boxed{2nd}$ $\boxed{TAN}$ $\boxed{(}$ 21 $\boxed{\div}$ 25 $\boxed{)}$ $\boxed{ENTER}$

计算器屏幕显示的答案约等于 40，因此仰角大约等于 40°。

☑ **检查点 5** 14 米高的旗杆投下 10 米长的影子。求太阳的仰角，保留整数。

布利策补充

登山者

20 世纪 30 年代，由 Brad Washburn 领导的国家地理小组利用三角学绘制了一幅育空地区的地图，该地区位于加拿大边境附近，面积为 5 000 平方英里。摄制组从航拍开始。通过在照片上画一个角度网络，就可以确定主要山脉的大致位置和它们的大致高度。探险队随后步行了三个月才计算出确切的高度。队员们建立了两个相距一定距离的基准点，一个就在山顶的正下方。通过测量其中一个基准点到山顶的仰角，并利用正切来确定山峰的高度。育空探险是绘制地图的一大进步。

10.7

欧几里得几何之外

虽然我很爱欧几里得几何，但是我们都很清楚，它并没有合理地表现出世界。山峰不是圆锥，云朵不是球体，树木不是圆柱，闪电的轨迹也不是直线。几乎我们身边所有的事物都是非欧几里得的。

——Benoit Mandelbrot

想想你最喜欢的自然环境。在 20 世纪的最后 25 年，数学家发展了一种新的几何学，利用计算机来产生我们周围看到的自然界的各种形态。这些形态不是多边形、多面体、圆形或圆柱体。在本节中，我们将超越欧几里得几何，探索那些将几何扩展到古希腊学者首先制定的界限之外的思想。

理解其他种类几何的基本概念

图的几何

在 18 世纪早期，德国的柯尼斯堡城由七座桥梁连接起来，如图 10.69 所示。城里的许多人都很感兴趣，想知道是否有可能在恰好穿过每座桥一次的条件下步行穿过城市。经过几次试验，你可能会觉得这是不可能的。然而，通过反复试验来证明你的结论并不容易，因为这样的散步方式有很多种。

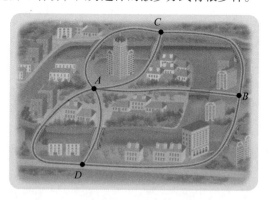

图 10.69

这个问题交给了瑞士数学家莱昂哈德·欧拉（1707—1783）。在 1736 年，欧拉证明了在城市中漫步并只穿过一座桥一次是不可能的。他对这个问题的解决开创了一种新的几何形式，称为**图论**。图论现在用于设计城市街道、分析交通模式以

乙烷

图论用来显示原子是如何连接
起来形成分子的

及寻找最有效的公共交通路线。

欧拉通过引入下列定义解决了上述问题：

顶点是一个点。**边**是开始和结束于一个顶点的线段或曲线。

顶点和边形成了一个**图**。具有奇数条边的顶点称为**奇顶点**。具有偶数条边的顶点称为**偶顶点**。

利用上述定义，图 10.70 显示了柯尼斯堡过桥问题的图有四个奇顶点。

如果画一个图不需要笔从纸上抬起，也不需要重复描边，那么它就是**可遍历的**。欧拉在求解柯尼斯堡问题的时候证明了下列可遍历性规则。

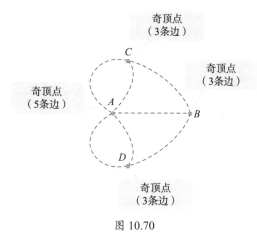

奇顶点
（3条边）

奇顶点
（3条边）

奇顶点
（5条边）

奇顶点
（3条边）

图 10.70

可遍历性规则：

1. 一个所有顶点都是偶顶点的图是可遍历的。可以从任意一个顶点出发回到出发的顶点。
2. 一个有两个奇顶点的图是可遍历的。必须从其中一个奇顶点出发，在另一个奇顶点结束。
3. 一个超过两个奇顶点的图是不可遍历的。

因为柯尼斯堡问题中的图有四个奇顶点，所以它是不可遍历的。

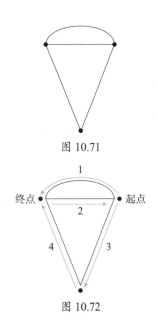

图 10.71

图 10.72

例 1　可遍历还是不可遍历？

思考图 10.71。

a. 这个图是可遍历的吗？

b. 如果它是可遍历的，描述遍历的路径。

解答

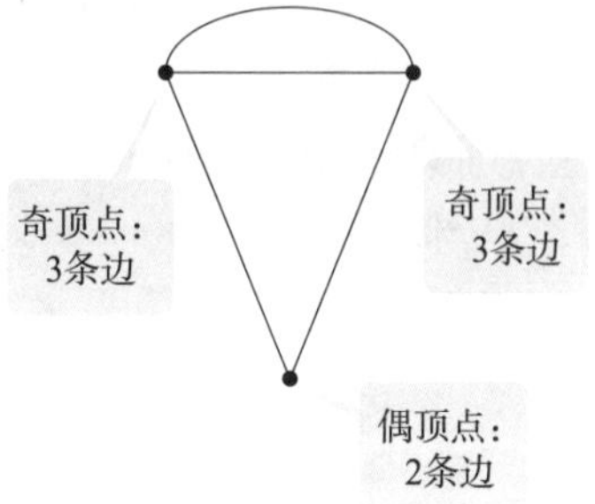

a. 我们从判断各个顶点是奇还是偶开始。

这个图正好有两个奇顶点，根据欧拉第二规则，它是可遍历的。

b. 为了找出遍历这个图的路径，我们再次使用欧拉第二规则。我们必须从其中一个奇顶点出发，在另一个奇顶点结束。其中一种可能的路径如图 10.72 所示。

奇顶点：3条边

奇顶点：3条边

偶顶点：2条边

☑ **检查点 1**　创建一个有两个偶顶点和两个奇顶点的图，然后描述遍历它的一种路径。

图论用于解决许多实际问题。第一步是创建一个表示问题的图。例如，思考一个快递司机试图找到在城市周围递送包裹的最佳方式。图论通过将送货地点建模为顶点，将送货地点之间的道路建模为边，揭示了最有效的路径。图是强大的工具，它们说明了问题的重要方面，并省略了不必要的细节。关于图的几何（称为图论）的更详细的介绍，可以在第 14 章学到。

拓扑学

现代几何学的一个分支叫作**拓扑学**，它以一种全新的方式观察形状。在欧几里得几何中，形状是刚性的、不变的。在拓扑学中，形状可以被扭曲、拉伸、弯曲和收缩。完全的灵活性是规则。

一个拓扑学家不知道甜甜圈与咖啡杯之间的区别！这里是因为，根据拓扑学，这两者并没有区别。它们都有一个洞，而且在这种奇怪的几何学的变形之下，一个甜甜圈可以被挤压、拉伸并拉扯成一个咖啡杯。

好问题！

你能不能提醒我一下亏格与洞之间的关系？

一个物体的亏格的数量等于该物体的洞的数量。

在拓扑学中，物体根据它们的洞的数量分类，称为它们的**亏格**。亏格给出了在不将物体切成两段的情况下能在物体上完成的最大数目的完整切割。具有相同方格的对象**在拓扑学上是等价的**。

下面三个形状（球体、正方体和不规则的一团物体）的亏格相同：都是 0。如果不把这些物体切成两半，就无法完成完整的切割。

甜甜圈怎么才能变成咖啡杯呢？可以通过拉伸和变形，使其表面成为碗的一部分。甜甜圈和咖啡杯的亏格都是 1。不需要把这些东西切成两半，就可以完成一次完整的切割。

对于一名拓扑学家而言，一个有两个洞的块和一个有两个把手的糖碗没什么区别。它们的亏格都是 2。不需要将这些物体切成两半，就可以完成两次完整的切割。

下面显示的变形会产生最不寻常的拓扑图。

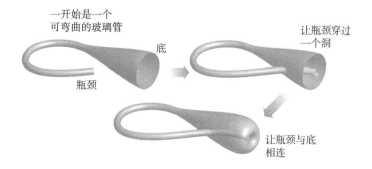

一开始是一个可弯曲的玻璃管

底

瓶颈

让瓶颈穿过一个洞

让瓶颈与底相连

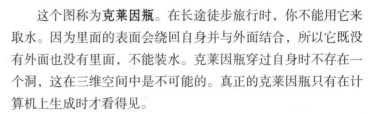

这个图称为**克莱因瓶**。在长途徒步旅行时，你不能用它来取水。因为里面的表面会绕回自身并与外面结合，所以它既没有外面也没有里面，不能装水。克莱因瓶穿过自身时不存在一个洞，这在三维空间中是不可能的。真正的克莱因瓶只有在计算机上生成时才看得见。

拓扑学不仅仅是几何幻想中的一种探险。拓扑学家研究扭结以及它们在拓扑学上等价的方式。扭结理论被用于识别病毒并了解它们入侵我们细胞的方式。这一认识是寻找从普通感冒到艾滋病毒的疫苗的第一步。

非欧几何

想象一下：地球被挤压和压缩到高尔夫球那么小。它变成了一个**黑洞**，一个一切似乎都消失了的空间区域。现在，它的引力是如此之强，以至于高尔夫球附近的空间可以被看作一个漏斗，黑洞位于底部。任何靠近漏斗的物体都会被高尔夫球大小的地球的巨大引力拉入漏斗中。然后这个物体就消失了！虽然这听起来像是科幻小说，但是一些物理学家相信太空中有数十亿个黑洞。

有没有一种几何学可以描述这种不寻常的现象？有的，尽管它不是欧几里得几何学。欧几里得几何是基于这样一种假设：给定一个不在直线上的点，可以画出一条通过给定点且与给定直线平行的直线来，如图 10.73 中较细的白线所示。我们使用过这种假设证明所有三角形的内角和都是 180°。

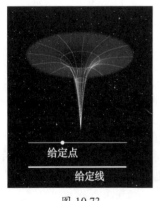

给定点
给定线

图 10.73

双曲几何是由俄国数学家罗巴切夫斯基（Nikolay Lobachevsky，1792—1856）和匈牙利数学家亚诺斯·鲍耶（Janos Bolyai，1802—1860）独立发展起来的。它基于这样一种假设：给定一个点，而不是直线上的点，可以画出无数条通过给定点且平行于给定直线的直线。在这个非欧几何中，形状不是在一个平面上表示的。相反，它们被绘制在一个漏斗状的表面上，称为伪球面，如图 10.74 所示。在这样的曲面上，两点之间最短的距离是一条曲线。三角形的边是由弧组成的，而且三角形的内角之和小于 180°。伪球面的形状看起来像黑洞附近扭曲的空间。

图 10.74

在罗巴切夫斯基和鲍耶打破了僵局之后，数学家受到了激

图 10.75

励，建立了其他非欧几何。其中最著名的是由德国数学家伯恩哈德·黎曼（Bernhard Riemann，1826—1866）提出的**椭圆几何**。黎曼以不存在平行线的假设开始他的几何学。如图 10.75 所示，椭圆几何在球体上，三角形的内角之和大于 180°。

爱因斯坦在他的宇宙理论中使用了黎曼的椭圆几何。该理论的一个方面认为，如果你在太空中开始旅行，并一直沿着同一个方向走，你最终会回到起点。同样的事情也发生在球面上。这意味着空间本身是"弯曲的"，尽管这种想法很难想象。有趣的是，爱因斯坦在非欧几何系统逻辑发展 50 多年后，使用了它。数学常常超越我们对物理世界的理解。

我们已经看到荷兰艺术家 M. C. Escher 以将艺术和几何结合而闻名。他的许多图像都是基于非欧几何。

表 10.5 比较了欧几里得几何与双曲几何和椭圆几何。

表 10.5　比较三种几何系统

欧几里得几何	双曲几何	椭圆几何
欧几里得（公元前 300 年）	罗巴切夫斯基和鲍耶（1830）	黎曼（1850）
给定一个不在直线上的点，有且仅有一条直线可以经过该点并与给定直线平行	给定一个不在直线上的点，有无限条直线可以经过该点并与给定直线平行	没有平行线
几何是位于平面上的：	几何是位于伪球面上的：	几何是位于球面上的：
三角形的内角和是 180°	三角形的内角和小于 180°	三角形的内角和大于 180°

布利策补充

多彩的谜团

需要多少种不同的颜色来为一个平面地图上色，使得共享一个边界的任何两个区域都有不同的颜色？尽管没有找到一张地图需要超过四种颜色，但数学家 100 多年来一直无法证明每一张地图都需要四种颜色。1852 年提出的最多需要四种颜色的猜想，在 1976 年被美国伊利诺伊大学的数学家肯尼斯·阿佩尔和沃尔夫冈·哈肯证明。他们的证明将地图转换成图形，将每个区域表示为一个顶点，每个共享的公共边界表示为相应顶点之间的边。这个证明很大程度上依赖于检查了大约 1 500 个特殊情况的计算机计算，需要计算机花 1 200 小时的时间。尽管最近有传言说这个证明存在缺陷，但还没有人找到一个不需要使用计算机计算的证明。

如果你拿一张纸条，把它扭半圈，然后把两端粘在一起，就会得到一个被称为莫比乌斯带的单面。莫比乌斯带上的地图需要六种颜色，以确保相邻区域的颜色不相同。

一个平面地图最多需要四种颜色

一个莫比乌斯带最多需要六种颜色

分形几何

几何学是如何在蕨类植物、海岸线或人体循环系统等事物上描述自然界复杂性的？蕨类植物的任何放大部分都重复着整个蕨类植物的大部分形态，以及新的、意想不到的形态。这个特性叫作**自相似性**。

放大的部分

通过使用计算机，一种新的自然形状的几何，称为**分形几何**，被创造了出来。分形这个词来源于拉丁语 fractus，意思是"破碎的"或"碎片化的"。图 10.76 所示的分形形状确实是破碎的。这个形状是通过反复用三角形内的三角形减去三角形得到的。从三角形 ABC 各边的中点，移除三角形 A'B'C'。对剩下的三个三角形重复这个过

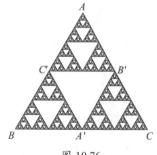

图 10.76

程，然后对剩下的每个三角形重复这个过程，直到无穷。

一遍又一遍地重复一个规则来创建一个自相似的分形，就像破碎的三角形，这个过程称为**迭代**。图 10.77 中的自相似分形是在计算机上通过在棱锥中减去棱锥的迭代生成的。计算机可以通过数千次或数百万次的迭代来生成分形几何的形状。

1975 年，发展分形几何的数学家本华·曼德博（Benoit Mandelbrot，1924—2010）发表了《大自然的分形几何学》（*The Fractal Geometry of Nature*）。这本美丽的计算机图形书展示了看起来像真实的山、海岸线、水下珊瑚花园和花朵的图像，所有这些都是模仿自然的形式。你在电影中看到的许多逼真的风景实际上是计算机生成的分形图像。

图 10.77　Daryl H. Hepting 和 Allan N.Snider 在 1990 年加拿大里贾纳大学由计算机生成桌面四面体

电脑生成的分形几何图像

Thinking Mathematically
Seventh Edition

部分练习答案

6.1

检查点练习

1. 608　　**2.** -2　　**3.** -94　　**4.** 2 662 卡路里；低了 38 卡路里。　　**5.** $3x-21$

6. $38x^2+23x$　　**7.** $2x+36$

6.2

检查点练习

1. {6}　　**2.** {−2}　　**3.** {2}　　**4.** {5}　　**5.** {6}

6. $\dfrac{37}{10}$ 或 3.7；如果在抑郁等级图上从 10 开始画一条水平线，直到与低幽默感人群的折线图相交，

然后从折线上的交点画一条垂线到负面人生事件强度的轴，这条垂线会交于 3.7。

7. a. {15}　b. {5}　　**8.** 5 880 美元　　**9.** 720 只鹿　　**10.** ∅　　**11.** {x|x 为任一实数 }

6.3

检查点练习

1. 副学士学位：33 000 美元；学士学位：47 000 美元；硕士学位：5.9 万美元

2. 1969 年后 67 年，或 2036 年　　**3.** 每月过桥 20 次　　**4.** 1 200 美元　　**5.** $w=\dfrac{P-2l}{2}$

6. $m=\dfrac{T-D}{p}$

6.4

检查点练习

1. a. 　b. 　c.

2. $\{x\,|\,x\leqslant 4\}$

3. a. $\{x\,|\,x<8\}$

b. $\{x\,|\,x>-3\}$

4. $\{x\,|\,x<-6\}$

5. $\{x\,|\,x\geqslant 1\}$

6. $\{x\,|-1\leqslant x<4\}$

7. 至少 83%

6.5

检查点练习

1. $x^2 + 11x + 30$　　**2**. $28x^2 - x - 15$　　**3**. $(x+2)(x+3)$　　**4**. $(x+5)(x-2)$

5. $(5x-4)(x-2)$　　**6**. $(3y-1)(2y+7)$　　**7**. $\{-6,3\}$　　**8**. $\{-2,8\}$　　**9**. $\left\{-4,\dfrac{1}{2}\right\}$

10. $\left\{-\dfrac{1}{2},\dfrac{1}{4}\right\}$　　**11**. $\left\{\dfrac{3+\sqrt{7}}{2},\dfrac{3-\sqrt{7}}{2}\right\}$　　**12**. 大约 26 岁

7.1

检查点练习

1. 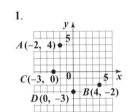 　　**2**.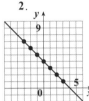

3. a. $y = 2x$ 　　　　　　　　　　$y = 10 + x$

x	(x, y)
0	(0,0)
2	(2,4)
4	(4,8)
6	(6,12)
8	(8,16)
10	(10,20)
12	(12,24)

x	(x, y)
0	(0,0)
2	(2,12)
4	(4,14)
6	(6,16)
8	(8,18)
10	(10,20)
12	(12,22)

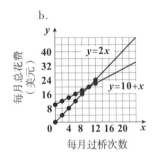

c.（10,20）; 如果一个月内过桥 10 次，则无论是否购买月票，费用均为 20 美元。

4. a. 29　b. 65　c. 46　　**5**. a. 190 英尺　b. 191 英尺

6.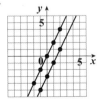

g 的图像是 f 图像向下平移 3 个单位

7. a. 函数图像　b. 函数图像　c. 不是函数图像

8. a. 0 至 3 小时　b. 3 至 13 小时　c.0.05 毫克每 100 毫升; 3 小时后。　d. 没有药物留在体内。　e. 没有垂线与图像相交超过一个点。

7.2

检查点练习

1. 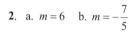 **2.** a. $m=6$ b. $m=-\dfrac{7}{5}$ **3.** 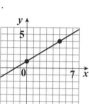 **4.**

5. 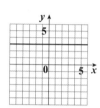 **6.**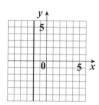

7. 斜率：-0.85；从 1970 年到 2010 年，20～24 岁的美国男性的结婚率每年下降 0.85。 每年的变化率为 -0.85%。 **8.** a. $M(x)=0.13x+23.2$ b. 31

7.3

检查点练习

1. 不是方程组的解 **2.** ；$\{(-3,4)\}$ **3.** $\{(6,11)\}$ **4.** $\{(1,-2)\}$

5. $\{(2,-1)\}$ **6.** $\{(2,-1)\}$ **7.** $\varnothing$ **8.** $\{(x,y)\mid y=4x-4\}$ 或 $\{(x,y)\mid 8x-2y=8\}$

9. a. $C(x)=300\,000+30x$ b. $R(x)=80x$

c.（$6\,000$，$480\,000$）；如果公司生产和销售 $6\,000$ 双鞋，就能实现收支平衡。

7.4

检查点练习

1. 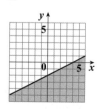 **2.** 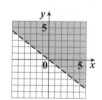 **3.** a. 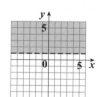 b.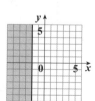

4. 点 $B=(66, 130)$；$4.9(66)-130 \geqslant 165$，即 $193.4 \geqslant 165$，正确；$3.7(66)-130 \leqslant 125$，即 $114.2 \leqslant 125$，正确。

5. 　　　**6.**

7.5

检查点练习

1. $z = 25x + 55y$　　**2.** $x+y \leqslant 80$　　**3.** $30 \leqslant x \leqslant 80$；$10 \leqslant y \leqslant 30$；目标函数：$z = 25x + 55y$；

约束：$\begin{cases} x+y \leqslant 80 \\ 30 \leqslant x \leqslant 80 \\ 10 \leqslant y \leqslant 30 \end{cases}$　　**4.** 50 个书架和 30 张书桌；2 900 美元

7.6

检查点练习

1. 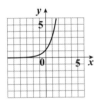　　**2.** a. 指数函数 g　　b. 线性函数 f　　**3.** 6.8%

4. $x = 3^y$　　**5.** 34℉；非常好　　**6.**

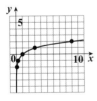　　　　　　　　　　　　　　

7. 10.8 英尺；答案不唯一；（8，10.8）

8.1

检查点练习

1. 12.5%　　**2.** 2.3%　　**3.** a. 0.67　　b. 2.5　　**4.** a. 75.60 美元　　b. 1 335.60 美元

5. a. 133 美元　　b. 247 美元　　**6.** a. $66\frac{2}{3}$ %　　b. 40%　　**7.** 35%　　**8.** 20%

9. a. 1 152 美元　b. 4% 下降

8.2

检查点练习

1. a. 89 880 美元　b. 86 680 美元　c. 46 410 美元　　**2.** 3 833.75 美元　　**3.** 10 247 美元

4. a. 240 美元　b. 24 美元　c. 18.36 美元　d. 9.60 美元　e. 188.04 美元　f. 21.7%

8.3

检查点练习

1. 150 美元　　**2.** 336 美元　　**3.** 2 091 美元

4. a. 1 820 美元或 1 825 美元　　b. 1 892.80 美元或 1 898 美元　　**5.** 18%　　**6.** 3 846.16 美元

8.4

检查点练习

1. a. 1 216.65 美元　　b. 216.65 美元　　**2.** a. 6 253.23 美元　b. 2 053.23 美元　　**3.** a. 14 859.47 美元

b. 14 918.25 美元　　**4.** 5 714.25 美元　　**5.** a. 6 628.28 美元　b. 10.5%　　**6.** ≈8.24%

8.5

检查点练习

1. a. 6 620 美元　b. 620 美元　　**2.** a. 777 169 美元或 777 170 美元　　b. 657 169 美元或 657 170 美元

3. a. 333 946 美元或 334 288 美元　　b. 291 946 美元或 292 288 美元

4. a. 1 87 美元　　b. 存款：40 392 美元；利息：59 608 美元

5. a. 最高：63.38 美元；最低：42.37 美元　b. 2 160 美元　c. 1.5%；这比银行 3.5% 的利率要低得多。

d. 7 203 200 股　e. 最高：49.94 美元；最低：48.33 美元　f. 49.50 美元

g. 收盘价比前一天的收盘价上涨了 0.03 美元。　h. ≈1.34 美元

6. a. 81 456 美元　　b. 557 849 美元　　c. 527 849 美元

8.6

检查点练习

1. a. 每月付款：366 美元；利息：2 568 美元　b. 每月付款：278 美元；利息：5 016 美元

c. 长期贷款的月供较低，但这种贷款有更多的利息。

2. 222 美元　　**3.** a. 5 250 美元　b. 47 746 美元

8.7

检查点练习

1. a. 1 627 美元　　b. 117 360 美元　　c. 148 860 美元

2.

支付次数	偿还的利息（美元）	偿还的本金（美元）	剩余待还本金（美元）
1	1 166.67	383.33	199 616.67
2	1 164.43	385.57	199 231.10

3. a. 5 600 美元　b. 7 200 美元　c. 2 160 美元

8.8

检查点练习

1. a. 8 761.76 美元　b. 140.19 美元　c. 9 661.11 美元　d. 269 美元

9.1

检查点练习

1. a. 6.5 英尺　b. 3.25 英里　c. $\frac{1}{12}$ 码　　**2.** a. 8 千米　b. 53 000 毫米　c. 0.060 4 百米　d. 6 720 厘米

3. a. 243.84 厘米　b. ≈22.22 码　c. ≈1 181.1 英寸　　**4.** ≈37.5 英里 / 小时

9.2

检查点练习

1. 8 平方单位　　**2.** 239.1 人 / 平方英里　　**3.** 131 250 平方英里　　**4.** a. ≈0.72 公顷　b. ≈576 389 美元 / 公顷

5. 9 立方单位　　**6.** ≈74 800 加仑　　**7.** 220 升　　**8.** a. 20 毫升　b. ≈0.67 液体盎司

9.3

检查点练习

1. a. 420 毫克　b. 6.2 克　　**2.** 145 千克　　**3.** a. ≈54 千克　b. ≈17.9 盎司　　**4.** 2 片　　**5.** 122 °F　　**6.** 15℃

10.1

检查点练习

1. 30°　　**2.** 71°　　**3.** 46°，134°　　**4.** ∠1 = 57°，∠2 = 123°，∠3 = 123°

5. ∠1 = 29°，∠2 = 29°，∠3 = 151°，∠4 = 151°，∠5 = 29°，∠6 = 151°，∠7 = 151°

10.2

检查点练习

1. 49° **2.** ∠1 = 90°；∠2 = 54°；∠3 = 54°；∠4 = 68°；∠5 = 112°

3. 小三角形的两个角等于大三角形对应的两个角。两个直角三角形中的一对直角相等，另外一对对顶角也相等；15 厘米

4. 32 码 **5.** 25 英尺 **6.** 32 英寸 **7.** 120 码

10.3

检查点练习

1. 3 120 美元 **2.** a. 1 800° b. 150° **3.** 正八边形的每个内角为 135°。360° 不是 135° 的倍数。

10.4

检查点练习

1. 66 平方英尺；能 **2.** 672 美元 **3.** 60 平方英寸 **4.** 30 平方英尺 **5.** 105 平方英尺

6. 10π 英寸；31.4 英寸 **7.** 49.7 英尺 **8.** 大的比萨

10.5

检查点练习

1. 105 立方英尺 **2.** 8 立方码 **3.** 48 立方英尺 **4.** 302 立方英寸 **5.** 101 立方英寸

6. 不能 **7.** 632 平方码

10.6

检查点练习

1. $\sin A = \dfrac{3}{5}$；$\cos A = \dfrac{4}{5}$；$\tan A = \dfrac{3}{4}$ **2.** 263 厘米 **3.** 298 厘米 **4.** 994 英尺 **5.** 54°

10.7

检查点练习

答案不唯一

推 荐 阅 读

线性代数（原书第10版）

ISBN：978-7-111-71729-4

数学分析原理 面向计算机专业（原书第2版）

ISBN：978-7-111-71242-8

数学分析（原书第2版·典藏版）

ISBN：978-7-111-70616-8

复分析（英文版·原书第3版·典藏版）

ISBN：978-7-111-70102-6

实分析（英文版·原书第4版）

ISBN：978-7-111-64665-5

泛函分析（原书第2版·典藏版）

ISBN：978-7-111-65107-9

推荐阅读

计算贝叶斯统计导论

ISBN：978-7-111-72106-2

高维统计学：非渐近视角

ISBN：978-7-111-71676-1

最优化模型:线性代数模型、凸优化模型及应用

ISBN：978-7-111-70405-8

统计推断：面向工程和数据科学

ISBN：978-7-111-71320-3

概率与统计：面向计算机专业（原书第3版）

ISBN：978-7-111-71635-8

概率论基础教程（原书第10版）

ISBN：978-7-111-69856-2